山东省国土空间生态修复中心组织编写

碧 水 蓝 天

董昭和　吴光伟　王　润　主编

山东大学出版社
SHANDONG UNIVERSITY PRESS
· 济南 ·

图书在版编目(CIP)数据

碧水蓝天/董昭和,吴光伟,王润主编.—济南：
山东大学出版社,2022.8
ISBN 978-7-5607-7605-7

Ⅰ.①碧… Ⅱ.①董… ②吴… ③王… Ⅲ.①环境污
染－污染控制－普及读物 Ⅳ.①X506-49

中国版本图书馆CIP数据核字(2022)第156897号

责任编辑　祝清亮
文案编辑　曲文蕾
封面设计　王秋忆

碧水蓝天

BISHUI LANTIAN

出版发行	山东大学出版社
社　　址	山东省济南市山大南路20号
邮政编码	250100
发行热线	(0531)88363008
经　　销	新华书店
印　　刷	山东蓝海文化科技有限公司
规　　格	787毫米×1092毫米　1/16
	12.75印张　289千字
版　　次	2022年8月第1版
印　　次	2022年8月第1次印刷
定　　价	68.00元

《碧水蓝天》编委会

序 言

　　这是一本科普读物,是较系统地介绍有关环境污染及危害和治理环境污染的科普读物。作者取书名为《碧水蓝天》很有寓意,希望蓝天白云永远陪伴着我们。环境污染是工业化过程中的副产品、分泌物,是生产力发展所不可避免的副作用。环境污染问题是任何国家、任何人都回避不了的,而人们对污染的认识往往需要一个过程。本书能让大家进一步了解今天环境污染源主要有哪些,污染的状况如何,污染的根源在哪里,污染的特点是什么,污染的危害将对人类产生什么样的后果,以及如何加快环境治理来实现生态平衡,从而启发人们更加自觉地认识到保护环境就是保护人类自己,主动地参与环境保护。本书列举了国内外大量的结论、事例,读后让人触目惊心,如梦初醒。

　　自有人类活动以来就有了污染。但是,大规模、世界范围的全面污染是始于第二次世界大战以后化学工业的崛起,特别是石油、煤炭等化石燃料的大规模开采利用,推进了化学工业及相关产业的迅速发展,工业化又推进了城市化,全世界城市化的进程不断加快。特别是第三世界国家近年来经济发展取得了成功,我们国家近三十年来也发生了天翻地覆的变化。在人类追求和享受着现代物质文明的同时,侵占和破坏了其他生物生存的空间,改变了它们的生存环境。在竞争、掠夺、战争日趋激烈的今天,环境污染也就必然以各种不同的形式、方式或大张旗鼓或时隐时现,让人难以识别、防不胜防。

　　事物都具有双重(两面)性,我们的错误往往处在对已取得成绩的沾沾自喜上,过多地观注事物发展的正面,而忽视或没有认识到、觉察到或无精力去考虑、去观察、去研究事物的另一面。而一旦察觉到、认识到问题,"病根"就已经落下了。但是,现在认识还不晚! 现代科技给了人类回天之力。伴随着信息技术、生物技术、新材料技术、纳米技术和航天航空技术的发展,特别是生物技术的突飞猛进,新的生态平衡将会再现,碧水蓝天将再来陪伴。

　　本书特别值得年轻人一读,因为书中讲了许多有关青年、儿童生活中需要注意的事项。

　　　　　　　　　　中国科学院院士　原科技部部长

前　言

　　《碧水蓝天》是我国较早地揭示环境污染对人类与自然界的影响及如何治理的科普读物,对提高人们对各类污染的认识、提高人们治理污染的自觉性、加大维护自然生态的力度和促进人们的身心健康起到了积极的作用。本书于2005年第一次出版,书名由原全国政协副主席、中国科学院和中国工程院两院院士,著名的控制论、系统工程和航空航天技术专家宋健同志题写;中国科学院院士、原科技部部长徐冠华为本书作序。

　　近二十年来,针对环境保护的研究思路、研究方向和研究内容等都发生了很大的改变,新的概念、新的理论和方法不断涌现。在全球变暖的大背景下,我国的环境保护也面临着新的机遇和挑战。习近平总书记在《关于〈中共中央关于全面深化改革若干重大问题的决定〉的说明》中指出,山水林田湖是一个生命共同体。人的命脉在田,田的命脉在水,水的命脉在山,山的命脉在土,土的命脉在树。因此,我们要在充分遵循自然规律的前提下进行生态修复和环境保护。本书梳理了我国目前存在的环境问题,包括气候变化、化石燃料污染、农业面源污染、海洋污染、食品安全等;列举了典型的案例,详细讲述其原因、危害以及解决措施,同时借鉴和引用了大量国内外专家学者的研究报道成果,试图反映环境保护研究的新动态。地下水是一种宝贵的资源,其影响无处不在,没有地下水,很多物种就会消亡。为此,本书新增了地下水的内容,对地下水的重要性做了科普,带领大家进一步探究了地下水的科学保护和管理。另外,本书还增加了有关乡村振兴、疾病与健康的内容。

　　环境问题是全球普遍面临的问题,环境保护也是全球性的行动。让大家关注、认识和了解所面临的现实，增强大家的环保意识，并促使大家采取积极的行动来保护自然资源和环境，是本书的立足点。本书运用较多的数据和实例来全面地反映当前人们面临的主要环境问题，对读者起到一定的引导作用，可增强人们的环境保护意识。本书在编写过程中立足当前，着眼未来，贯穿"人与自然和谐共处"的思想，力求为广大读者带来专业的科普宣传。

由于笔者编写水平有限，书中难免存在疏漏、不当之处，敬请专家和读者批评指正。

作　者

2022 年 3 月

目　录

第一章　温室效应及气候变化 ………………………………………… 1

　1.1　地球为什么会升温 ………………………………………… 1

　1.2　地球升温影响了什么 ……………………………………… 6

　1.3　快给地球降降温 …………………………………………… 30

　1.4　本章小结 …………………………………………………… 40

　参考文献 ………………………………………………………… 41

第二章　化石燃料污染——难以治愈的"瘟疫" ……………………… 42

　2.1　什么是化石燃料污染 ……………………………………… 42

　2.2　化石燃料制品正在改变 DNA ……………………………… 44

　2.3　塑料与微塑料 ……………………………………………… 53

　2.4　塑化剂的危害 ……………………………………………… 57

　2.5　本章小结 …………………………………………………… 58

　参考文献 ………………………………………………………… 58

第三章　啃下农业面源污染治理的"硬骨头" ………………………… 60

　3.1　农业面源污染现状和危害 ………………………………… 60

　3.2　土壤污染——看不见的危害 ……………………………… 69

　3.3　水污染——危机就在身边 ………………………………… 76

　3.4　加强和完善农业面源污染联合监督体系 ………………… 79

　3.5　本章小结 …………………………………………………… 81

　参考文献 ………………………………………………………… 81

第四章 珍惜地下水,珍视隐藏的资源 ························· 83

4.1 什么是地下水 ································· 83

4.2 地下水的污染与修复 ·························· 91

4.3 对地下水的管理与保护 ······················· 95

4.4 本章小结 ································· 101

参考文献 ···································· 102

第五章 走进深蓝,拥抱海洋 ························· 103

5.1 海洋污染和保护 ····························· 104

5.2 海洋牧场——蓝色粮仓 ······················ 107

5.3 海洋能源利用 ······························ 109

5.4 海洋药物的研发 ····························· 110

5.5 本章小结 ································· 111

参考文献 ···································· 111

第六章 乡村振兴与城乡融合化协调发展 ··············· 112

6.1 乡村振兴与城乡融合理念 ····················· 112

6.2 乡村振兴与城乡融合发展规划 ·················· 119

6.3 打造乡村人才基地,提高农业科研水平 ·········· 126

6.4 加强乡村教育,加快人才培养 ················· 135

6.5 本章小结 ································· 136

参考文献 ···································· 136

第七章 食品安全——守护盘中餐 ···················· 137

7.1 民以食为天,食以安为先 ····················· 137

7.2 警惕食品污染,把好病从口入关 ··············· 142

7.3 食品重在健康,拒绝垃圾食品 ················· 147

7.4 合理膳食 ································· 155

7.5 本章小结 ································· 161

参考文献 ···································· 161

第八章 微生物、疾病与健康——微观世界的博弈 ……………………………… 163

8.1 微生物——地球上最古老的原住民 …………………………… 163

8.2 微生物与疾病 ………………………………………………… 167

8.3 揭开新冠病毒的真面目 ……………………………………… 173

8.4 艾滋病离我们并不远 ………………………………………… 175

8.5 微生物与人体健康 …………………………………………… 177

8.6 本章小结 ……………………………………………………… 180

参考文献 ………………………………………………………… 180

第九章 碧水蓝天,千秋大业 …………………………………………………… 182

9.1 碧水蓝天保卫战 ……………………………………………… 182

9.2 创新是大美中国的不竭动力 ………………………………… 184

9.3 实现共同富裕 ………………………………………………… 185

9.4 碧水蓝天法治保障 …………………………………………… 185

9.5 本章小结 ……………………………………………………… 190

参考文献 ………………………………………………………… 190

第一章 温室效应及气候变化

温度影响着自然界万物的生存发展,温度的变化将改变地球万物的命运。第一次工业革命在带给人类财富的同时,也促使地球温度不断升高,引发了自然界一系列变化。人类当前最为严峻、最为紧迫的任务是阻止地球温度继续升高,这是关系地球及人类命运的头等大事之一。那么,地球为什么会升温? 地球升温给我们带来了什么样的影响? 我们又该采取什么措施解决这个问题? 本章将给大家一一讲述。

1.1 地球为什么会升温

2021 年 8 月 9 日,在全球极端天气事件频发之际,联合国政府间气候变化专门委员会(IPCC)发布了第六份气候变化评估报告《气候变化 2021:自然科学基础》。报告指出,自 19 世纪下半叶以来,人类活动所排放的温室气体已经造成了全球约 1.1 ℃的升温。更为糟糕的是,未来 20 年,在考虑所有排放的情景下,全球地表温度仍将继续上升。除非在全球范围内采取一系列措施,大幅度减少 CO_2 和其他温室气体排放,否则 21 世纪的全球升温将超过 1.5 ℃和 2 ℃。

1.5 ℃和 2 ℃这两个数据出自 2015 年年底巴黎气候大会上达成的《巴黎协定》,该协定提出要将全球平均气温升幅控制在 2 ℃以内,并努力将数值缩小至 1.5 ℃以内。尽管这看起来是个很小的数字,但对未来生活的影响却是巨大的。如果全球升温 1.5 ℃,地球上会产生更多的热浪,届时暖季延长而冷季将会缩短;如果升温幅度达到 2 ℃,地球会产生大量的极端热量,并达到农业和人类健康的临界耐受阈值。因此,地球继续升温会对人类造成难以承受的严重后果。

地球为什么会持续升温? 这是全人类都在关注的重要议题。温室气体的排放是导致地球升温的一个最重要的原因。何为温室气体? 温室气体是指大气中可吸收地面反射的太阳辐射,并重新发射辐射的气体,如 CO_2、CH_4 以及水蒸气等。温室气体会导致地球表面的温度升高,就像是温室截留了太阳辐射,同时还加热了温室内的空气。自然界产生的温室气体较少,大部分的温室气体来自于重工业。一旦温室气体的排放超过了一定阈值,就会引起全球气温上升,造成温室效应,对人类的生存造成威胁。

　　研究表明,在诸多因素中,CO_2 排放量不断增加是导致温室效应的主要原因。2021年,专家们的研究再次证明 CO_2 是地球温度升高的主要"推手"。如何控制温室气体排放成为全世界面临的一个难题。2009 年,在哥本哈根召开的世界气候大会达成了控制温室气体排放的协议,这次会议也被认为是"人类拯救地球的最后一次机会"。

　　据联合国政府间气候变化专门委员会统计,全球每年约有 1.15×10^8 t CO_2 在化学工业生产中被排入大气,而用于人类生产活动的化石燃料燃烧所产生的 CO_2 却有 2.37×10^{10} t。现如今,大气中的 CO_2 水平比过去 65 万年高了约 27%。人类从工业革命开始大量燃烧煤炭,导致大气中 CO_2 含量剧增。尤其是近几十年来,越来越多的国家走向工业化,道路上汽车数量也越来越多。汽车尾气排出大量的 CO_2,这也是导致温室效应的重要原因。化石燃料的大量燃烧导致了对流层臭氧量的增加,如果不加以控制,到 2100 年全球农作物的产量预计将会下降 40%,而全球平均臭氧含量届时会增加 50%,这将会给植物生长和繁殖带来无法预估的影响。人类活动造成气候变化所需的时间要远远少于气候系统的自然变化周期。在自然界中,尽管火山爆发会释放大量 CO_2 和其他气体,地球自转轴和轨道的微小变化也会对地球表面温度造成重大影响,但这些仍然无法与目前持续加速的人类活动相比。

　　温室气体的大量排放导致全球温度上升,进而引发冰川融化、极端天气增多、海平面上升,这种全球性的影响严重危及了人类的生存。据统计,由于气候变化和过度的碳排放引起的大气污染、饥荒以及疾病会导致全球每年 500 万人失去生命。如果当前的化石燃料消费模式不发生改变,再过 20 年全球每年的死亡人数会增加 100 万,而 90% 的死亡会发生在发展中国家。

1.1.1 "世界环境日"的由来

　　20 世纪 60 年代以来,世界范围内的环境污染与生态破坏日益严重,环境问题和环境保护逐渐成为国际社会重点关注的话题。直到 20 世纪 70 年代,随着科学家们对地球大气系统了解的逐渐加深,温室效应的危害才逐渐引起人们的广泛关注。从 20 世纪 80 年代末到 20 世纪 90 年代初,一系列以气候变化为重点的政府间会议陆续召开。

　　1972 年 6 月,人类历史上第一次全球范围内研究保护人类环境的会议在瑞典首都斯德哥尔摩召开,113 个国家共计 1300 多名代表出席了此次会议。政府代表团、民间科学家、学者等均有参加,共同讨论当今世界的环境问题,制定相应的对策和策略。这次会议提出了传遍世界的环境保护口号——"只有一个地球!"经过 12 天的讨论交流,会议形成并公布了著名的《联合国人类环境会议宣言》,呼吁各国政府和人民为维护和改善人类环境而努力,造福全体人民,造福子孙后代。此次会议上,中国代表团积极参与了宣言的起草工作,并提出了周恩来总理审定的环保三十二字方针:全面规划、合理布局、综合利用、化害为利、依靠群众、大家动手、保护环境、造福人民。

　　《联合国人类环境会议宣言》提出了 7 个共同观点和 26 项共同原则,规定了人类对环境的权利和义务,引导和鼓励全世界人民保护和改善人类环境。该宣言呼吁全世界人民为了这一代和将来的世世代代而保护和改善环境,并呼吁人们将环境保护的目标与争取和平、全世界的经济与社会发展这两个既定的基本目标统一起来,共同、协调地予以实现。此次会议还建议将大会的开幕日(6月5日)作为"世界环境日"。1972年10月,第27届联合国大会通过了联合国人类环境会议的建议,规定每年的6月5日为"世界环境日"。在每年的世界环境日当天,各国政府和联合国积极开展各种活动,提醒全世界人民关注全球环境状况和人类活动对环境的危害,强调保护和改善人类环境的重要性。"世界环境日"的确定标志着各国政府和全球人民对保护环境做出的贡献和努力,代表着世界环境向更美好的明天发展。1973年1月,联合国大会成立了联合国环境规划署(UNEP),设立了环境规划理事会(GCEP)和环境基金,主要用以处理联合国在环境方面的日常事务,并作为国际环境活动中心,促进和协调联合国内外的环境保护工作。

1.1.2　《联合国气候变化框架公约》

1992年5月22日,联合国政府间谈判委员会(INC)就气候变化问题达成了《联合国气候变化框架公约》,这是世界上第一个为全面控制温室气体排放,降低气候变暖给人类社会带来的不利影响而设立的国际公约,也是国际社会在应对全球气候变化问题方面进行国际合作的一个基本框架。《联合国气候变化框架公约》由序言及26条款正文组成,具有法律约束力。制定该公约的终极目标是将大气中的温室气体浓度维持在一个稳定的水平上,在该水平上人类活动将不再对气候系统产生干扰。《联合国气候变化框架公约》依据"共同但有区别"的原则,对发达国家和发展中国家规定了不同的义务和履行程序。发达国家作为温室气体的排放大户,需要采取具体的措施限制温室气体排放,并向发展中国家提供资金,以支付后者履行公约义务所需的费用。发展中国家不需要承担有法律约束力的限控义务,只承担提供温室气体源与温室气体汇的国家清单的义务,制定并执行含有关于温室气体源与温室气体汇的措施和方案。《联合国气候变化框架公约》还建立了一个向发展中国家提供资金和技术,使其能够履行公约义务的机制。

《联合国气候变化框架公约》有五项原则:第一,"共同但有区别"的原则;第二,要充分考虑发展中国家的国情和需要;第三,各缔约国应采取相应措施,对引发气候变化的因素进行预测和防治;第四,尊重各缔约方的可持续发展权;第五,要加强国际合作,团结全球力量来应对气候变化。该公约的最终目的是减少温室气体排放,降低人类活动对气候系统造成的危害,增强生态系统对气候变化的适应性,确保粮食生产和经济可持续发展。

我国是《联合国气候变化框架公约》的主要缔约国,该公约自1994年3月21日起对中国生效。近年来,我国一直积极参与并大力支持公约秘书处组织的各项活动。由于受到新冠疫情的影响,原定于2020年11月召开的联合国气候大会推迟至2021年举行。为促进各方的沟通交流,进而为会议成功举办奠定基础,公约秘书处提前组织了70余场"气候变化对话"线上系列活动,涉及市场机制、透明度、适应气候变化、农业、气候资金、技术和能力建设、全球审评等多项重要议题。会上,我国向全世界介绍了控制温室气体排放、增加生态系统碳汇、提高非化石能源消费占比等方面的"中国经验",以实际行动向全世界展示了中国减排的决心和信心。

1.1.3　频繁的缔约方大会

缔约方大会是《生物多样性公约》的议事和决策机制,负责审查公约的实施情况,制定相关的战略和行动计划,以此推动全球层面和国家层面的生物多样性保护工作。1995 年 3 月 28 日,第一次缔约方大会在德国柏林举行。

1997 年 12 月 11 日,《联保国气候变化框架公约》第三次缔约方大会在日本京都召开。参加此次大会的 149 个国家和地区的代表通过了《京都议定书》。该议定书限制了发达国家的温室气体排放量,要求发达国家 2008—2012 年温室气体排放量要在 1990 年的基础上减少 5.2%。欧盟国家的排放量要减少 8%,美国要减少 7%,日本要减少 6%。但是 2000 年在荷兰海牙召开的第六次缔约方大会上,美国坚持要降低本国的减排指标,从而导致会议陷入僵局,会议延期至 2001 年在德国波恩举办。

2002 年 10 月,《联合国气候变化框架公约》第八次缔约方大会在印度新德里举行。此次会议通过了《德里宣言》,强调应对气候变化必须在可持续发展的框架内进行。

2003 年 12 月,《联合国气候变化框架公约》第九次缔约方大会在意大利米兰举行。继碳排放大户美国退出《京都议定书》后,另一碳排放大户俄罗斯也拒绝批准该议定书,导致会议制定的协议没有通过。但是为了减少气候变化带来的经济损失,会议还是通过了 20 条具有法律效力的环保决议。

2007 年 12 月,《联合国气候变化框架公约》第十三次缔约方大会在印度尼西亚巴厘岛举行,会议主要讨论《京都议定书》的前期承诺在 2012 年到期后如何规划进一步降低温室气体排放,会议通过了"巴厘岛路线图"。

2009 年 12 月,《联合国气候变化框架公约》第十五次缔约方大会在丹麦哥本哈根举行,全球国家和地区代表共同商议《京都议定书》一期承诺到期后的后续方案。此次会议上,各国就应对气候变化的全球行动签署了《哥本哈根协议》,但该协议并没有法律约束力。

2021 年 10 月,《生物多样性公约》第十五次缔约方大会在中国昆明召开。会议通过了《昆明宣言》,呼吁全世界各方采取行动来共建地球生命共同体。宣言承诺,确保制定、通过和实施一个有效的"2020 年后全球生物多样性框架",以扭转当前生物多样性丧失的趋势,并确保最迟在 2030 年使生物多样性走上恢复之路,进而全面实现"人与自然和谐共生"的 2050 年愿景。

2021 年 11 月,《联合国气候变化框架公约》第二十六次缔约方大会在英国格拉斯哥举行,会上通过了《格拉斯哥气候公约》。该公约旨在将全球升温控制在 1.5 ℃以内,避免全球发生毁灭性的气候变化。同时,该公约对国际碳交易作了新的规定,即一个国家可资助其他国家碳排放来实现本国的减排目标。这项约定可为全球碳交易市场奠定基础。

1.1.4　《京都议定书》

《京都议定书》的全称是《联合国气候变化框架公约的京都议定书》，是《联合国气候变化框架公约》的补充条款。《京都议定书》于 1997 年 12 月在日本京都召开的《联合国气候变化框架公约》第三次缔约方大会上通过，其目标是将大气中的温室气体含量稳定在一个适当的水平，进而防止剧烈的气候变化对人类造成伤害。《京都议定书》共包含 28 个条款和两个附件，内容涵盖了温室气体排空控制的目标、需要减排的温室气体、灵活的协助限排机制、碳汇制度、资金制度、遵约制度以及生效条件共七个方面的内容。

《京都议定书》首次以国际性法规的形式限制温室气体的排放，且规定了三个生效条件：第一，需要 55 个以上的国家进行国内程序批准；第二，这些国家合计的碳排放量至少占附件中缔约方 1990 年碳排放量的 55％；第三，前两个条件满足后的第 90 天，协议生效。我国于 1998 年 5 月签署，并于 2002 年 8 月核准了《京都议定书》。俄罗斯于 2004 年批准了《京都议定书》。2005 年 2 月 16 日，《京都议定书》正式生效。

按照协议约定，2010 年所有发达国家的六种温室气体（包含 CO_2）排放量要比 1990 年降低 5.2％。2008—2012 年，发达国家必须完成减排目标。《京都议定书》允许附件中所列出的国家根据本国国情、发展状况等自由选择减排方式，体现了高度的灵活性和包容性。

美国是全球碳排放量最大的国家，它于 1998 年签署了《京都议定书》。但在 2001 年，美国总统布什宣布退出《京都议定书》。美国政府认为，一方面温室气体排放和全球气候变化的关系尚不明确，另一方面《京都议定书》没有对发展中国家规定减排任务。加拿大紧随其后，在 2011 年宣布退出《京都议定书》。两大发达国家的退出给《京都议定书》的顺利实施蒙上了一层阴影。一方面，这折射出某些发达国家对减排责任的推脱，缺乏大国担当；另一方面，由于《京都议定书》缺乏足够的激励与约束力，降低了某些国家履约的积极性，从而影响了实施效果。在今后的条约中，应当增加对毁约的惩罚，防止类似情况再次发生。

1.1.5　《巴黎协定》

2015 年 12 月，第 21 届联合国气候变化大会在巴黎召开，并通过了《巴黎协定》。2016 年 4 月，缔约方各国在纽约签署了该协定，旨在为 2020 年全球应对气候变化做出安排。中国于 2016 年批准加入《巴黎协定》，成为第 23 个完成批准协定的缔约方国家。

《巴黎协定》共 29 条，包含了目标、减缓、适应、损失损害、资金、技术、能力建设、透明度、全球盘点等内容。《巴黎协定》的长期目标是将全球平均气温较前工业化时期的上升幅度控制在 2 ℃以内，并努力限制在 1.5 ℃内。只有全球尽快实现温室气体排放达到峰值，21 世纪下半叶实现温室气体净零排放，才能降低气候变化给地球带来的生态风险以及给人类带来的生存危机。《巴黎协定》明确了全球共同追求的硬指标:将全球所有国家都纳入保护地球、确保人类发展的全球命运共同体中。《巴黎协定》摒弃了"零和博弈"的狭隘思维,体现出与会各方共享担当、互惠共赢的强烈愿望。

《巴黎协定》在《京都议定书》、"巴厘路线图"等一系列成果的基础上,按照"共同但有区别"的责任原则、公平原则和各自能力原则,进一步加强《联合国气候变化框架公约》的全面、有效和持续实施。《巴黎协定》推动全球不同国家按照"自主贡献"的方式参与到应对气候变化的行动中,促使各国从依赖石化产品的增长模式向可持续发展的绿色发展模式转型。对于发达国家,继续促进其带头减排;对于发展中国家,向它们提供财力支持,帮助其减排。《巴黎协定》将市场手段和非市场手段相结合,积极开展国际间合作,通过适宜的减缓、顺应、融资、技术转让和能力建设等方式,推动所有缔约方共同履行减排义务。根据协议的内在逻辑,未来全球资本市场投资会进一步向绿色能源、低碳经济等领域倾斜。

2021 年是全球应对气候变化的关键年份。各国都在做出承诺和采取行动,不断限制温室气体排放。但即使《巴黎协定》充分落实,21 世纪末全球温度仍有可能升高 2.9~3.4 ℃,远高于协议规定的"2 ℃以内"。减排道路任重而道远,人们还需要更加努力。

1.2　地球升温影响了什么

全球变暖,地球温度持续升高,极端天气越来越频发已经成为不争的事实。极端高温天气、极端强降雨、飓风、干旱等自然灾害出现的频率和强度明显增加。但人们最为担心的是,如果全球升温超过 1.5 ℃,过去极少发生的极端天气会更频繁地出现。

2021 年,全球多个国家都因飓风、极端降雨而遭受洪水袭击,极端高温和野火也频繁出现。如果 1.5 ℃这一临界值被打破,全球进一步变暖,将加剧永久冻土融化、季节性积雪减少、冰川和冰盖消融以及北极海冰消失,全球生态系统将会遭受不可逆转的永久性伤害。

联合国政府间气候变化专门委员会的第六份气候变化报告中详细解释了人类温室气体排放对于地球气候所造成的影响。研究人员构建了五种预测模型,以此来更形象地反映在不同的温室气体减排速度下,会有怎样不同的全球气温变化结果。

未来情景 1:全球气温上升值短暂达到 1.5 ℃后回落,全球将躲过最严重的危害。这是目前最乐观的一个未来情景预测。在此情景中,2050 年左右全球达到 CO_2 净零排放,全球社会实现向可持续发展的转型。因此,全球气温升高数值将短暂地超过 1.5 ℃,到21 世纪中叶达到 1.6 ℃左右。但随后会回落,并在 21 世纪末稳定在 1.4 ℃左右。这也是唯一实现将全球气温升高控制在《巴黎协定》设定的 1.5 ℃左右的预测情景。在这样的情况下,极端天气仍会变得更常见,但全球能成功躲过气候变化带来的最严重的危害。

未来情景 2:全球气温上升超 1.5 ℃,并稳定在 1.8 ℃左右。这是一个相对好的情景。

全球 CO_2 排放量会大幅下降,但下降速度仍不够快,只能在 2050 年后达到全球 CO_2 净零排放。之后,全球社会也同样转向经济可持续发展。于是到 21 世纪中叶,全球气温上升会达到 1.7 ℃ 左右,在 21 世纪末稳定在 1.8 ℃ 左右。

未来情景 3:21 世纪中叶,全球气温上升值就达到危险的 2 ℃。在这一情景下,全球 CO_2 排放量在未来 30 年会一直徘徊在当前水平,到 21 世纪中叶才会开始下降,但到 21 世纪末无法达到全球 CO_2 净零排放,全球社会未能转向经济可持续发展。在此情景下,21 世纪中叶全球气温上升值就会达到危险的 2 ℃,21 世纪末全球气温将上升 2.7 ℃。

未来情景 4:CO_2 排放量持续上升,全球气温上升 3.6 ℃。这是一个较坏的情景。全球 CO_2 排放量将持续上升,到 2100 年,全球 CO_2 总排放量将大约是目前的两倍。在此情景下,21 世纪中叶全球气温将上升 2.1 ℃,21 世纪末全球气温将上升 3.6 ℃。

未来情景 5:全球气温上升 4.4 ℃。这是一个极其糟糕的情景,也是我们无论如何都要避免的。在这一情景里,全球 CO_2 排放量在 2050 年就会翻一番,全球经济的迅速增长建立在大量开采化石燃料和维持能源密集型的生活方式之上。在这样的情况下,21 世纪中叶全球气温将上升 2.4 ℃,21 世纪末全球气温将上升 4.4 ℃。

不管是哪种情景,在未来的 20 年内,全球气温上升都会达到 1.5 ℃ 这个关键值。如果全球的 CO_2 和其他温室气体排放量无法大幅减少,21 世纪内全球升温将相继超过 1.5 ℃ 和 2 ℃ 这两个关键值。曾经人类活动对全球气候变化的影响只是一个饱受争议的科学假设,但现在这份报告坚定地指出,这是一个事实,人类必须尽快降低温室气体排放量。气候报告并不会告诉我们未来哪种情景会成真,因为这取决于全世界应对气候变化的具体行动,特别是人类降低温室气体排放量的速度。今天的选择和行动将决定未来哪种情景会成为现实。

1.2.1 温度升高改变了地球

曾经有人问过这样一个问题:"仅温度升高会如何改变地球?"

全球平均气温即便升高几摄氏度,也是一件非同小可的事情。这是因为全球变暖不只是温度升高这么简单,还会对粮食、居所、能源和人类健康等方面产生一系列的负面影响。

(1)粮食:全球温度升高严重影响了粮食的生态系统,成为全球粮食安全所面临的重大挑战。另外,气候变化还严重影响了农业和畜牧业。有研究表明,按照目前 CO_2 排放量的增长速度,到 21 世纪末,全球 1/3 的农业生产会降低至零产量,给人类生存造成极大的威胁。另外,人类食物中,约 20% 的蛋白质来自于海洋,但气候变暖导致海水酸化、鱼类减少且体型变小,进而影响人类对海洋蛋白质的摄取。发展中国家将遭受气候变暖带来的更沉重打击。

(2)居所:研究表明,1901—1990 年全球海平面每年约升高 1.2 mm。但在 1993—2010 年,海平面年均升高变成 3 mm,是之前的两倍还要多。海平面上升会严重威胁沿海城市的安全,若不加以约束和限制,按照目前的增长速度,预计 2150 年前后海平面将上升 0.2~1.65 m,海滨城市以及一些地势低洼的国家将会遭受灭顶之灾。

(3)大规模生物爆发:中美学者研究发现,奥陶纪海洋生物大爆发或与海平面上升有关,这一重大发现将有助于进一步探究生物多样性与地球环境变化的关系。

4.85 亿年前的奥陶纪海洋生物大辐射事件是地球历史上规模最大的一次生物大爆发。在此次大爆发中,较低的生物分类单元"属"和"种"的多样性大量增加,海洋生物种类数目是寒武纪时期的 3 倍,但此次生物大爆发的原因一直未解。在中、晚寒武纪至奥陶纪时期,位于我国秦岭以南的扬子台地曾是适于生物生存的浅水台地,也是研究奥陶纪海洋生物大辐射事件的重要地区。在奥陶纪中期,扬子台地发生过一次台地淹没事件,并恰好发生在华南奥陶纪生物大辐射的第一次高潮之前。

研究团队对湖北省松滋市刘家场镇响水洞的地质构造进行剖面采样发现,由于海平面上升,台地边缘地区原有的呈泥粒、颗粒状的灰岩受动力因素影响逐渐沉积,被富氧的紫红色泥质灰岩所替代。同时,在台地内部,处于同一地质时期的碳酸盐岩和碎屑岩混合物慢慢沉积,并覆盖在原有的灰岩地层上。随着台地逐渐被淹没,这种紫红色、含氧量高的泥质灰岩沉积覆盖了整个台地,氧化的同时,将原有的台地地形"改造"为较为平缓的斜坡,增加了不同的生态位,为相关生物提供了生存、活动的空间。

研究人员栾晓聪认为,海平面上升使得紫红色瘤状泥质灰岩堆积,缓坡形成,加之岩石碎屑涌入,为不同种类生物的生存提供了适宜的环境条件。这一推论与华南奥陶纪生物大辐射的第一次多样性峰值相吻合,印证了生物多样性与海平面上升具有联系。[①]

(4)能源:积雪减少和降雨模式的改变会使水力发电变得不可能,极大降低地球能源的可利用性。

(5)健康:有研究认为,全球变暖将导致人类睡眠减少,热带病广泛传播,炎热的天气还会导致死亡人数增多。另外,极限温度还会降低人类的劳动生产率。

(6)极端天气:气候变化打破了"温度天花板",未来破纪录热浪发生的概率将比过去高 21 倍。气候变化使破纪录热浪的发生概率增加,而其增加程度不取决于发生数量,而取决于变暖速度。

最近的极端气候事件打破了长期以来的纪录。在全球范围内,多个国家和地区出现异常高温,北半球几乎在极端高温的炙烤中热到"裂开"。科学家表示,对于极端天气事件来说,气候变化绝对是一个"游戏规则改变者"。而在一个逐渐变暖的世界里,可能还有很多情况是当前的气候模型所无法预测的。

瑞士苏黎世联邦理工学院的研究人员利用模型分析了破纪录热浪与全球变暖的关系。结果表明,高 CO_2 排放量场景下,2021—2050 年破纪录极端热浪的发生概率是过去 30 年间的 2~7 倍。更惊人的是,2051—2080 年破纪录极端热浪的发生概率将会变成过去 30 年间的 3~21 倍。破纪录的极端事件将在气候加速变暖时期骤然增多。但在没有

---

① 参见邓凯月,张晔.海平面上升或导致最大规模生物爆发[N].科技日报,2017-8-21(1).

变暖或变暖较少的静息阶段,这些事件发生的可能性较小。但是,如果能采取有效措施减缓、稳定全球气候变暖,热浪的发生概率以及严重程度可能仍然较高,但破纪录的极端事件会显著减少。

气候正在发生变化,虽然细微的变化很难让人产生危机感,但我们应该清楚地认识到由于气候变化引发的极端天气事件发生频率正在增加。这是大自然发出的预警信号,告诫人类要对自然怀有敬畏之心,对全球变暖采取控制手段。若任由温度升高,对人类来说绝对是毁灭性的灾难。

1.2.2　北极和南极的改变

在很多人的记忆里,南极和北极常年冰封。但由于温室效应导致的温度升高,北极和南极早已不是人们记忆中的样子了。

2019 年,美国国家海洋和大气管理局(NOAA)称,卫星数据显示,极地冰层已缩小至历史最低水平。同年 7 月,全球平均气温比 20 世纪的平均气温高 0.95 ℃,是自 1880 年有记录以来的最热月份。此时,地球上的大部分地区都处于前所未有的高温中,这也导致了南极和北极冰川缩小。

在全球范围内,有的地区升温,有的地区却在降温。气象专家认为,全球变暖在时间上是不均匀的,冷期和暖期是相对的,但气温总体呈现上升趋势。阶段性的低温并不能说明气候变暖在减缓,而部分地区的极寒天气也不能阻止其他地区的温度上升。全球变暖的一大特征就是极端天气事件增多,尤其是极寒天气。而德国气候研究所的研究人员认为,极寒的天气正与全球变暖下海冰消失对大气的影响预测相吻合。气候变暖导致北极冰盖体积缩小,极地由于缺少了冰层的覆盖,其海内的暖空气就会向寒冷的高空移动,从而对大气循环产生影响。极地冷空气在高压系统的推动下向北半球大陆地区进发,导致当地气温骤降。

1. 北极变暖导致的"超级火灾"

近年来,北极火灾频发,常见于每年的 5 月至 9 月。作为生态系统的自然组成部分之一,火灾可以为环境带来一些益处。然而,北极火灾的强度之高和受灾面积之大是不寻常的。由于气候变化,夏季温度高于平均值,导致灾情比平常严重得多。极度干燥的地面、高于平均值的气温、热射线和强风导致北极火灾肆虐。

科学家表示,北极地区的情况是全球变暖的明显反馈。北极火灾释放的大部分物质将附着在更靠北的冰面上,从而加速冰层融化。这一切将导致北极环境进一步恶化。2019 年,在距离北极点 1200 千米的斯瓦尔巴群岛上约有 200 头驯鹿被饿死,这种异常现象是由该地区的气候变化造成的。当地气候变暖的速度是其他地区的两倍,这导致降雨频繁,雨落入雪中,在苔原上形成冰层,限制了动物觅食。驯鹿一般以地衣和其他植物苗为食,在冬季它们用蹄子拨开积雪,啃食下面的植物;但反复结冰和回暖形成了无法刨开的冰层,让它们无法获得食物。

2. 北极正上演"冰与火之歌"

美国国家海洋和大气管理局发布了北极气候年度报告——《2020年北极报告》。这份报告是北极这个庞大而重要的生物群落健康状况的全面"体检"报告。但是,"体检"的结果却不容乐观:由于气温上升、冰川融化、积雪消失,北极脆弱的生态系统正在发生巨变,北极已经不再是之前的北极了。

目前,北极地区的气温上升速度至少是全球平均水平的两倍。与此同时,北极正在上演一场"冰与火之歌":北冰洋正在变暖,格陵兰的冰盖加速融化,每年夏季苔原野火肆虐,生态系统遭到严重破坏。

北极是全球气候的"风向标",全球因人类排放的温室气体而升温,北极气温升高必首当其冲。北极海冰不仅是北极熊和海象的重要栖息地,而且是地球"空调"系统的关键部分,它将太阳的能量反射回太空,并保持北极周围的低温。夏季融化季节结束时,北极海冰的量通常在9月达到最低值。《2020年北极报告》中称,2020年春季的海冰在西伯利亚东部海域和拉普捷夫海(北冰洋的陆缘海之一)地区更早地开始融化,创下6月份拉普捷夫海的新低。2020年,夏季海冰范围创下了42年来卫星记录的第二低,仅次于2012年夏天。秋季气温降低时,海冰冻结得也比平常晚。创纪录的低海冰面积表明北极的"空调"系统正在崩溃。美国国家冰雪数据中心的高级研究员表示,现在不再是我们"是否"会在未来几十年内看到无冰北极的问题,而是"何时"的问题。

2020年夏天是北极圈野火发生数量创纪录的一个夏天,这主要是由于西伯利亚地区接二连三地发生火灾,特别是与拉普捷夫海接壤的萨哈(雅库特)共和国。哥白尼气候变化服务中心的数据显示,截至2020年6月,西伯利亚的野火已经打破了去年的纪录,而高温和丰富的干燃料是罪魁祸首。为北极大火提供燃料的大部分干燃料来自死苔藓和土壤中积累的其他植物物质。冰冻的温度往往会阻止这些枯死的植物在冬天完全腐烂,当春天地面积雪融化时,它们很快就会干燥;天气越暖和,春天来得就越早,它们干燥的速度也就越快。

此外,自20世纪80年代初以来,卫星一直跟踪着苔原植被或北极的"绿色度",因为它们是北极气候变化的重要信号。自2016年以来,北美的"绿色度"急剧下降,但在欧亚地区仍高于平均水平。《2020年北极报告》指出,从完整的卫星记录来看,北极总体上正朝着更"绿色"的方向发展。因为温度升高,冰冻的苔原融化,灌木和其他植物物种正在过去根本无法生根的地方开始生长。

气候变化也在影响北冰洋的动物和植物,而且是从食物链的最底层开始的。微小的藻类是北极海洋生态系统的基石。每年春天,当海冰融化,海洋充满阳光和营养时,藻类开始快速生长,为北冰洋的其他动物提供了充沛的食物。随着北极变暖和海冰变薄,海藻的分布范围越来越大且出现得更早,一些地方在秋季甚至出现第二次海藻爆发。美国克拉克大学北极问题专家凯伦·弗雷(Karen Frey)表示,这是一种"相对较新"的现象。

额外的食物对北冰洋的一些动物来说是一种"恩惠"。2020年的北极"体检"报告单中称,北极的弓头鲸数量近期有所增长。科学家们认为,这些变化可能与增加的藻类有关。当海冰融化时,生长在海冰上的海藻往往会落到海底,成为贝类、海胆和海参等海底生物的食物。但弗雷警告说,海冰融化也在一定程度上意味着某些生物的"海藻美味"减少。[1]

(1)冻土融化:此前也有报道称,永久冻土覆盖了地球陆地表面的24%。在北极的一些冻土中,可能含有古老的冰冻微生物、冰川世纪的巨型动物,甚至还有被埋葬的天花感染者遗体。随着永久冻土融化的速度越来越快,科学家们面临的新挑战是发现和识别可能正在被"搅动"的微生物、细菌和病毒。

(2)冰川葬礼:2019年8月,冰岛曾为奥克约尔冰川举行了"葬礼",这是冰岛第一座因气候变化而失去的冰川。冰岛用一块铭牌来"纪念"这一不可逆转的变化及其所代表的严重影响。这场葬礼是仪式,更是警醒。

2020年北极的"体检"报告更让科学家们感受到,在过去20年,尤其是过去5年,北极变化的速度已远远超出预期。有科学家表示,北极的潜在变化是中纬度地区看到的三倍,这将彻底改变北极的面貌,并将反馈给地球上的其他地区。这些变化和影响应引起我们足够的重视:北极"生病"了,在未来的很长时间内我们都要帮助改善北极的环境。

3. 北极"最后的冰区"海冰融化创纪录

英国《通讯·地球与环境》杂志发表的一项气候科学研究显示,由于2020年夏季反常的季风和冰层变薄,北极"最后的冰区"正大量消失。海冰消失导致北极熊失去了重要的避难所,整个北极的生态系统变得更加脆弱。

海冰是北极地区"健康状况"的一个敏感指标。北冰洋格陵兰北部的旺德尔海常年覆盖着厚实的冰雪,这一地区被认为是北冰洋"最后的冰区"。然而在2020年的夏天,"最后的冰区"出现了广阔的开放水面。2020年8月的卫星图片显示,旺德尔海海冰覆盖率下降了一半,达到历史最低水平。科学家估计,海冰的大量消失是由夏季反常天气引起的,强力的夏季风把海冰从"最后的冰区"吹走了。

研究人员还根据1979年以来的数据,对这一地区进行了数值模拟。结果表明,长期以来气候变化导致海冰变薄,促使2020年的冰层融化加剧,使"最后的冰区"在反常气候条件下更为脆弱。

当冰盖消失,这些原本较厚、较古老的海冰便无法再"庇护"这一区域的生物。科学家们建议,未来的研究应出于保护目的,尝试量化"最后的冰区"对气候变化的恢复力,因为这一区域最终会成为依赖冰面生存的哺乳动物最后的夏季栖息地。[2]

4. "新北极"正在形成

大数据分析表明,北极目前正在经历着翻天覆地的变化,未来北极将会变得面目全非,现有物种也都将逐渐被外来物种所替代。北极也将不再是我们所熟知的冰天雪地的样子了。200多年前,当人类进入工业革命时代的时候,何曾想到人类只用了不到100年

---

① 参见张佳欣.2020年"体检"报告:北极正上演"冰与火之歌"[N].科技日报,2021-01-21(4).
② 参见张梦然.北极"最后的冰区"海冰融化创纪录[N].科技日报,2021-07-05(4).

就差一点将地球的生态系统毁掉。地球上高纬度地区普遍都被冰川覆盖,冰川可将太阳辐射的过多能量反射出去,调节地球温度,避免地球温度过高。但是由于人类的工业活动造成了温室效应,地球温度在不断攀升,导致高纬度地区的冰川大量融化,由此形成恶性循环,最终导致高纬度地区的升温速度是中低纬度地区的两倍以上。

2021年6月,北极地区迎来了有史以来的最高温度——38 ℃。有研究发现,在过去的30年间,北极的平均气温居然升高了10 ℃。温度升高的同时,北极海冰的面积也在破纪录地减少,尤其是进入21世纪以来,减少的速度越来越快。原来的冰雪世界已经变得高温多雨,气候环境或许已经到了临界点。如果人类没有办法在短时间内遏制温室气体的排放,那么北极的生态环境恶化将不可预测地一路蔓延下去。最终,北极的整个生态系统将会发生翻天覆地、不可预知的变化,这将对人类生存环境产生巨大影响。从某种意义上来说,"新北极"的出现或将让整个地球的气候环境都被重塑。通过大数据分析可以得知,"新北极"将不再寒冷,会变得温暖、湿润,冰川面积或许也都将融化殆尽;北极原有的生物或许将再也无法生存,并逐渐被其他喜欢"新北极"气候环境的新物种所取代,人类在北极地区发展的渔业也将迎来新的挑战。

过去,科学家们认为如果温室效应无法遏制,那么地球留给人类的时间大约是200年。也就是说,大约200年之后,伴随着冰川融化,海平面上升,地球上的大部分陆地也将变成海洋。不过新的研究却表明,由于"新北极"正在形成,原有的预测时间或将大幅度提前。也就是说,留给人类控制温室效应的时间或许要变得更少。21世纪末之前,如果人类可以彻底遏制住温室效应,那么"新北极"的出现或许也会戛然而止。否则,当"新北极"出现的时候,一切也都晚了。还是那句话,人类发展科技本身就是一把双刃剑,在没有完全准确考虑到每一个后果之前,人类也必然会经历吃"苦果"的阶段。[1]

1.2.3 地球已经停止变绿

科学家发现,全世界的"绿色"正在逐渐减少,这一现象与大气中水分减少有关。研究指出,全球植被大概在20世纪80年代逐渐扩大,约20年前这种趋势停止,自此全球一半以上的植物都出现了生长减缓的趋势。植物生长减缓与饱和蒸汽压亏缺有关。随着全球气温逐渐升高,饱和蒸汽压亏缺的情况会逐渐加剧,这种变化会对植物产生实质性的负面影响。如同温度变化不均匀一样,植被变化也并不均等。地球上一些地区在失去植物,而另一些地区却在逐渐绿化。例如,温度升高的北极地区逐渐变绿,植物生长逐渐茂盛。但从全球范围来看,植物生长还是趋于减缓和衰退。这种减缓和衰退挑战了气候变化怀疑论者经常提出的观点——植物在CO_2浓度升高的情况下生长更快,该观点旨在淡化全球变暖的影响。

---

① 参见张佳欣.30年升温10 ℃ "新北极"正在形成——全新气候系统将重塑地球生态[N].科技日报,2020-09-17(2).

一定程度的 CO_2 浓度升高有利于植物的光合作用,促进植物的生长。但这只是其中的一项因素,气候变化带来的其他影响,例如气温上升、水分缺失、极端天气等也会对植物生长造成影响。总体而言,气候变化对地球上大部分植被来说影响是负面的。最新的研究结果也已经表明,这些负面影响正逐渐显露。植物和环境是作用和反作用的关系,植物可以吸收大气中的 CO_2,是重要的碳汇。植物生长的减缓意味着碳存储量的降低,这对控制全球升温不利。

1. 灾难深重的亚马孙雨林

位于南美洲亚马孙河流域的亚马孙热带雨林,覆盖了南美洲 700 万平方千米的土地面积,比欧洲的面积还要大。亚马孙热带雨林横越 8 个国家,占据全球森林面积的 20%,是全球面积最大、物种最丰富的热带雨林。亚马孙热带雨林产生的 O_2 占全球 O_2 总量的 1/10,被人们称为"地球之肺"和"绿色心脏"。亚马孙热带雨林中有种类繁多且数量丰富的野生动植物。据统计,雨林中共有 14 712 种动物,其中 8000 多种尚未为人所知,现在已知的动物和鸟类超出了 10 万种。这里的生物多样性保存完好,被称为"生物科学家的天堂"。

然而,亚马孙热带雨林却没有因为它的物种多样性而得到人类的厚爱。从 16 世纪开始,人类开始开发森林,热带雨林遭到了前所未有的破坏,砍伐森林、开辟土地、种植农作物或饲养牲畜使得热带雨林面积以惊人的速度下降。原本,巴西占有亚马孙热带雨林面积的 60%。1970 年,巴西政府为了解决东北部的贫困问题,决定开发亚马孙地区,这一决策导致了该地区每年约 8 万平方千米的原始森林遭到破坏。有数据显示,亚马孙的毁林面积达到了历史新高,1 万多平方千米的生物群落逐渐消失。

热带雨林面积减少的原因有很多,如烧荒耕作、滥砍滥伐、过度放牧、森林火灾,其中烧荒耕作造成了整个热带雨林 45% 的面积减少。为了开垦荒地种植农作物,人们把重型机械开进亚马孙热带雨林,砍伐树木再放火焚烧。2021 年上半年,亚马孙热带雨林地区已经爆发过 7 万多次火灾,森林覆盖率已从原来的 80% 减少到 58%,出现了水土流失、土地荒漠化、暴雨、干旱等一系列问题,生物多样性遭到严重破坏。有人根据森林的破坏速度计算发现,平均每 8 秒就有一片足球场大小的森林消失。如果毁林速度得不到控制,那么在不久的将来,亚马孙森林极有可能会消失。这绝不是危言耸听,而是对人类的警告。

亚马孙热带雨林大面积燃烧是对温室效应的又一重加强。森林被烧毁,O_2 产出量下降,同时大量 CO_2 被排出,因此导致全球的氧含量降低,温室气体含量增加,两者之间的比例更加失衡。全球气候因此而产生大变化,对维持地球生态环境极为不利。热带雨林就像一个巨大的吞吐机,吞噬掉大量的 CO_2,释放出大量的 O_2。如果热带雨林消失,地球上人类生存所需的 O_2 将会减少 1/3。森林本身具有涵养水源的作用,可从土壤中吸收大量的水分,并通过蒸腾作用散发到空气中,保持空气湿度。森林中土壤的理化性质较高,一般具有很好的渗透性,可以吸收和滞留大量的水分。亚马孙热带雨林存储了地球表面 25% 的淡水资源。如果过度砍伐,土壤理化性质将发生改变,进而会引起水土流失。巴西东北部的一些地区就因为毁林而变成了巴西最干旱、最贫穷的地方。在秘鲁,由于森林资源的破坏,仅在 1925—1980 年就爆发了 4300 余次大规模的泥石流和 193 次滑坡,造成 4.6 万人死亡。研究表明,目前平均每年有面积为 3×10^3 km²、厚度为 20 cm 的表层土被冲入大海中。

热带雨林对人类的贡献还体现在生物多样性方面。热带雨林是一个巨大的基因库,地球上有 200 万~400 万个物种都生活在热带和亚热带森林中。亚马孙热带雨林每平方千米生存的植物多达 1200 余种,地球上有 1/5 的动植物都能在亚马孙热带雨林中发现。然而,森林被大量砍伐导致每天至少有一个物种消失。有预测称,在未来几年,热带雨林的减少会导致地球上 50 万~80 万种的动植物面临灭绝的风险。基因库一旦丧失,就会成为人类的一大损失,且无可挽回。

人为因素和气候因素共同造成了亚马孙热带雨林面积的减少,进而引起了热带雨林碳汇能力下降。研究人员曾在《自然》(Nature)杂志上发文称,森林砍伐和气候变化会降低亚马孙热带雨林对大气中碳的缓冲能力,导致某些区域的碳排放超过了碳吸收。巴西科学家研究发现,2010—2018 年亚马孙流域东南部直接从碳汇变为了碳源,主要原因在于干旱和森林砍伐的加剧。巴西学者发出警告称,如果热带雨林的"去森林化"趋势无法遏制,那么热带雨林有可能在 5 年内退化成草原。

2. 气候变暖或改变东西半球热带雨林区位[①]

美国加州大学尔湾分校和其他机构的研究人员称,未来的气候变化会进一步影响热带雨林的区域性,导致其不均匀转移。热带雨林区域的变化会引起全球大部分地区出现干旱,对生物多样性和全球人类的粮食安全产生威胁。

热带雨林带是位于赤道附近的一条狭窄的强降水带,不同地区所受到气候变暖的影响也不相同。例如,东半球的部分雨林带北移,西半球则是南移。因此,东非和印度洋热带雨林带的北移将导致非洲东南部和马达加斯加降水减少,面临干旱的威胁;而印度南部的洪水灾害则会加剧。研究结果表明,气候变化导致全球近 2/3 的区域降水带向相反方向移动,进而严重影响全球的水资源供应和粮食安全。

美国加州大学尔湾分校的地球系统科学主席詹姆斯·兰德森(James Radson)解释说,气候变化导致亚洲和北大西洋上空的大气升温幅度不同。在亚洲,气候变化带来的气溶胶排放减少、喜马拉雅冰川融化以及北部地区积雪减少,将导致大气升温的速度比其他地区快。亚洲雨林带向气候温暖的北部移动,这与气候变化的预期影响是一致的。兰德森还曾表示,墨西哥湾流的减弱和北大西洋的深水形成可能会产生相反的效果,导致整个西半球的热带雨林带南移。

1.2.4　全球变暖导致的高温对人类及生物的影响

当我们谈论气候变化时,我们到底在关注什么?有的人认为,气候变化是一个巨大

---

① 参见张佳欣.气候变暖或改变东西半球热带雨林区位[N].科技日报,2021-01-21(4).

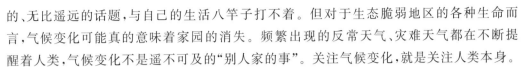

的、无比遥远的话题,与自己的生活八竿子打不着。但对于生态脆弱地区的各种生命而言,气候变化可能真的意味着家园的消失。频繁出现的反常天气、灾难天气都在不断提醒着人类,气候变化不是遥不可及的"别人家的事"。关注气候变化,就是关注人类本身。

第一,全球变暖将导致更频繁的热浪,引起健康危机。

2021年夏天,高温炙烤着莫斯科。俄罗斯气象机构联邦水文气象与环境检测局的官方数据显示,莫斯科部分地区的温度达到34.7 ℃,追平1901年6月的历史最高纪录。随着全球气温继续飙升,气象预报员预计热浪的频率也会上升。持续数天的热浪可能是致命的,并有可能使公共服务和医疗陷入混乱。根据英国气象局公布的数据,仅在2003年,就有2000多人在10天内死于创纪录的38.5 ℃高温。美国普林斯顿大学的气候专家就全球变暖和越来越频繁的热浪风险给人们敲响了警钟。简·鲍德温(Jane Baldwin)是一名博士后研究员,她撰写了一份关于复合热浪危害的研究报告。她表示,酷热的天气是美国最大的"杀手"之一;而电脑模拟的天气预报显示,如果地球继续变暖,全球范围内的复合热浪很可能会增加。

热浪之下,城市的基础设施和人们的身心健康都在备受"烤验"。持续高温不仅让人身体不适,还严重影响城市基础设施,一些城市路面因受热膨胀而开裂,有轨电车因电缆融化而停运。美国俄勒冈州最大城市波特兰一直以盛夏的凉爽天气著称,然而从2021年6月27日开始,波特兰连续三天打破高温纪录,最新纪录高达46.6 ℃。波特兰部分有轨电车于6月27日宣布停运,原因是高温融化了电缆。在一些交通繁忙的市区,路面甚至出现了膨胀和软化现象。

美国太平洋沿岸城市西雅图一直是典型的温带海洋性气候,即便在最热的8月,气温也维持在宜人的22 ℃以下,当地民众很少有机会使用制冷空调。2021年6月28日,西雅图打破了80年来的高温纪录,气温高达43.9 ℃。面对极端高温,西雅图的露天游泳池陆续关闭,游泳池边的标牌提醒人们:游泳者可能会被烫伤脚。另外,工人必须每天至少用凉水冲刷吊桥两次,以防桥体上的钢铁因高温变形而影响交通。

《华盛顿邮报》报道,美国西部大部分地区正在进入战时状态。空调使用量的空前增加给美国电网系统带来了巨大压力,得克萨斯州和加利福尼亚州电力公司计划在适当时候断电。美国国家气象局呼吁民众待在室内,因为超长时长的热浪是致命的。帕姆代尔和菲尼克斯等地的医生发出警告,路面高温可能导致三度烧伤。

在美国的邻国加拿大,极端高温导致了令人意想不到的死亡人数。加拿大不列颠哥伦比亚省官员表示,在此次创纪录的高温下,已有超过230人死亡。不列颠哥伦比亚省首席验尸官在一份声明中指出,自高温天气开始以来,不列颠哥伦比亚省验尸部门接到的死亡报告显著增加,人们怀疑极端高温是致死原因之一。通常验尸部门4天能收到约130份死亡报告,但从2021年6月25日至28日,至少已收到233份死亡报告。

2021年6月27日,不列颠哥伦比亚省的利顿打破了历史高温纪录,迎来了46.6 ℃的高温。之后,利顿的气温仍在持续攀升,并于28日再次打破纪录,达到47.5 ℃。48 h内,两度破纪录。加拿大皇家骑警意识到事态的严重性后紧急发出通知:注意照顾家中的老人,极端高温天气对他们来说是致命的!加拿大不列颠哥伦比亚省全年超过 30 ℃ 的情况往年不过寥寥几天,而在 2021 年 6 月 28 日该省有 40 多地气温突破纪录,包括以滑雪场著称的惠斯勒镇。

在热浪的炙烤下,民众不得不到处寻找安全的避难所。一些有空调的场地被改造成了紧急避暑中心。爱宠人士因为担心宠物狗扛不住高温而采取行动,波特兰一个宠物街区还贴心地为宠物狗提供了"降温背心"。

世界气象组织发言人努利斯认为,过去这样的高温只会出现在中东或北非,但如今却发生在落基山脉和冰川国家公园。这里的人们并不习惯高温,许多家庭甚至没有空调,这对人们的健康、农业和环境造成了极大威胁。

新加坡《联合早报》于 2021 年 7 月 1 日报道,加拿大西部和美国西北部的热浪创下了该地区有史以来的最高温度,死亡人数也不断攀升。据报道,俄勒冈州有 63 起与热浪有关的死亡病例,马尔特诺马县报告有 45 人死于高温。相比之下,从 2017 年到 2019 年,整个俄勒冈州只有 12 人死于高温。俄勒冈州卫生局表示,在全州范围内因炎热引发疾病而就诊的人数增加了数百人。

第二,"变笨"竟然是全球变暖惹的祸!

有研究发现,人"变笨"竟然是全球变暖惹的祸!如果全球变暖继续加剧,到 2100 年预计全球 96% 以上的人口都无法摄取足够的 ω-3 脂肪酸。ω-3 脂肪酸是一种天然脂肪酸,对人体大脑发育十分重要,摄取不足会导致智力下降。这意味着大部分人会因此而"变笨"。

哺乳动物大脑中含量最丰富的脂肪酸是 DHA(二十二碳六烯酸),它可以有效地保护神经,在细胞存活、降低炎症反应等生理过程中都发挥着重要的作用。在人体的大脑皮层中,DHA 的含量高达 20%。但是 DHA 的特殊性在于它不能够人工合成,而是需要通过摄入鱼类或者其他营养补充剂来满足人类大脑发育的需求。

然而摆在人类面前的问题是,DHA 的可食用量在逐渐下降,或许已经无法完全满足人类的需求。科学家建立了数学模型来调查在不同的全球变暖情形下 DHA 可食用量的下降情况。DHA 主要是由藻类产生,其产生过程对温度变化十分敏感,因此全球变暖对 DHA 的影响尤为明显。如果全球变暖继续加剧,伴随着人口的增长,全球超过 96% 的人将无法从鱼类身上获取足够的 DHA。对于鱼产量较大、人口相对较少的国家和地区,居民或许能满足每日 100 mg 的 DHA 摄取量。但对东亚、东南亚的一些国家以及绝大部分的非洲国家来说,DHA 的摄入量将从富余变为无法达到摄入最低标准。根据所得的数学模型,全球变暖会导致全球 DHA 的可食用量在未来 80 年内减少 10%~58%。此外,研究人员还发现,淡水渔区 DHA 产量下降较海水渔区更加明显,出现这一现象的原因是淡水渔区水温的上升幅度高于海洋,导致 DHA 的可用量明显下降。

第三,气候变暖可能会降低物种的生育能力。

热浪越多,孩子越少?科学家发现气候变化可能会破坏男性生育能力。发表在《自然通讯》(*Nature Communications*)上的一项研究发现,昆虫数量的大量减少也是由于气候变暖带来的热浪所导致。研究人员用雄性拟谷盗做实验,在实验室的热浪下,它们所产生的后代数量比正常条件下减少了约50%,而继续在热浪中暴露10天左右,这些雄性昆虫大部分都失去了生育能力。

第四,热浪对人类机体影响很大。

中暑后,如果人体不能在30 min内降温,那么中暑可能是致命的。英国国家医疗服务体系表示,要密切关注儿童、老年人以及患有糖尿病或心脏病等疾病的人,因为他们更容易中暑。

2019年,西班牙《趣味》月刊7月发表的一篇文章称,由于气候变化,热浪会越来越频繁,如果不采取措施,人体会严重受损并导致严重的后果。西班牙内科学学会会长安东尼·奥萨帕特罗(Antonio Zapatero)指出,存在两种中暑的情况:一种是在极端高温下进行户外活动或者工作而中暑的;另一种是未进行任何身体活动而中暑的,这种情况在用药中的老年人或未成年人中更易出现。与青年人相比,老人和孩子不具备良好的体温调节系统,更容易受到高温的侵害。

下面我们来说明酷热如何影响身体器官,以及过热时身体的代谢机制。

(1)大脑:中暑的时候,机体会失去大量的水分和无机盐。中暑严重时,大脑也会出现不同程度的意识障碍,此时也经常会出现癫痫的症状。在这种情况下,下丘脑通过释放激素进行体温调节。同时机体会释放致炎因子到血液中,进而引发炎症、血栓等症状。为了冷却肌体,下丘脑将血液集中在皮肤表面促进散热,会造成其他器官的缺血。

(2)肺部:一般情况下,机体会通过提高呼吸频率进行散热。体温高于42 ℃容易引发急性呼吸窘迫综合征。另外,因高温释放的致炎因子会导致肺栓塞,若是持续下去将会导致出血,更严重的会导致肺部等多器官衰竭。

(3)胰腺:胰腺可以分泌胰液促进消化,并且还可以分泌胰岛素和其他激素来调节人体血糖的浓度。中暑后,流向胰腺的血液迅速减少,容易引发急性胰腺炎。专家表示,这是由于本应该用于消化食物的酶被错误激活,从而对胰腺造成损伤。

(4)心脏:心脏是人体受热最多的器官之一。在中暑的情况下,它触发的机制和大脑类似。心脏病专家指出,心脏细胞会因环境温度过高或缺血而受到直接伤害。同样,为了抵御来自外部和内部的攻击,身体通过血液引发炎症反应,而高温又会增强这一反应,从而造成二次伤害。

(5)肠道:面对热浪,为了使氧气到达大脑,肠道会进行血管收缩,减少血液循环。这种情况下,肠道会出现缺氧并受到损伤,位于消化道的菌群则趁肠道屏障变得薄弱而渗透性更强之机进入血液中,这会导致菌血症,甚至可能产生危及生命的脓毒血症。

(6)肾脏:肾脏是泌尿系统的一部分,其主要功能就是通过尿液排出机体产生的废物和毒素,调节机体的内部生理平衡。在高温条件下,脱水会导致肾脏严重受损,人体内废物无法有效排出。尤其是那些本就患有慢性肾病的人,脱水还会导致肾结石的产生。

(7)肝脏:高温条件下,肝脏的血流量减少,代谢就会出现问题。肝细胞受损后,如果不及时治疗,会导致肝功能衰竭,威胁生命。一方面,高温引起的细胞损伤会迫使肝脏内毒素加倍释放到血液中。另一方面,血液凝固也会危及肝脏。更糟糕的是,肌肉组织断裂释放的肌红蛋白也会损害肝脏。

而面对越来越严重的高温危胁,科学家们开始探讨复合热浪的影响。据英国气象局估计,到 2050 年,气候变化的影响可能使创纪录的夏季热浪每年出现两次。英国 2017 年的气候报告还显示,自 1961 年以来,暖期延长了一倍多,从 1961—1990 年的 5.3 天,增加到 2008—2017 年的 13 天。与此同时,英格兰南部出现了一些有记录以来持续时间最长的暖期,在过去 10 年里,平均每年 6 天的暖期增加到了 18 天。随着未来几年热浪频率的增加,普林斯顿大学的研究人员担心较冷的天气会急剧缩短。

第五,全球变暖或令人类和动物变小。

英国著名科幻作家威尔斯的小说《时间机器》中描述了未来小矮人的世界——在未来,人类的体型就如同现今的儿童一样。这一切说不定不是幻想,在未来我们有可能变成小矮人,因为科学家研究发现,全球变暖导致包括人在内的所有动物的体型不断地缩小。

其实,通过研究当今社会就可以发现气温对体型的影响。例如,我国北方人明显要比南方人高大,尤其是东北人;而地球上寒带地区的人也普遍比热带地区的人体型高大。这其实也不难理解:寒冷地区的人和动物需要依靠较大的体型来产生热量并维持体温,而热带地区体型瘦小的动物更容易散发体内多余的热量。

全球变暖是否真的会令动物逐渐缩小?我们难以像科幻小说描述的那样乘坐时光飞机到未来去验证,但是种种迹象已经表明这真的会出现。例如,始祖马是现代马的祖先,生活在距今 5000 万年前,后来逐步进化成多种野马。美国研究人员发现,始祖马化石的体型进化与气温变化密切相关。始祖马在进化初期的 13 万年里体型逐渐地变小,从大约一只中等大小狗的体型变成普通家猫的体型,体重也从 5.5 kg 减小到3.9 kg。在接下来的 4.5 万年里,始祖马的体型又逐渐开始变大,体重也增长至 6.8 kg。始祖马的体重为什么先变小又变大?研究人员发现,始祖马体型变小的时期,地球正处于全球变暖阶段;而当全球气温逐渐下降的时候,始祖马的体型又开始变大。除了始祖马,研究人员还发现林鼠的体型也随着气温的变化而变化——气温越高体型越小,气温降低体型变大。

其实早在 19 世纪,德国生物学家卡尔·贝格曼(Carl Bergmann)就提出,体型与调节身体热量所需的能耗有关。贝格曼发现,生活在高纬度、寒冷环境下的动物要比生活在赤道地区的动物体型更大,体表面积与体重比相对更小。体表面积和体重比值越小,动物越能节约体内的热量,维持体温。但是这种现象只在哺乳动物身上存在,在昆虫、鱼类和其他非哺乳动物的身上并不存在。

对多种动物进行实验后,研究人员发现了另一种更合理的解释:体型上的萎缩可能与动物的代谢以及相关的食物需求有关。如果把多种动物的年轻个体放入更温暖的环境中,这些动物会快速生长,提前进入成熟期。最终,成熟期动物的体型要比在凉爽环境中生长的个体要小。

现在需要思考的问题是,为什么温度更高的环境下,动物会快速生长? 一般而言,动物的发育成熟时间与新陈代谢密切相关,而新陈代谢会随着温度的上升而加快。澳大利亚海洋生物学家曾说过,在温度较高的环境下,化学反应的速率要高于低温下的反应速率。他们的研究团队研究了不同温度下珊瑚礁鱼类的代谢过程变化。结果表明,水温从28.5 ℃升高至33 ℃时,某种鱼类的最大代谢率可以增加44倍。另外,水温较高的情况下,小鱼能比大鱼更好地进行新陈代谢调节,这为小鱼带来了生存优势。

新陈代谢快就意味着生物需要更多的食物。生物一方面要保持生长,另一方面要进行繁衍。如果食物有限,生物就要在生长和繁殖之间做出权衡,以此来分配这些稀缺的能量。选择繁殖的一方往往能胜出,因为这意味着物种的延续。因此,动物会在保持较小体型的情况下成熟并且进行繁衍。但是,温度上升也会对进食带来负面影响。温度高于15 ℃时,阿尔卑斯山羊会感到非常不适,进而减少觅食时间。鸟类通常利用大喘气来散发多余的热量,温度过高会增加其进食的难度。生物学家解释说,这种情况下鸟类无法进行有效觅食,保持凉爽而消耗的能量可能高于通过进食实际获得的能量。此时,它们的体重往往会减轻,身体状况不佳的成年个体可能会生下更小的后代。

不过,对于动物体型的"缩水"问题,还存在着另外一个解释:个体较大的动物更容易被人类捕捉和食用,这样有可能减少整个种群基因库中大体型的相关基因数量。存活下来并继续繁殖的动物更偏向于携带小体型基因性状。然而也有专家学者并不认同这种理论。他们认为,很多鱼类在不同时期都遭受了严重的捕捞,但是体型的变化与捕捞没有关联。捕捞或许在鱼类体型缩小中起了一定的作用,但不是主导因素。

科学家根据历史上动物体型的变化规律预测,未来至少有1/3的哺乳动物体型会变小,包括人类。如果全球变暖的趋势没有得到遏制,继续发展下去,在未来的几万年间,人类的体型将极有可能缩小一半,届时人类的整体身高都在1 m左右,科幻小说中描述的未来小矮人世界将会变成现实。[①]

1.2.5 全球变暖导致全球极端天气频发

2021年6月,一向凉爽宜人的北美地区迎来了可怕的高温天气。高温热浪先在加拿大创下50 ℃的高温纪录,紧接着就被美国加州死亡谷54.4 ℃的高温打破纪录,受影响人数近3000万。而在欧洲,罕见的特大暴雨诱发了洪灾,德国西部、比利时东南部交通、电力中断,城镇被淹没,上千人受灾。在科威特,2021年夏季最高温度一度达到73 ℃,再次刷新全球高温纪录,甚至连街头的汽车外壳都被烤化,大街上空无一人。科威特的极端高温天气备受全球网友关注,因为真的是太热了。罕见的极端天气正在全球蔓延。

极端天气是指严重偏离平均状态的天气或气候,其特点是发生概率小,但社会影响很大。近年来,随着全球气温的升高,极端天气事件的出现频率也逐渐增高。

---

① 参见徐娜.全球变暖或令人类变小[J].科学之友,2012(5):27.

2021年夏天,我国气温再创新高,江南、华南等地最高气温甚至超过40 ℃。而北方多地却在进入汛期以来,相继开启暴雨模式。特大暴雨导致河南省多个城市发生内涝,内蒙古呼伦贝尔市的两座水库因暴雨发生溃坝,沙漠深处的新疆和田在一天内降下了过去两年的降雨量。气象部门预报,这些地区未来的降雨量与往年同期相比仍然偏多。

科学家认为,大气中温室气体的增加导致了全球气温升高。全球气温升高1 ℃,大气中吸收的能量就会大量增加。在升温的过程中,通过大气的运动和各种天气现象,这些能量得以释放,在局部会产生惊人的破坏力。我们都知道,我国北方干燥,南方潮湿多雨。然而2021年的北方雨水特别多,南方反而出现高温干旱天气,专家称这是拉尼娜现象导致的。

"拉尼娜"在西班牙语中是"圣女"的意思,拉尼娜现象是指在赤道附近,东太平洋水温异常偏冷的一种现象,是热带海洋和大气相互作用的结果。拉尼娜现象的出现常常会伴随着全球性气候异常。拉尼娜现象出现时,我国容易出现冷冬热夏、南旱北涝的现象,由此所产生的自然灾害也较为严重。

世界气象组织报告指出,过去半个世纪以来,全球气象灾害数量激增,经济损失一直在飞速增加,而且这种趋势还会持续下去。20世纪70年代,全球平均每年发生711起气象灾害,但在2000—2009年,这一数字上升到每年3536起,相当于每天发生近10起。从死亡人数看,超过90%的死亡发生在发展中国家,而干旱、风暴、洪水和极端温度是主要的致死原因。由于全球气候变化,未来这些极端气候出现的频率和强度都会增加。这意味着未来将会有更多的热浪、干旱和森林大火出现。

除了高温和洪涝,全球变暖也会导致极寒天气。2012年2月,罗马迎来了30年不遇的大雪,一些区域积雪厚度达20 cm,汽车无法在结冰的道路上行驶,暴雪使以阳光著称的罗马陷入了困境。意大利第二城市米兰的气温一度降至-14 ℃,空气湿度也高达63%。同时,欧洲的很多国家都受到了暴雪的袭击。其中,乌克兰受暴雪的袭击最为严重,死亡人数攀升至131人。为了避免无家可归的流浪者被冻死,乌克兰政府成立了专门的指挥部,紧急搭建帐篷来应对暴雪袭击。欧洲的大部分地区气温创下了历史新低。在瑞士,夜间温度已经降至-35 ℃,而捷克部分地区温度降至-39 ℃。低温和大雪严重影响了当地人的生活,由于交通不便、电力中断,很多学校被迫停课,当地政府强烈呼吁大家尽量减少户外活动,留在家中。同年在欧洲的另一端,英国也迎来了入冬的第一场雪,积雪厚度达16 cm,迫使欧洲最繁忙的机场——伦敦希斯罗机场取消航班。

历史上,日本也曾遭受暴雪的重创,大雪造成了多人死亡。每年的冬季,寒流从亚洲大陆携带大量的水汽经过日本海来到日本列岛。由于遇到山脉阻挡,地势抬高,温度降低,水汽在此降落成雪,因此东北和北陆地区一直以来都是日本的"豪雪地带"。这种雪的含水量很高,因此质量很大。如果降雪后不及时清理,会导致房屋坍塌。清雪是一项非常沉重的体力劳动。在日本海的沿岸,很多人都是在扫雪的时候发生意外身亡。由于人口老龄化和缺乏劳动力,遇难的大都是老人。暴雪和严寒给日本民众的生活和经济活动带来的直接影响和间接影响都越来越大。受严寒天气的影响,蔬菜的运输成本上升,价格大幅度上涨,这些都为日本民众的生活带来了负面影响。

2021年,暴雪袭击美国南部,积雪厚度达20～30 cm,低温和暴雪导致交通瘫痪,航班大面积取消,高速公路瘫痪。暴雪还导致了当地大面积停电,受灾人数超过26万。

在全球变暖的大背景下,为什么极寒天气会和极热天气一起出现呢?这是因为地球非常大,整个地球的温度并不是均匀的,总有一些地方温度很高而一些地方温度很低。尽管全球气温在攀升,也不排除某些地区会出现短时间内的极寒天气,并且全球变暖还会让这种极端天气变得更加频繁和严重。

地球之所以适合人类生存,是因为地球的温度相对稳定,不像其他行星,热的时候温度攀升至零上几百度,冷的时候又下降到零下一二百度。如果地球的相对稳定被破坏,就容易出现极寒或者极热的极端状况。

1.2.6　气候变化推动病毒的变化

从2013年开始,埃博拉病毒在非洲各国肆虐。埃博拉病毒会引起人体严重的出血热,其致死率高达90%,并且这种病毒在人和动物身上都可以存活。这类从动物身上出现再传播给人类的疾病会受到多种因素的影响,包括宿主动物的分布和健康、人类与宿主动物的接触率以及疾病干预策略。

英国科学家通过数学模型预测发现,埃博拉疫情暴发会在全球变暖的情况下加剧。科学家们创建了一个埃博拉病毒溢出的多元数学模型,并纳入了与其相关的所有因素。该模型精准预测出了之前暴发过埃博拉疫情的地区。科学家们还通过模型预测了将来最有可能暴发疫情的地区,以及在气候变化、人口增长、医疗条件改变等不同环境下疫情暴发的可能性。结果发现,在气候变暖的情况下,埃博拉病毒暴发的国家和地区都会增加,尤其是非洲中西部原本没有出现过疫情的地区。在全球变暖的情况下,埃博拉病毒暴发的可能性会增加4倍。[①]

此外,全球变暖、气度升高会导致世界各地的冰川不断缩小,原本冰封了数万年乃至数十万年的病毒和微生物有可能被释放出来。科学家们已经从冰块样本中发现了古老的病毒存在的证据,其中有28组病毒是全新的。随着温度升高和冰川的进一步融化,古老的病毒是否会被释放出来带给人类新的威胁?这是我们需要持续关注的问题。

1.2.7　海平面上升是人类的又一灾难

科学家通过气候变化模型进行预测发现,80年后全球有近3亿人会受到洪水的威胁。《科学报告》(Scientific Reports)中有文章提到,2100年受洪水威胁的资产价值或达全球GDP的1/5;受洪水威胁的全球人口会增加至2.87亿,占全球人口的4.1%。据研

---

① 参见张梦然.全球气候变化或将加剧埃博拉疫情暴发[N].科技日报,2019-10-16(2).

究人员估计,欧洲西北部、美国东北部、澳大利亚北部以及亚洲东南部受到洪水的影响最大。

近些年来,洪灾事件显著增多。一篇关于过去 500 年欧洲洪水事件的分析报告显示,过去 30 年是欧洲洪水最多的时期之一,并且洪水的季节性、程度和气温等方面都与历史上的其他洪水事件有所不同。

墨尔本大学的研究人员将特大暴雨发生期间,全球海平面数据与不同温室气体排放量情境下预测的海平面上升数据相结合,模拟了 2100 年全球可能出现的最高海平面。在模型中加入地形数据可以预测存在洪灾风险的地区。如果温室气体排放量持续增加且没有采取有效的防洪措施,预计到 2100 年受洪水影响的陆地面积会增至 48%,中国的东南部也不能幸免。同时,研究团队把全球人口分布和洪灾地区的 GDP 数据相结合,预测了受洪水威胁的人口和资产。研究人员认为,2100 年受到洪水威胁的资产价值或达 14.2 万亿美元。如果不能减少温室气体的排放或增加防洪投入,截至 21 世纪末,洪水造成的灾害会给全球人类生活和经济带来巨大的威胁。

全球范围内,每年因为洪水而造成的经济损失预计超过 1000 亿美元,且还在继续增加。科学家普遍认为,人为因素导致了全球气候变化,进而影响了洪水事件的发生频率。尽管全球变暖不是导致洪水发生的唯一因素,但已经有数据表明,洪水事件的变化规律与预期的气候变化影响息息相关。这些研究都在呼吁全人类要重视全球变暖情境下的洪水频发事件,制定相应的策略来应对未来可能出现的风险。

2020 年上映的电影《流浪地球》中有一幕特别让人印象深刻:十年内全球的海平面平均上升了 300 m,我国的海口、湛江等城市最先遭受了海啸侵袭。面对不断恶化的生存环境,联合政府在每座发动机下都配套建造了一座地下城。

如果真如电影中所表现的那样,全球海平面上升 300 m,这对全人类来说将是一场巨大的灾难。目前,不同的数据以及模型对于海平面上升的预测结果有很大的不确定性。从科学的角度分析,电影中海平面上升 300 m 的现象不太可能发生,但海平面上升绝对不是危言耸听。研究数据表明,全球变暖导致的全球海平面较 1981—2010 年的平均值上升了 29.5 mm,这是有史以来观测到的海平面上升量最大的一次,沿海地区、低洼和小岛屿地区面临着越来越大的气候风险。此外,由于海洋变暖和海水酸化,以大堡礁为代表的海洋珊瑚礁系统已经连续 3 年经历了大规模白化事件。

1.2.8 "亚洲水塔"失衡[①]

青藏高原被称为"世界屋脊",在我国乃至全球的生态环境格局中都占有重要的地位。青藏高原是世界的"第三极",也是气候变化的敏感区,生态环境尤其脆弱。全球气候的变化对青藏高原的影响日益显著。在过去的 60 年,地球经历了前所未有的气候变

---

① 参见杨雪."亚洲水塔"失衡,世界屋脊正在变暖变湿[N].科技日报,2018-09-07(3).

暖,而青藏高原地区的升温率超过了全球同期平均升温率的两倍。

中科院青藏所通过遥感监测和实地调研发现,1976年以来藏东南冰川退缩幅度平均达到了每年40 m,有的甚至超过了60 m。冰川退缩相对应的是湖泊扩张、河流的净流量增加。在青藏高原中部的纳木错、色林错等六个湖泊在1999年以后扩张格外明显。2010年,色林错以2349 km² 的面积超过纳木错,一跃成为西藏面积最大的湖泊。有人称,"亚洲水塔"正在朝着失衡的方向发展。总体看来,青藏高原的东部和南部季风区水储量减少,而北部和西部西风带的水储量增加。"亚洲水塔"的固液结构失衡,液态水体总储量的增加导致"亚洲水塔"整体结构失衡。

水资源增加有利于改善青藏高原的生态环境。但是根据预测,在21世纪中叶,冰川对河流径流的补给将达到最大,然后逐渐减少。因此,从长远角度来分析,未来水资源短缺的潜在风险将会加剧,冰块溃决、洪水、泥石流等相应的灾害风险也随之而来。

(1)高山树线上移,特有物种消失。青藏高原从东南到西北,依次分布着森林、高山灌丛、高寒草甸、高寒草原、高寒荒漠草原和高寒荒漠等生态系统。自从20世纪80年代以来,青藏高原升温显著,植物的返青期提前而枯黄期推后,因此整个生长期延长,植物总体逐渐变绿。

青藏高原拥有北半球最高海拔的高山树线,主要树种有青海云杉、川西云杉、祁连圆柏等。中科院青藏所沿着横断山区—祁连山的森林分布区,调查了树线位置的时空变化,结果发现高山树线上移。在过去的100年里,青藏高原的树线位置平均上升了29 m,最大的上升幅度达80 m。高山树线上升增加了森林的生物量,但是原本位于高处的高寒草甸、灌丛的生存空间被大大压缩,高海拔的稀有物种面临着消失的风险。

藏族人民的主要食物是青稞,高原增温也严重影响了青稞的生长。在青稞的生育期,温度升高会显著降低青稞的产量。研究表明,温度每升高1 ℃,青稞每公顷的产量就会降低0.2 t。如何应对这一挑战将是今后一段时间内青藏高原农业重要而紧迫的工作。

(2)"加热器"升温,影响非洲降水。青藏高原是影响我国极端天气和气候事件的关键区之一。在高原热源的影响下,东亚冬季风减弱,低层偏南气流加强,大气的稳定性也随之增强,因此我国东部和中部地区在冬季时常出现雾霾现象。研究表明,春季青藏高原地表的热感与夏季我国东部和中部地区的降水有显著关系。因此,根据青藏高原的热感可以有效进行夏季降水预测。

青藏高原的温度异常就像一场"蝴蝶效应",会引起南亚、东亚,乃至非洲、北美洲中纬度地区的温度和降水异常。夏季青藏高原温度升高,高原上升气流加强,在地中海附近下沉,并致非洲的上升气流异常,从而加强了非洲大陆的低压系统,伴随着从东大西洋到非洲大陆的西风加强,进一步影响非洲降水。

1.2.9　全球升温加快物种灭绝

　　提到物种灭绝,大家会想到什么? 估计很多人的第一反应就是恐龙灭绝。但事实上,当前地球正处于物种灭绝时期。仅仅在热带雨林,每年就会有 2.7 万种生物灭绝。随着人类活动范围扩张速度的加快,生物灭绝的速度也在逐渐加快。

　　例如,巴拿马中部的安东谷坐落在一座形成于 100 万年以前的火山口中间,火山口直径约 6.5 km,这里有一种特有的物种——金蛙。金蛙通体明黄色,带有深棕色的条纹。在巴拿马,金蛙被视作是幸运的象征,巴拿马的彩票上也印着金蛙的形象。然而近些年来,金蛙已然成了濒临灭绝的动物的象征。

　　20 世纪 90 年代初,美国大学生卡伦·利普斯(Karen Lipps)选择安东谷以西 320 km 为研究区域来研究当地的蛙类。利普斯在当地住了大概两年的时间,搜集了大量的资料进行论文撰写。几个月后,当她再次返回研究区域时,虽然环境没有改变,但有些蛙类却不见了。利普斯想象不到发生了什么,她将自己找到的几具蛙类的尸体邮寄给病理学专家进行检验,但样本没有发现任何已知的疾病的迹象。

　　几年过去后,利普斯找到了一处新的研究区域,该区域位于巴拿马西部热带丛林中一处没有人烟的地带。最初,这里的蛙都很健康,但是一段时间之后,利普斯开始在溪水里发现蛙的尸体,岸边还有一些奄奄一息的蛙。利普斯又将样本邮寄给其他的病理学专家进行检验,结果仍然无法找到原因。

　　直到 2002 年,贝拉瓜斯省圣菲市附近河流的大部分蛙类都消失了。到 2004 年,科克莱省埃尔科佩国家公园里实际上已经没有蛙了。那时候,在安东谷附近,金蛙还是比较常见的,城市附近的一条河还取名为“千蛙河”。但在 2006 年,蛙类消失的“巨浪”也席卷了这里。

　　在 20 世纪 90 年代末,澳大利亚的研究人员从澳大利亚东南部山区、哥斯达黎加中南部山区和巴拿马西部福图纳森林保护区内的大量死亡和患病蛙类的皮肤表面发现了一种致命性真菌——壶菌,这才打开了破解当地蛙类大量死亡之谜的窗户。

　　在那之后,南美洲、中美洲、欧洲等多地都相继报道了这一发现,并推测壶菌与两栖动物的死亡密切相关。2013 年,比利时的专家从火蝾螈的欧洲西北部下降种群上发现了壶菌的姊妹种——蝾螈壶菌。经过不断地研究,科学家发现壶菌在全球不同地区分布着不同毒性的菌株。自此,壶菌病这一“妖孽”才显出原形。

　　壶菌病是由壶菌真菌引起的一种感染两栖动物的疾病。这种真菌在雨林和溪流等潮湿的环境中十分活跃。它的主要致死机制是降低蛙皮肤的电解质溶液交换功能,并使病蛙体内的血钾和血钠浓度大大下降。钠钾代谢的失衡进一步影响了病蛙体内血管的扩张和收缩,使血液循环出现严重的障碍,最终导致心脏骤停。壶菌病彻底摧毁了一些物种,也导致了更多物种的零星死亡。

目前,科学家们已经在全球 60 多个国家和地区发现了壶菌病病例,影响最为严重的是澳大利亚、中美洲和南美洲。两栖动物物种数量前所未有的下降趋势导致壶菌真菌成为世界上最具破坏性的入侵物种之一。

专家认为,壶菌病是一种超高致死性的野生动物疾病,这种疾病导致了全球范围内大规模的两栖动物灭绝。据统计,澳大利亚在过去的 30 年间已经有 40 多种蛙类因为壶菌病而数量减少,其中有 7 种蛙类已经灭绝。在未来的 10~20 年,很多物种仍然面临着由壶菌病导致的极高灭绝风险。

美国鱼类与野生动物管理局在一份公报中宣称,包括象牙嘴啄木鸟在内的 23 个物种已经永久性灭绝。象牙嘴啄木鸟曾经是美国最美丽的鸟类之一,它的羽毛是黑色和白色的,雄鸟的羽冠呈红色,体长在 50 cm 左右。但是自从 1944 年以后就再也没人见过象牙嘴啄木鸟了。康奈尔大学的鸟类研究专家表示,导致象牙嘴啄木鸟走向灭绝的根本原因是美国东南部原始森林的消失。人类活动加剧使物种丧失了生存空间,过度砍伐、引入入侵物种以及疾病等都加剧了物种的衰落和灭绝,而气候变化会进一步加剧这些威胁。

据估计,地球上曾经出现过至少 5000 亿个物种,其中 99% 的物种已经消亡了。在过去的 5 亿多年里,地球上至少发生了 20 次物种大灭绝,其中有 5 次最具破坏性的物种大灭绝造成了生物多样性的严重丧失。我们所熟知的恐龙就是在 6500 万年前的白垩纪晚期灭绝的,此次物种大灭绝还造成了地球上 75% 的物种消亡。

《科学进展》的一项研究指出,我们现在或许正处在生物大灭绝中。目前,每年约有 50 种动物濒临灭绝,约 41% 的两栖动物和 25% 的哺乳动物已成为濒危物种。脊椎动物的灭绝速度可能比正常速度要高 100 多倍,而气候变化、环境污染和滥伐森林是导致物种灭绝的原因之一。

物种大灭绝就意味着无论该物种在生态系统中的地位有多高,都会存在灭绝的风险,并且通常情况下会有多种不同生物一起灭绝。一般而言,动物受到大灭绝事件的影响最大,其次是陆生植物。物种大灭绝会改变生态格局,一些物种灭绝,一些物种幸免于难,还有一些物种从此诞生或开始繁盛。

科学家表示,由于地球处于逐渐升温的状态中,物种灭绝在未来将会更加严重。新物种进化通常需要一段较长的时间,而地球的快速升温会出现负面效应。科学家认为,当前全球气候变化会导致生物多样性的进一步降低。

1.2.10 气候变化下的健康危机

受人类活动的影响,近几十年来,地球温度逐渐上升,进而引发了高温热浪、森林火灾、干旱洪水等极端事件,粮食安全、海平面上升等一系列问题也给人类的生存和健康带来了极大的威胁。因此,自 2015 年起,来自全球 30 余家顶尖学术机构的 120 余位专家为全面解析气候变化趋势而共同研究撰写了《柳叶刀倒计时全球报告》,以期为各国政府提供政策建议。这份专业报告受到了各国政府、学术机构乃至全社会的关注。

2015 年以来,《柳叶刀倒计时全球报告》每年都会持续监测气候变化对人类造成的健康影响,并对应对气候变化的行动进行独立评估。2020 年,报告中新增了热相关早逝、气候移民和流离失所、城市绿地的可及性、低碳饮食的健康效益、极端高温和热相关劳动生产力损失的经济成本、净碳价等 43 个新指标。

此外,2020 年的报告还对 2019 年及之前全球为改善气候变化所采取的行动做了梳理和评价。在积极行动方面,2019 年可再生能源提供了 1150 个就业岗位,较 2018 年提升了 4.5%。全球整体的低碳能源发电量持续上升,2017 年比 2015 年增长了 10%,中国在其中做出了重要的贡献。报告也梳理了气候变化给全球造成的负面影响。例如,全球 65 岁以上人群经历热浪的次数要比 1986—2005 年增加了 5.75 万次;在煤炭消费量上,继前几年的短暂下降后又持续反弹,2018 年比 2017 年增加 1.2%,比 1990 年高出 74%;全球室外空气污染相关的早逝人数总数依然在上升。

气候变化为疟疾、弧菌病等一些致命的传染病创造了更有利的传播条件,这给人类防治这些疾病带来了新的挑战。如果不采取及时有效的措施,气候变化对于人类健康的威胁会进一步加剧,扰乱社会的正常运转,给医疗系统带来负担。

2020 年,新冠肺炎疫情席卷全球,我们更加深刻地体会到健康对于社会平稳运行的重要性。在未来,我们将会面对包括疫情在内的多重复合危机。因此,我们必须强化不同政策目标之间的协同性。例如,如何将气候变化和控制新冠疫情传播方案有机结合,这样才能有效面对这些交织的危机。

和以往的发布会有所不同,2020 年发布会上发布了首部《柳叶刀倒计时中国报告》,针对中国的气候变化以及对人群健康造成的影响进行了研究。该报告追踪了近 30 项指标的进展变化,全面揭示了气候变化对国内不同地区人群健康的影响。此外,该报告还模拟了中国为减缓气候变暖而采取的行动,以及该行动带来的人群健康效益,并对推进低碳发展、构建"健康中国"的目标提出了相关政策建议。

该报告显示,中国各省市都不同程度地受到气候变化引发的健康问题影响。例如,位于我国东北部的黑龙江地区,最易受到野火、暴雪等自然灾害的影响,严重威胁了当地居民的生命财产安全;而地处东南沿海的广东省受热浪、台风的影响比较大。

在政府的领导以及全社会的共同努力下,中国在应对气候变化方面已经取得了一些成效。2019 年,我国单位 GDP 的碳排放量比 2015 年下降了 48%,超额完成了目标。另外,中国对煤电使用进行了有效控制,自 2015 年起新建煤电厂的投资一直在逐年下降。与此同时,国家加大了对低碳电力的投资,投资规模是煤电投资的 9 倍。2019 年,对可再生能源的投资规模达到了 864 亿美元。此外,该报告还分析了受到大家广泛关注的 $PM_{2.5}$ 问题。资料显示,2019 年中国主要城市的 $PM_{2.5}$ 浓度已经比 2015 年下降了 28%,因空气污染导致的死亡人数也减少了近 9 万人。

虽然取得了成效,但与其他国家相比,中国在制定与气候变化相关的规划方面还存在着一定的差距。例如,到 2020 年,全球有 51 个国家制定了气候变化与人群健康相结合的国家级适应性规划文件,48 个国家完成了气候变化对人群健康影响的科学评估;而中国仅有 3 个省市制定了上述规划文件,仅有 6 个省市正在开展相关的评估工作。

如何应对气候变化带来的挑战?针对中国的具体情况,该报告也给出了相应的政策性建议。例如,不同部门之间协同合作,共同应对气候变化带来的健康风险。对于可预估的健康风险,应该提前制定合理、妥善的应对措施;加强气候变化对人类健康影响的研究和宣传,提高人们的环境保护和健康意识;降低碳排放量,制定实现碳达峰和碳中和的合理路径。除此之外,该报告还考虑到了新冠疫情对经济带来的影响,提出了制定考虑人群健康的新冠疫情经济复苏方案等举措。

《柳叶刀倒计时中国报告》的首席作者之一、柳叶刀倒计时亚洲中心主任、清华大学地球系统科学系副教授蔡闻佳表示,作为全球最大的 CO_2 排放国和世界上约 1/5 人口的居住地,中国应对气候危机的方式对中国自己和全球都至关重要。尽管我国已经颁布了许多积极的健康政策,但如果没有进一步升级的气候整治行动,整个国家都有可能遭受气候变化带来的公共健康威胁。因此,我国需要立即开展额外的气候行动。我国目前已经在应对新冠肺炎疫情和经济复苏上进行了较大投入,并将制定一系列新的气候变化政策,因此在接下来的几年里,我国做出的选择至关重要,这将决定今后数十年气候政策的发展方向。

气候变化对人类健康所产生的影响不容忽视。如何应对气候变化带来的健康挑战,是摆在全人类面前的难题。我们应当充分认识到所存在的健康风险并做好评估和预判。只有全人类共同努力,协同合作,才能减缓气候变化的速度,构建全人类更加健康和光明的未来。

1.2.11 全球气候变化对中国的影响

《柳叶刀倒计时中国报告》已经向大家展示了气候变化对中国的影响,而《中国气候变化蓝皮书(2021)》则提示我们,所面临的极端天气风险在进一步加剧。

2021 年 8 月,中国气象局的例行发布会上,《中国气候变化蓝皮书(2021)》(以下简称《蓝皮书》)正式发布。《蓝皮书》显示,当前全球变暖的趋势没有得到缓解,极端天气带来的风险进一步加剧。具体而言,2020 年全球的平均温度已经比工业化前水平时期高出 1.2 ℃,是目前有记录的最暖的 3 个年份之一。亚洲陆地表面的平均温度比 1981—2010 年气候基准期升高了 1.06 ℃,是 20 世纪初以来的最暖年份。

值得关注的是,中国是全球气候变化的敏感区,受气候变化影响显著,其升温速率显著高于同期全球平均水平。从 1951 年开始,中国地表的平均气温呈现逐年上升的趋势,平均每 10 年升高 0.26 ℃。尤其是近 20 年以来堪称是中国最暖的时期,1901 年以来的 10 个最暖年份中,有 9 个都出现在 21 世纪。

伴随着气温升高,中国的年降水量也逐渐增加,降水变化的区域差异更加明显。从1961年开始,中国平均每年的降水量增加了5.1 mm,青藏高原中北部、新疆北部和西部、江南东部地区降水增加趋势尤为明显。1961—2020年,中国的极端强降水事件增多,极端低温事件减少,极端高温事件自20世纪90年代中期以来明显增多,20世纪90年代后期台风的波动频率变强。1961—1990年中国气候风险指数平均值为4.3,1991年至今平均风险指数为6.8,增加了58%。

《蓝皮书》还显示,由于海洋变暖,全球平均海平面上升,海洋热含量在逐年增加,1990—2020年的增加速率是1958—1989年的5.6倍。伴随着海洋升温,全球海平面的平均上升速度也从1901—1990年的1.4 mm/a增加至1993—2020年的3.3 mm/a。在全球海洋变暖的大趋势下,中国沿海的海平面也呈现波动性上升趋势。2005年以来青海湖的水位在持续回升,2020年已经达到了20世纪60年代初期的水位。

全球变暖带来的影响还有冰川消融。目前,全球各地的冰川整体上处于消融退缩的状态,而近些年冰川消融的速度不断加快。中国天山乌鲁木齐河源1号冰川、阿尔泰山区木斯岛冰川和长江源区小冬克玛底冰川均呈加速消融趋势。2020年,乌鲁木齐河源1号冰川东、西支末端分别退缩了7.8 m和6.7 m。

由于青藏高原多年冻土层受到温度影响,其退化也较为明显。1981—2020年,青藏公路沿线的多年冻土活动层的厚度在逐渐增加,平均每10年增厚19.4 cm。自2004年开始,活动层底部土壤的温度也逐渐上升。

伴随着气温升高,中国西北积雪区、东北及中北部积雪区的平均积雪覆盖程度逐渐降低。2020年,中国西北积雪区的积雪覆盖率达到了近5年来的最低。青藏高原积雪区的积雪覆盖率有所增加,年际变化比较明显。

由于温度升高,中国不同地区的代表性植物都呈现春季物候期提前的趋势。1963—2020年,北京站的玉兰、沈阳站的刺槐、合肥站的垂柳、桂林站的枫香树和西安站的色木槭展叶期始期平均每10年分别提前3.4天、1.4天、2.3天、2.8天和2.7天。

以上种种,都与人类活动造成的全球气候变暖密切相关。作为全球气候敏感区,中国要想在未来进一步降低极端天气给人类健康带来的影响,就必须采取措施应对气候变化,选择绿色低碳发展之路。[①]

气候变暖对我国农业的影响有利有弊。温度在一定范围的升高会使作物增产,全球木材的供应也会增加;对于某些缺水的地方,可用水量会在一定程度上增加。另外,温度升高还会降低中高纬度地区寒冷冬季的物种死亡率。同时,由于暖冬现象的出现,居民取暖所需的能源减少,可以降低能源消耗。但是从整体来看,气候变暖给国民经济带来了较大的负面影响。其中,种植业首先受到冲击:气候变暖,温度升高,增大了蒸散量。如果降水量没有明显的增加,长此以往会导致我国农牧交错带向南扩张移位。届时,东

---

① 参见付丽丽.《蓝皮书(2021)》显示:极端天气气候事件风险进一步加剧[N].光明日报,2021-08-05(2).

北与内蒙相接地区农牧交错带界限将南移 70 km 左右,华北北部农牧交错带的界限将南移 150 km 左右,西北部农牧交错带界线将南移 20 km 左右,草原的面积将因此增加。农牧交错带是潜在的沙漠化地区,给人类带来的沙化威胁巨大。

温度上升带来的另一个影响就是土壤微生物的活跃程度大幅提高。土壤有机质中的微生物在温度升高时分解速率加快,会造成土地肥力下降,农民需要施加更多的肥料。气候变暖同时对昆虫繁衍、杂草生长有利,进而导致了农药和杀虫剂的使用量上升,加剧了土壤的农药污染。

气候变暖提高了农业生产的成本。预计到 2030 年,由于受到气候变暖的影响,我国种植业的产量会降低 5%～10%,小麦、水稻和玉米都会大幅度减产。年均温每增加 1 ℃,全国大于 10 ℃ 积温的持续日数将平均延长 15 天,冬小麦的安全种植北界也将由目前的长城一线北移到沈阳—张家口—包头—乌鲁木齐一线。预计到 2050 年,由于温度上升,三熟制的北界将继续向北移动 500 多千米,会从长江流域移动至黄河流域。两熟制地区将北移至目前一熟制地区的中部,一熟制地区的面积将减少 23.1%。

温度升高导致全球水循环过程受到影响,蒸散量增大,从而改变整个区域的降水量以及原有的降水分布格局。极端天气事件出现频率增大,洪涝、干旱等灾害发生次数增加且强度加强,地表径流也会发生改变。温度升高会导致水变得更少、更脏,水资源更加紧缺。

我国七大流域年径流量整体上呈现减少趋势。其中,长江及其以南地区年径流量变化幅度小,淮河及其以北地区年径流量变化幅度最大。全球变暖导致我国各流域的年均蒸发量增大,尤其是黄河及内陆河地区的蒸发量将可能增大 15% 左右。若蒸发量增加,河水流量就会减少,长此以往会加重河流的污染程度。尤其是枯水季节,污染程度将进一步加剧。河流水温的上升会促进河流里污染物的沉积和废弃物的分解,从而导致水质下降。这也就是为什么我们会觉得温度升高后河水变脏了。

干旱年份,气候变暖会进一步加剧我国华北、西北等地区的缺水形势。我国是农业大国,气候变暖对农业灌溉用水的影响极大,远超工业用水和生活用水。而对于居住在沿海地区的居民而言,气候变暖带来的最直接、最普遍的威胁是洪涝、滑坡和海平面上升。人类还将遭遇水资源短缺、垃圾污染、交通不变等诸多问题。气候变暖导致的高温和多雨会令人类的居住环境雪上加霜,尤其是低海拔沿海地区,人口密度大,受海岸气候极端事件的威胁更加严重。我国的初级资源产业受气候支配严重,因此气候变暖也会直接影响相关人员的经济收入。

值得庆幸的是,我国已开始统筹水资源综合利用规划的实施。在全球变暖的大背景下采取有效措施,我们还可以化害为利。

1.3 快给地球降降温

温室效应是引起全球变暖的主要机制也是人类制定应对气候变化策略最重要的理论基础。控制温室气体的排放,采取有效措施积极应对气候变化,已经成为全人类的主流共识。温室效应带来的后果令人不寒而栗,人类可以针对可能发生的灾害进行各种模拟和预测。但在各种预测中,最大的不确定性其实是人类将采取什么样的行动。如果全人类团结起来采取积极行动,我们仍可以在很大程度上避免气候变化带来的可怕影响。地球的未来其实掌控在我们每个人的手中。

1.3.1 什么是碳中和

2020 年 9 月,习近平主席在第 75 届联合国大会一般性辩论中发表重要讲话,称中国将提高国家自主贡献力度,采取更加有力的政策和措施,CO_2 排放力争于 2030 年前达到峰值,努力争取 2060 年前实现碳中和。这是在新冠疫情后错综复杂的国际经济格局中,中国做出的碳中和承诺,彰显了我国构建人类命运共同体的责任与担当。

那么何为碳中和? 如何实现碳中和呢?

碳中和是指企业、团体或个人测算一定时间内直接或间接产生的 CO_2 排放总量,通过植树造林、节能减排等形式,抵消自身产生的 CO_2 排放量,实现 CO_2 的"零排放"。碳中和属于一种新型的环保形式,有助于实现全社会的绿色发展。实现碳中和的一个重要节点则是碳达峰,也就是说在某一个节点,碳的排放量达到峰值,后期不再增长,并慢慢下降直至碳中和。

要想实现净碳足迹为零,可以通过以下两种方式:第一,利用特殊的方式去除温室气体,以此来平衡碳排放。通常情况下可通过碳补偿,或通过从大气中移除或封存 CO_2 的过程,来弥补其他地方的排放。另外,还可以使用更极端的形式来去除 CO_2。第二,通过改变能源结构来减少碳排放。目前,国家推崇使用可再生能源(如风能、水能、太阳能等清洁能源)来降低 CO_2 的排放,从源头上解决问题。可再生能源也会排放碳,但排放量很小,可忽略不计。

那么,在现实生活中如何实现碳中和? 碳中和可能存在吗? 我们来看一个案例,即地球上最早实现碳中和的地方——丹麦小岛萨姆索。萨姆索岛面积很小,长约 28 km,岛上居民不超过 4000 人。岛上居民依靠木草料燃烧和太阳供暖。

萨姆索岛的碳中和之路开始于 1997 年,起因是丹麦政府在《京都议定书》中承诺要将碳排放量减少 21%。为了证明可行性,丹麦政府发起了建立可再生能源示范社区的竞赛。萨姆索岛人口较少,社区参与度极高,在此次竞赛中获胜。自此,萨索姆岛要在 10 年内利用目前的技术,依靠民众的支持,在现行法规的应用下实现可再生能源的自给自足。

萨姆索岛是一个小岛,由于岛上教育资源匮乏,工作机会不多,年轻人流失较为严重,岛上的人口不断减少。萨姆索岛严重依赖进口化石燃料,每年需要耗费大量的资金从外界购买,极易受到能源价格冲击的影响。经济和能源的双重危机严重制约了萨姆索岛的发展。为了降低对外来能源的依赖,岛内开始建设风力农场,安装太阳能电池板,使用清洁能源。这一举措还提供了大量的工作岗位,促进了当地经济的发展,保证了更大的收益。后期,萨姆索岛上又安装了 10 台海上风力发电机,可产生 23 兆瓦的电力,这些足以抵消岛上车辆、渡轮等交通工具产生的温室气体。2002—2005 年,岛上建立了 3 个以秸秆为燃料的区域供热系统。到 2007 年,萨姆索岛已经成为全球首个由可再生能源提供动力的岛屿,并被誉为可持续能源社区中最具启发性的范例之一。目前,该岛希望在 2030 年实现无化石燃料的使用。

从萨姆索岛的例子不难看出,碳中和就意味着整个能源结构的根本性改变,我们要尽可能地去消除化石燃料以及其他 CO_2 排放源。我们排出多少 CO_2,就必须消除同等量的 CO_2。要想吸收大气中过量的 CO_2,最常见的方法是利用植物光合作用进行吸收。对此,一方面需要大面积的森林和湿地,另一方面要想办法寻找其他自然的固碳方式。有人提出了一种固碳方法,利用捕获和储存碳的生物,即能源作物(例如玉米)在生长期吸收碳。然后,将它们燃烧(产生可使用的能量),并捕获它们散发的碳,这样就可以将大量的碳掩埋或回收。但这需要大量的农业用地,可能会威胁到粮食安全。如何固碳还需要进一步的研究和探讨。

碳中和已经成为国际气候行动的重要内容,也被视为是国家、社会责任的一种体现。全球有 120 多个国家和地区都做出了碳中和的承诺。美国、欧盟国家、英国、加拿大、日本等均承诺 2050 年实现碳中和。还有一些国家计划更早实现碳中和,如乌拉圭承诺 2030 年实现碳中和,芬兰计划 2035 年实现碳中和,冰岛和奥地利计划 2040 年实现碳中和,瑞典计划 2045 年实现碳中和。苏里南和不丹早已在 2014 年和 2018 年实现了碳中和目标,现在已经进入了碳负排放时代。我国做出承诺,将在 2060 年之前实现碳中和。

实现碳中和就要求承诺国利用减排放或负排放的技术实现碳零排放,因此各国都需要严格控制碳排放量。以欧盟为代表的欧洲发达国家通过目标年、目标范围的设置以及强化中期减排目标,体现出了较强的减排决心。大多数发展中国家也做出了目标年和目标范围方面的积极承诺。长期减排成本的不确定性仍然是影响各国减排积极性的关键因素,未来行动的重点方向在于如何强化分阶段的目标,如何明确各部门的目标。

1.3.2　全球的碳中和行动

碳中和是新型的环保形式,碳中和的路子怎么走,则是摆在全人类面前的重要议题。2019 年,全球的碳排放量是 $4.01×10^{10}$ t,86% 的碳源于化石燃料燃烧,剩余小部分是由土地利用变化产生。陆地碳汇吸收了约31%的碳,海洋碳汇吸收了约23%的碳,还有46%的碳滞留在大气中。要想实现碳中和,滞留在大气中的这部分碳就要想办法吸收掉。

由于社会发展程度不同,全球各国的碳排放也处于不同阶段。我们大致可以将这些国家划分成四类:①美国、英国等发达国家的碳排放量在20世纪70~80年代就已经实现碳达峰,目前碳排放处于下降的阶段。②中国正处于产业结构调整升级时期,经济增长进入了新常态的阶段,碳排放量逐步进入"平台期"。③印度等新兴经济体国家碳排放量还在上升。④大量的发展中国家和农业国,伴随经济社会快速发展的碳排放尚未"启动"。

中国科学院的丁仲礼院士认为,碳中和看似复杂,其实概括起来就是一个"三端发力"的体系:第一端是能源供应端,尽可能用非碳能源替代化石能源发电、制氢,构建"新型电力系统或能源供应系统";第二端是能源消费端,力争在居民生活、交通、工业、农业、建筑等绝大多数领域中,实现电力、氢能、地热、太阳能等非碳能源对化石能源消费的替代;第三端是人为固碳端,通过生态建设、土壤固碳、碳捕集封存等组合工程,去除不得不排放的CO_2。简而言之,就是选择合适的技术手段去减碳、固碳,进而逐步达到碳中和。科技创新将在减碳中发挥重大的优势,技术将在实现碳中和的进程中得到充分体现。谁在技术上走在前面,谁就将在未来的国际竞争中取得优势。

碳中和过程既是挑战又是机遇,其实现过程将会是经济社会的大转型,将会是一场涉及广泛领域的大变革。这场"大转型"需要在能源结构、能源消费、人为固碳方面"三端发力",所需资金将会是天文数字,仅依靠政府财政补贴是无法满足的,必须坚持市场导向,鼓励竞争,稳步推进。政府的财政资金应主要投入在技术研发、产业示范上,力争使我国技术和产业的迭代进步快于他国。在"大转型"中,行业的协调共进也极其重要。"减碳、固碳""电力替代""氢能替代"均需要增加企业的额外成本,如果某一行业不同企业间不能协调共进,势必会使不作为企业节约了成本,从而出现"劣币驱逐良币"现象。因此,分行业设计碳中和路线图及有效的激励/约束制度需尽早提上日程,而关于未来的排放权的分配、碳排放的报告核查等问题还需要进一步的深入研究。在科技支撑方面,还有很多基础性的科学问题(比如CO_2对增温的敏感性等)需要深入研究。[1]

早日实现碳中和需要全社会的共同努力,除了国家的承诺,全球成千上万的企业也在为之努力,开始自己的倡议,而不仅仅是做出个人减排的空洞承诺。实现碳中和,我们需要共同寻找出路。

欧盟成员的部分国家承诺,要在2050年实现碳中和。我国是碳排放量最大的发展中国家,要想在2030年实现碳达峰,然后再用30年的时间实现碳中和,是一项极其艰巨的任务。作为发达国家,美国的人均碳排放量全球最高,人均累计碳排放量也是全球第

---

[1] 参见陆成宽.丁仲礼院士:实现碳中和,需要"三端发力"[N].科技日报,2021-05-31(2).

一. 中国虽然是碳排放量大国,但由于我国人口基数大,故我们的人均累积碳排放量要远远低于主要发达国家,小于全球平均值。因此,我们追求 2060 年实现碳中和,其难度远高于发达国家。

(1)全球温室气体排放绝大部分来源于能源消耗,因此很多国家制定了碳中和背景下的产业策略,以此来实现减排目标。最重要的一点是要大力发展清洁能源,减少化石燃料的使用,降低煤电的供应。2017 年,英国和加拿大共同成立了"弃用煤炭发电联盟",承诺在未来的 5～12 年彻底淘汰燃煤发电。目前,全球已有 54 个国家和地区政府加入该联盟。2020 年 4 月,瑞典关闭了国内的最后一家燃煤电厂。丹麦计划在 2050 年前停止国内化石燃料的生产,现在已经停止发放新的石油和天然气勘探许可证。2019 年,德国出台了《气候行动法》和《气候行动计划 2030》,旨在提高可再生能源的发电量,计划到 2050 年可再生能源发电量占据总用电量的 80％以上。另外,德国还通过大规模发展可再生能源来进行减排。美国也在大力发展风力发电,通过税收抵免、贷款优惠等方式,重点鼓励私人投资风力发电。2019 年,风能已经成为美国排名第一的可再生能源。2020 年 7 月,欧盟发布了"氢能战略",大力发展氢技术。英国、丹麦等国家都在大力发展氢能,利用氢能为工业和生活提供能源。韩国人口不足全球的 1％,其碳排放量却占据了世界碳排放量的 1.7％左右,是全球第九大温室气体排放国。韩国经济严重依赖钢铁和化学石油等行业,因此 2050 年实现碳中和对韩国而言是一个高难度课题。韩国为了减排,正在推行将碳封存在海底的"碳捕集和封存(CCS)"项目,计划 2025—2055 年封存 2×10^5 t 的 CO_2。

(2)大力发展清洁能源的同时,还需要降低建筑物的碳排放,大力打造绿色建筑。绿色建筑前期需要投入的成本较高,投资回报的周期较长。但是绿色建筑具有较为可观的长远效益,有利于实现碳中和。欧洲建筑性能研究所调研发现,打造绿色建筑,翻新和节能改造可提供更多的工作岗位,生产效率也大幅度提高,可增加千亿欧元的潜在收益;医院经过绿色节能改造,可减少患者的平均住院时间,为医疗卫生行业节约几百亿欧元。

(3)交通运输行业也会产生大量的碳排放,因此降低碳排放需要布局新能源交通工具。各国政府在大力推广新能源汽车等碳中性交通工具及相关基础设施,并且发展交通运输系统数字化。欧洲各国依靠数字技术建立了统一票务系统,进而扩大交通管理系统的范围,并通过强化交通监控和信息系统来提高工作效率。欧洲 40 多个机场要合作共同建设全球首个货运无人机网络机场,届时将降低约 80％的运输时间、成本和碳排放量。智能化和数字化的发展能很好地降低交通运输业的碳排放。

(4)工业碳排放量较大,实现碳中和要大量减少工业碳排放,大力发展碳捕获和碳储存技术。通常工业部门会通过发展生物能源来提高碳捕获和碳存储,通过发展循环经济来提高材料的利用率,降低碳排放。另外,农业生产的碳排放也不容小觑,农业生产的碳排放量占人为总排放量的 19％。因此,发展低碳经济首先要发展低碳农业。实现全球碳中和的主要途径就是大面积植树造林,增加吸收温室气体的能力,加强自然碳汇。但是,低碳农业还需要减少农产品的浪费。欧盟发布了《农场到餐桌战略》,并计划于 2024 年出台垃圾填埋法,力求最大限度地减少垃圾中的生物降解废弃物。芬兰为了减少粮食浪费,保证粮食的安全和可持续性,也根据国情制定了粮食节约路线图。值得注意的是,全球绝大部分国家的低碳农业发展仍处于初级阶段,此时发展成本较高,效果和有效性也需进一步验证。

(5)植物能固碳已经是大家的共识,那你能想象动物也可以作碳汇吗?英国广播公司报告称,作为地球上最大的生物之一,鲸鱼(尤其是须鲸和抹香鲸)可以利用身体存储大量的碳。由此可知,海洋中的生物也在帮着维持地球温度。鲸鱼死后沉入海底,其身体中存储的碳就会从表层海水转移至深海中,继续存储几个世纪甚至更长的时间。鲸鱼在海中觅食,在水面呼吸和排便。鲸鱼的粪便富含矿物质,有利于浮游植物的生长。浮游植物对地球大气有着巨大影响,它们处理了地球上约 40% 的 CO_2,是亚马孙雨林处理能力的 4 倍。但是,随着人类对鲸鱼的大肆捕杀,其种群数量也在不断下降。一些大型鲸鱼的数量下降了 $66\% \sim 90\%$。鲸鱼数量减少,人们转而捕捉海獭这些体型更小的哺乳动物。海獭数量减少,会导致海洋中海胆的大量繁殖,进而吞食北大西洋周围的海藻林,这对海洋碳封存产生了连锁反应。鲸鱼数量下降引起了一系列的连锁反应,导致碳排放量增加。这意味着,只有将鲸鱼数量恢复到捕鲸前,才可以应对气候变化,直接或间接地封存碳,帮助减少化石燃料燃烧排放的大量 CO_2。

2019 年,国际货币基金组织利用美元来衡量鲸鱼放归海洋的好处。用更加通俗易懂的方式来解释,如果考虑一头鲸鱼一生所吸收的碳以及带来的渔业和生态旅游等其他价值,那么核算下来平均一头鲸鱼的价值要超过 200 万美元,全球总价值超过 1 万亿美元。通过生态与经济相结合,科学家们想探寻一种被称为"碳抵消"的合作机制,而价格标签会将其从理论转化为现实。这种核算方式可以用来说服碳排放者支付费用来保护鲸鱼,也可以用于减少碳排放,早日实现碳中和。国际货币基金组织通过研究得出结论:保护鲸鱼已经成为控制温室效应的首要任务。当前,鲸鱼的碳市场初具规模,相应的措施和政策也必须早日提上日程。

日本通过研发 CO_2 制取甲烷,来推动清洁能源的开发和海外供应链的构建。日本还提出了分阶段的目标,2030 年预期以合成甲烷来置换 1% 以上的民用燃气,到 2050 年置换范围将扩大至 90%。日本燃气协会估算,1% 的甲烷置换量就可以帮助减排 8×10^5 t 的 CO_2,相当于日本总碳排放量的 0.07%。而 90% 的置换量则能够减排 8×10^7 t 的 CO_2,相当于日本总排放量的 7%。目前,存在的问题是通过可再生能源来制造原料氢的成本较高,日本需要从可再生能源发电成本较低的国家采购氢,建立起稳定的海外供应链。

1.3.3 中国的双碳之路如何走?

2021 年 9 月 21 日,习近平主席出席第 76 届联合国大会一般性辩论,并发表了题为《坚定信心 共克时艰 共建更加美好的世界》的重要讲话。会上,习近平主席做了重要承诺,中国将力争 2030 年前实现碳达峰、2060 年前实现碳中和。中国将大力支持发展中国家发展绿色低碳能源,不再新建境外煤电项目。这标志着在 2021 年的联合国气候变化大会前,出现了远离化石燃料的历史性转化。这一消息得到了国际社会的欢迎,也展现了中国负责任大国的作为和担当。碳达峰和碳中和实际上是两个阶段的奋斗目标。

第一阶段:2030 年之前我国的碳排放达到峰值。实现碳达峰是长期碳中和愿景导向下的阶段性目标。碳达峰实现的时间越早,那么峰值的排放量也就越低,越有利于实现碳中和,否则就需要耗费更大的成本和代价来减排。实现碳达峰的核心在于降低碳密度,用强度下降的方式来抵消 GDP 增长带来的碳排放增加。我国目前处于工业化和城镇化的进程中,经济发展快,能源需求量比较大。在能源需求持续增长的大背景下,要想在 2030 年实现碳达峰,就必须节能减排,降低能耗的强度。结构节能需要加强产业结构调整和优化,大力发展数字经济高新科技产业和现代服务业,控制煤电、钢铁、石化等高耗能重化工业的产能扩张。技术节能需要升级产业技术,推广先进的节能技术,以此来提高能效。同时,还需要加快新能源的发展,加强产业结构的优化。我国提出,到 2030 年非化石燃料占一次能源消费的 25% 左右。这意味着,未来要大量开发非化石能源以满足经济发展对能源的需求。这一阶段的目标要与 2035 年中国现代化建设第一阶段目标相结合,即基本实现现代化,生态环境根本好转,建设美丽中国。

第二阶段:在 2060 年之前实现碳中和。实现碳中和需要能源体系的彻底整改。传统的煤炭、石油、天然气等消费量要控制在极低的水平,要从根本上减少化石能源消费中产生的常规污染物的排放,比如二氧化硫、氮氧化物、$PM_{2.5}$ 等。能源体系要以新能源和可再生能源为主体,建成近零排放的能源体系。

国内一些化石能源富集的省份,如山西、陕西、河南等,更应该依靠科技创造走低碳转型之路。以河南省为例,开封市兰考县正在进行我国首个农村能源革命试点。作为中部地区的一个农业县,兰考的风能资源比起内蒙古来说不算丰富,太阳能资源也称不上富集。但如今,兰考的太阳能和风能都已经得到了充分利用,已实现全清洁能源供电。这表明,我国东部和中部地区的可再生能源虽然不如西北地区丰富,但是依托技术,也可以充分利用本地的可再生能源。随着我国可再生能源开发技术的提高、开发成本的下降,大力发展非化石能源的前景越来越明晰。

我国是工业大国,拥有强大的工业体系。工业部分的碳排放量很高,这给减排带来了极大的挑战。例如,2018 年我国钢铁行业的粗钢产量为 9.96×10^8 t,占全球产量的53%,对我国整体 GDP 的贡献为 8.32%。钢铁生产的整个流程较长,里面具有很多个碳排放点,每个排放点排放的浓度不一样,减排的方式也不一样。再加上高碳能源的极度依赖、低碳能源难以介入、新技术不成熟等多方面因素,钢铁行业的减排难度极大,现有措施下剩余的碳减排空间为 15%~20%。我们需要寻找更有针对性的、适合国内工业发展的低碳路径。要想在 2060 年实现碳中和,钢铁行业需要依靠科技创新,制定详细的"减排路线图"。短期内实现工业快速转型并减少碳排放,会在一定程度上限制一些能耗高、污染严重的行业发展;但长远来看,可促进产业结构调整和升级,带动数字经济、高新科技产业和现代服务业的发展。[①]

1. 科技支撑中国的碳达峰和碳中和

我国"十四五"规划中明确提出,未来五年单位国内生产总值能源消耗降低 13.5%,CO_2 排放降低 18%。一边是碳达峰和碳中和,一边是经济发展社会进步,如何平衡齐头并进? 中国科技界、工程界又该如何聚力攻坚?

中国科技部部长王志刚认为,碳达峰和碳中和将带来一场由科技革命引起的经济、社会、环境的重大变化,是关系到中国未来发展优势、可持续安全和重塑地缘政治经济格局的经济社会发展综合战略,其意义不亚于第三次工业革命。

我国的经济发展与碳排放之间仍然具有强耦合关系,必须依靠科技创新来实现碳中和目标和经济社会的可持续发展。王志刚认为,要加快构建科技创新支撑体系,可通过技术系统集成耦合与产业、区域协同优化,全面实现以非化石能源或可再生资源驱动的循环型零碳社会的变革性重构。

中国工程院院长李晓红认为,碳达峰和碳中和是全球各国关于新技术、新市场的赛跑,这是中国首次真正意义上在变革中与发达国家同场竞技。依靠科技创新,必须加紧部署低碳前沿技术研究,加快推广应用减污降碳技术,提升我国在低碳环保领域的技术优势和储备。在当下,新的变革一定要营造配套的政策和环境,发展理念要创新,大力推进低碳治理。碳达峰和碳中和是一项复杂的系统工程,事关中华民族永续发展和构建人类命运共同体,要综合利用政策、法律、经济、行政、宣传等手段,为实现这一目标营造良好的内部和外部环境。

碳达峰和碳中和目标(简称"双碳"目标)是能源革命的两个里程碑,将大幅推动节能和提高能效,并且有利于大力发展非化石能源,减少对化石能源的依赖,构建以非化石能源为主体的新型电力体系。国家发展和改革委员会能源研究所原所长周大地谈到,化石能源技术体系基本是由西方工业化国家引领的,集中于少数国家和一些大公司,构建低碳、零碳能源系统对全世界而言都是一次较大的机遇和挑战。下一代的能源系统将会以清洁能源、可再生能源为主,资源的重要性下降,而利用资源的能力和技术重要性日益凸显。要想实现"双碳"目标,就需要重新认识我国的能源资源,不能像以前一样笼统地介绍"富煤""缺油""少气"。我国可再生能源的储量丰富,已开发的不到技术可开发资源量的 1/10,具有较好的转型基础。

初步研究发现,2030 年前我国工业、电力、交通、建筑等领域可相继达到碳达峰,能源活动的碳排放量有望在 2027 年前后达峰,峰值较 2020 年增加 $5 \times 10^8 \sim 7 \times 10^8$ t。碳达峰和碳中和是一个极其复杂的系统性工程,需要科学性的转型,因此在整个过程中一定要把握好节奏,做好顶层设计和路线图,积极而稳妥地进行。"双碳"目标实现过程中既

---

① 参见李禾.为我国低碳转型画出路线图[N].科技日报,2020-12-31(6).

要避免一刀切简单化,又要防止转型不力带来落后和无效投资。

要想在 2030 年前达到碳达峰,就必须保证"十四五"期间化石能源消费的增速和增量逐年下降。因此,我们的当务之急是加大节能力度,积极促进非化石能源的发展,使新增的能源消费主要或全部由非化石能源提供,加快发展既有节能效果又符合低碳转型发展方向的用能新技术。例如,国家现在正在积极推进发展的电动汽车。一旦后期电力变为碳零排放,电动汽车就会成为真正的零碳交通工具。

电力从哪里来呢?我们把目光转向山西芮城的一个村子,这里建立了以分布式光伏为核心的新型农村能源系统。一户屋顶上装有 20 kW 以上的光伏,平均一年发电 2.2×10^4 kW·h,1.2×10^4 kW·h 电足够农村生产、生活和交通等日常使用,剩下的 1.0×10^4 kW·h 电可用于上网。如果这项技术普及,在有条件的农村屋顶上都装有光伏设备,可以达到 2.0×10^{10} kW 的安装容量。这就意味着一年可以发电 3.0×10^{12} kW·h,占了未来中国总电力需求的 23%。

为了实现双碳目标,各行各业都在努力。王志刚对工程领域的科研工作者提出了三方面的建议:一是开展更加深入的战略研究,为科学决策提供更有力的支撑;二是积极推动与"双碳"相关的科技创新和工程建设,在关键、核心、重大的技术发展方向上攻坚克难、久久为功;三是做好人才储备,积极开展国际合作。[①]

2. 碳中和世界大学联盟成立

2021 年 10 月 27 日,碳中和世界大学联盟成立仪式在南京举行。这是由东南大学和英国伯明翰大学共同倡议发起,汇聚了北京航空航天大学、天津大学、大连理工大学、英国伯明翰大学等国内外近 30 所高校,全球首个聚焦碳中和技术领域人才培养和科研合作的世界大学联盟。

碳中和在全世界掀起了一场涉及人类共同命运的大规模运动。建立碳中和世界大学联盟就是为了加强全球高校之间的交流与合作,促进人类培养体系和科技创新体系的构建,全面开展碳中和科技领域高水平人才联合培养和科学研究,并主动加强应对气候变化的国际合作。

3. 面向碳中和重新定位 CCUS 技术

CO_2 捕集利用与封存技术(CCUS)是我国实现碳中和目标的重要技术保障。CCUS 就是将生产过程中产生的碳提纯利用,投入到新的生产过程中进行再循环或者封存。CCUS 被认为是减少工业过程中碳排放的关键技术,既可将 CO_2 资源化利用,还可以产生一定的经济效益。目前,我国的 CCUS 项目并没有完全成熟。截至 2020 年,我国现有的 35 个 CCUS 项目中,商业设施仅有 6 个,还面临着成本高、周期长、风险大的发展困境。对 CCUS 技术的定位变化要理解清楚,相应的激励政策、产业部署和管理体系等都需要更加完善,这样才能由少量的示范应用转为大量的商业应用,突破目前的困局。

---

① 参见刘垠.碳达峰碳中和要加快构建科技创新支撑体系[N].科技日报,2021-06-22(2).

CCUS 技术具有较大的减排空间以及成本下降空间,其技术发展路径多样。当前我国的碳捕集能力仅为 3×10^6 t/a,2007—2019 年的累积碳封存量仅为 2×10^6 t。但是利用 CCUS 技术,到 2050 年可以提供 $1.1\times10^9\sim2.7\times10^9$ t 的减排量。从科技支撑的角度来看,CCUS 技术对碳中和目标的实现具有突出的作用。

CCUS 技术是目前化石能源大规模低碳化利用的唯一技术选择。预计到 2050 年,化石能源仍将扮演重要角色,占我国能源消费比例的 10%～15%。因此,我们需要大力发展 CCUS 技术,为实现部分化石能源零排放提供重要支撑。考虑到电力系统快速减排以及其灵活性和可靠性的多种需求,火电加装 CCUS 是当前具有竞争力的重要技术手段。国际能源署曾预测,到 2050 年,全球钢铁和水泥行业仍然存在约为 34%和 48%的碳排放量,这些行业减排难度较大,而 CCUS 技术可以帮助其实现零排放。到 2060 年,如果我国还有温室气体无法减排,需要依靠负排放技术来抵消,CCUS 与新能源耦合的负排放技术将是实现碳中和目标的托底技术保障。

2020 年对 CCUS 技术而言是非常关键的一年。这一年,全球很多国家投入了大量的资金进行研发和示范工程。例如,美国国会专门拨款 2.18 亿美元用于 CCUS 技术研发;欧盟投入 100 亿欧元创新基金支持 CCS(碳捕集与封存)项目建设和运行;我国在 2020 年 7 月发布了《绿色债券支持项目目录(2020 年版)》,CCUS 被首次纳入绿色债券支持项目中。不管是应对全球气候变化还是完成碳中和目标,加大对 CCUS 的投入是大势所趋。

巨大的投资缺口提醒人们,必须对 CCUS 的商业模式与投/融资机制进行再思考、再设计,需要从国家层面制定与能源发展规划相结合的中长期 CCUS 技术发展战略,形成分阶段的"施工图",突破当前小规模示范的局限,逐步推进 CCUS 技术全链条商业化部署。[1]

4. 西安高新模式引领全国的碳中和

陕西西安高新区在技术创新、政策引导、碳汇管理、低碳建设四个方面进行了积极探索,形成了具有区域特色并且可以引领全国的碳中和"西安高新模式"。西安高新区计划在 2050 年创建碳中和企业 50 家,实现区域碳达峰。届时,单位工业增加值综合能耗将下降 15%,碳排放强度将下降 20%。低碳技术是实现双碳目标的基础,西安高新模式的形成离不开明确的"路线图",其中绿色技术的创新、产业链的绿色低碳改造、交通及城市的减碳工作都是必不可少的。

西安高新区构建了低碳节能型现代产业体系。2020 年,西安高新区单位工业增加值综合能耗是国家高新区平均水平的四分之一。另外,西安高新区建立了绿色融合发展机制,储备了大量低碳绿色技术。西安高新区与很多科研院校在绿色建筑等方面形成了长期合作关系,建立了科研成果转化平台,以此推动绿色低碳科研成果转化,产学研用。

---

① 参见何亮.双碳目标下,碳捕集封存技术这样破局突围[N].科技日报,2021-06-11(2).

除此之外,西安高新区在实现双碳目标上还占有先天优势。西安高新区占地 1079 km²,有 56.91 km² 的森林、37.11 km² 的水域,绿化面积达 10.81 km²,生态系统生产总值为 229.9 亿元。初步估算,西安高新区生态与绿化用地年碳汇能力达数百万吨,这为实现区域碳中和提供了得天独厚的保障。西安高新区充分挖掘秦岭保护区的碳汇功能,研究形成高新区生态用地碳汇基准,建立碳资产综合管理平台,对高新区森林碳汇资源和企业碳排放情况进行"一站式"管理。

作为创新驱动发展的先行者,西安高新区理应成为引领碳达峰、碳中和技术创新、产业转化的排头兵,也必将成为我国工业部门实现碳达峰、碳中和必须要牵住的"牛鼻子"。①

5. 超低能耗建筑在我国将成主流

建筑减排也是未来减排的一大方向。我国幅员辽阔,南北跨越热、温、寒气候带。近年来,不同地域的建筑总量在不断攀升,伴随着居住舒适度的提高,建筑耗能也在逐渐增加。国家陆续颁布了支持超低能耗建筑建设的有关政策,明确提出"在全国不同气候区积极开展超低能耗建筑建设示范""开展超低能耗建筑小区(园区)、近零能耗建筑示范工程试点"等,各省市纷纷迈开了探索超低能耗建设的步伐。

何为零能耗建筑?它是指不消耗常规能源,完全依靠太阳能或者其他可再生能源供能的建筑。根据能耗目标的难易程度,低能耗建筑可以分为超低能耗建筑、近零能耗建筑及零能耗建筑。这也可以看作建筑节能未来要发展的三个阶段。相较于常规建筑而言,低能耗建筑在使用过程中间接减少了污染物和温室气体排放,对实现"双碳"目标具有重要意义。未来,超低能耗建筑将会成为社会的主流建筑。

6. 杭州首绘"全景碳地图",六大维度助力碳排放管控

国网浙江省电力有限公司杭州供电公司利用大数据计算等数字化技术,在全国率先推出了"全景碳地图"。这是一个覆盖杭州 13 个区县、199 个镇街的城市全景碳分析模型。"全景碳地图"依托杭州能源大数据中心跨领域协同优势,可在能源、工业、居民、建筑、交通、生态六大维度实现网格化碳效快速计算,借助城市大脑数据贯通能力,在杭州能源数字治理平台收集全市重点用户的水、电、气、热、煤等各类能源数据,实现经济、人口、建筑、车辆等政企多维碳排放数据融合汇聚。以建筑维度为例,该地图对标住建部《绿色建筑评价标准》中绿色商业建筑每平方米每年碳排放要求,把这个目标定为 100 分,对比反映每个网格内建筑楼宇的碳排放情况。城市管理者可以根据"全景碳地图"来查看全域的碳排放数据。不同颜色表示不同区域的碳排放情况,相关政府职能部门可以参考地图显示的信息,进行合理的碳排放管控。

7. 实现碳中和人人有责

开车、旅行、用餐,这些行动会产生多少碳?种几棵树能够抵消掉这些碳?普通人如

---

① 参见崔爽.在碳中和赛道上跑出"西安高新模式"[N].科技日报,2021-06-11(7).

何查询自己的碳足迹?

实现碳中和,不仅仅要政府、企业做出努力和表率,普通人也可以为实现碳中和做出自己的贡献。2021 年,北京市启动了"参与林业碳汇,助力碳中和"全民行动,"我要碳中和"微信小程序正式上线,市民可随时查看自己的"碳足迹"。例如,有人想外出旅游,乘坐飞机飞行 2000 km、低标旅行餐吃 36 次、快捷酒店住宿 4 天,通过系统自动计算,此次旅行排放的碳总量是 314.88 kg。随后,出行旅游者可以选择在小程序中有偿种植一棵碳汇能力 320 kg 的油松树来中和掉这次出行产生的碳排放,而这棵油松将被种植在密云区东邵渠镇常峪沟碳中和造林项目中。

北京启动这样的活动,就是基于中国在联合国大会上做出的碳达峰和碳中和的庄严承诺。当然,推出"我要碳中和"微信小程序,只是起到直观计算日常生活的碳排放以及如何弥补排放的对应措施,真正的节能减排、绿色生活,还有很多理念需要更新,很多习惯需要纠正。而作为公共管理者,政府的发展思路、资源配置、政策引导等更需要深入细致地做下去。

从百姓角度来说,紧盯"降碳",推动早日实现碳达峰、碳中和的相关目标任务,是一项全民参与的公益行动,其主要作用还是推进绿色生活和绿色消费。无论是联合国的辩论,还是文件、会议中的任务,听起来似乎都是宏大叙事,但其实离我们每个人的生活并不远。有相关人士以家庭为单位举例称,如果每天少看 1 h 电视,节约 1 m³ 自来水,节约 1 m³ 燃气,认真参与垃圾分类,短途外出乘坐公交或骑行,即可减少 2.52 kg 碳排放。坚持一年,可减少 919.8 kg 碳排放,约等于种树 51 棵。

生活方式"绿色化"既是未来社会发展的必然途径,也是当今的时尚之举。而"绿色化"的核心内涵是推动生活方式的不断变革,实现向勤俭节约、绿色低碳、文明健康的方向发展,力戒奢侈浪费、不合理消费、加剧环境恶化的种种表现。多种一棵树,空调调高一度,出门少开车,做好垃圾分类和减量,只要每一位社会成员都能从自身做起,从点滴做起,从身边小事做起,最终形成良好习惯,绿色生活给我们带来的种种益处必然会来到我们身边,政府碳达峰和碳中和的庄严承诺也才能提前实现。

1.4　本章小结

气候变化是全人类共同面临的重大挑战。随着各国碳排放、温室气体增加,整个生态系统受到了严重的威胁。地球变暖逐渐演化为人类历史上的一场巨大危机,极端天气、冰川融化、病毒肆虐不再遥远,危机离我们近在咫尺。为了拯救全人类,世界各国以全球协约的方式减排温室气体。我国提出了碳达峰和碳中和的目标,这份承诺向国际社会充分表明了中国经济转型的方向和决心,将会给中国未来发展带来一系列的新挑战和新机遇。我们不能仅仅把碳中和作为国家要求的一项工作来看待,无论是企业还是社会,都必须对碳中和的未来发展深入研究。只有看清楚碳中和所带来的革命性变化和挑战,才可以在这一伟大的历史进程中行稳致远;只有切实把握碳中和的发展趋势,抓住人类向绿色、低碳和零碳转型的机遇,才能在未来立于不败之地。

参考文献

[1]曹云锋,梁顺林.北极地区快速升温的驱动机制研究进展[J].科学通报,2018,63(26):2757-2771.

[2]贾明,杨倩.中国企业的碳中和战略:理论与实践[J].外国经济与管理,2022,44(2):1-13.

[3]康洪洁.温室效应与气候变化的思考[J].黑龙江科技信息,2014(6):89.

[4]罗丽.日本应对气候变化立法研究[J].法学论坛,2010(5):107-113.

[5]马瑞俊,蒋志刚.全球气候变化对野生动物的影响[J].生态学报,2005,25(11):3061-3066.

[6]任国玉,郭军,徐铭志,等.近50年中国地面气候变化基本特征[J].气象学报,2005(6):942-956.

[7]沈树忠,张华.什么引起五次生物大灭绝?[J].科学通报,2017,62(11):1119-1135.

[8]田原宇,乔英云,张永宁.碳中和约束下绿色减排体系的构建[J].化工进展,2022,41(2):1078-1084.

[9]张丰,胡狄瑞.碳达峰碳中和背景下的温室气体监测与减排研究[J].中国资源综合利用,2021,39(11):186-188.

[10]张坤民.低碳世界中的中国:地位、挑战与战略[J].中国人口资源与环境,2008,18(3):1-7.

第二章 化石燃料污染——难以治愈的"瘟疫"

气候变化和生物多样性丧失主导了人们对环境的担忧,但联合国早已悄悄地将污染问题重新排到了首位。联合国发表过一份重要报告,宣布污染是排名第三的地球重大紧急事件。世界上大多数国家都承诺将禁止或严格限制使用最有毒的化学品。专家认为,我们需要的是一份全球清单,包含有关如何使用、在何种数量下使用化学品以及已知危险的信息。联合国环境规划署执行主任英厄·安诺生(Inger Andersen)曾表示,气候变化、大自然和生物多样性丧失、浪费和污染这三场危机正在毒化地球。

其中,危害最大的化石燃料污染又被称为"难以治愈的瘟疫",它不仅对地球环境产生损害,也会对人类的健康产生毁灭性的影响。那么,到底什么是化石燃料污染?化石燃料污染对我们的危害到底是什么?我们如何降低这种危害?在本章中我们将一一讲述。

2.1 什么是化石燃料污染

化石燃料是某些烃或烃的衍生物的混合物。我们所熟悉的煤炭、石油以及天然气都是由死去的动物和植物在地下分解而形成的,属于不可再生资源。化石燃料燃烧产生能量,可推动涡轮机产生动力。化石燃料(也称"矿物燃料")及其制品的出现及发展,极大地方便了人们的生活,提高了劳动生产率,促进了工业化、城市化和医药化工等产业的大发展。

化石燃料成本低、能量密度高,并且运输方便,因此成为了我们最常见的能量来源。然而,人们发现并对其危害达成共识却是很晚的事。化石燃料的燃烧会释放出大量的污染物。常见的耗能较多的企业,如火力发电厂、钢铁厂、水泥厂和化工厂等,在生产过程中会排出大量的有毒物质和矿物粉尘等,造成严重的大气污染。全球每年有超过 800 万人因吸入含有化石燃料微粒的受污染空气而死亡。2018 年,由于化石燃料排放物而患病死亡的患者占了全球死亡人口的 18%,接近五分之一。这一数字要远高于之前的估计,此前科学家们估计每年仅有 420 万人因吸入户外空气染物而患病死亡,这里面还包括了因农林火灾造成的灰尘和烟雾污染而死亡的人。但最新的研究表明,早在 2018 年已经有大约870万人死于化石燃料污染。英国《每日邮报》在报道中引用研究报告的数据,将化石燃料污染和其他死因进行了对比,认为全球化石燃料造成的空气污染每年致死的人数比疟疾多19倍,比艾滋病多9倍。人口众多的大城市受化石燃料污染更加严重,这里汽车、通过化石燃料供热的建筑物、庞大的发电厂比比皆是。全球化石燃料造成的空气污染经济成本如表2-1所示。

表2-1　全球化石燃料造成的空气污染经济成本(按污染物分类)

污染物	影响	估计值(平均值)
NO_2	经济成本	3531亿美元
	占GDP的比例	0.4%
O_3	经济成本	3800亿美元
	占GDP的比例	0.4%
$PM_{2.5}$	经济成本	2.2万亿美元
	占GDP的比例	2.5%
	工作缺勤	17.552亿天
所有污染物	经济成本	2.9万亿美元
	占GDP的比例	3.3%

看着这些触目惊心的数字,你还会无动于衷吗?那么该如何降低化石燃料污染呢?

首先是要大力发展清洁能源。清洁能源和可再生能源的使用可以大量减少$PM_{2.5}$、NO_2和O_3等有毒污染物的排放,并且可以减少温室气体排入大气中。解决空气污染危机也会带来较为客观的经济回报。美国环境保护署的研究表明,每投资1美元清洁能源就至少可以获得30美元的回报。大力发展清洁能源,逐步淘汰现有的煤炭、石油和天然气基础设施,这些措施对于全球气候变化起着至关重要的影响。空气污染降低也会带来显著的健康效益,例如关闭燃煤发电厂给人们带来的健康效益甚至会超过发电的价值。《美国科学院院报》发表的一项研究表明,逐步淘汰化石燃料,加大对清洁能源的投资,可将全球范围内与空气污染有关的过早死亡率降低三分之二。

其次是改变交通方式。要想确保城市健康发展,就必须要向经济实惠及碳中和的交通方式转型。有效的公共交通系统以及良好的步行和自行车基础设施可以提高出行能力,降低温室气体的排放,减少空气污染,同时还会降低呼吸道疾病、肥胖、糖尿病、心血管疾病等的发病率。各国政府也在采取措施促进可持续交通的发展,例如逐步淘汰燃油车,引入经济实惠的公共交通,倡导步行和骑自行车等方式,降低私家车的使用。

降低温室气体排放,向可再生能源转型,对防止灾难性的气候变化和保护人类健康都至关重要。气候变化将会影响我们每一个人,需要全世界携手应对。政府、城市还有各大企业需要共同采取行动,向可再生能源进行转型。

化石燃料污染是导致雾霾产生的重要因素。雾霾是指各种排放的污染物在特定的大气流场条件下,经过一系列物理化学过程形成细粒子,并与水汽相互作用导致的大气消光现象。空气污染中的颗粒物一般直径为 $0.01\sim100~\mu m$,我们经常提到的 $PM_{2.5}$ 是指空气动力学直径小于或者等于 $2.5~\mu m$ 的大气颗粒物的总称,学名为"大气细粒子"。$PM_{2.5}$ 成分复杂,涉及多种有机物和无机物,可以说是"小粒子、大世界"。直接排放的 $PM_{2.5}$ 很少,主要以排放源一次排放的气体通过物理和光化学过程生成的二次粒子为主。环境空气质量主要关注的污染物有 SO_2、NO_2、PM_{10}、$PM_{2.5}$、CO 和 O_3。其中,$PM_{2.5}$ 含量最受人们的关注,被认为是雾霾天气的重要参考指标。

那么,$PM_{2.5}$ 的危害到底体现在哪里? $PM_{2.5}$ 增多会影响大气辐射平衡,加剧区域大气层的加热效应,地面会越来越冷,影响区域和全球气候变化,导致极端天气事件增多。细粒子污染已经成为全球最重要的环境问题之一,全球范围内细粒子的浓度还在不断增加。雾霾导致大气能见度下降,阻碍空中、水面和陆面交通,严重妨碍人们的日常生活。除此之外,雾霾对人类健康也产生了极大的威胁。雾霾的湿度较高,可以直接传染细菌和病毒。$PM_{2.5}$ 被人体吸入后会直接进入肺泡甚至血液系统中,引发各类心血管疾病。

$PM_{2.5}$ 的比表面积较大,富集了各种重金属元素和有机污染物,这些多为致癌物质和基因毒性诱变物质,危害极大。$PM_{2.5}$ 污染会导致重病以及慢性病患者死亡率升高,因为它引起了呼吸系统和心脏系统疾病的恶化,增加了心肺的负担,改变了人体免疫系统。中科院的一项研究证明,大气污染越严重,呼吸道疾病的死亡率越高,二者呈现正相关关系。

那么雾霾又从何而来呢? 其实,约 10% 的雾霾是自然排放的,约 90% 的雾霾是人类排放的,直接来自人类的经济社会活动。以北京市为例,北京市 2013 年 1 月的五次强霾污染中,大气污染物包括有机碳、元素碳、硫酸盐、硝酸盐、铵盐、扬尘等。硫酸盐、硝酸盐和铵盐是由一次排放的二氧化硫、氮氧化物和氨气经过化学反应形成,挥发性有机物在大量二氧化硫和氮氧化物的作用下发生反应,向二次有机气溶胶转化,产生更有毒性的细颗粒污染物。这些都是 20 世纪美国南加州光化学烟雾的主要成分,与人类的生产和生活密切相关。研究人员对北京市 $PM_{2.5}$ 排放源进行分析发现,燃煤和机动车是其主要来源,北京年平均 $PM_{2.5}$ 排放中燃煤占 26%,机动车占 19%,餐饮排放占 11%,工业排放占 10%。

雾霾的形成因素很复杂,它并不是一个孤立的问题,而是需要我们用系统化、体系化和常态化的方法来解决。治理雾霾不能只依赖行政手段,还要利用经济手段,让减排变得有利可图。

2.2 化石燃料制品正在改变 DNA

第一次工业革命将化石燃料作为能源,大大提高了劳动生产率。但是,人们在相当长的时期内没有看到或发现它有害的一面。直到 20 世纪 60 年代,美国的女科学家蕾切

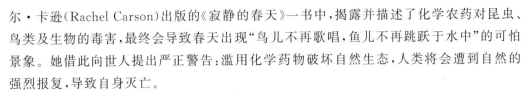

尔·卡逊(Rachel Carson)出版的《寂静的春天》一书中,揭露并描述了化学农药对昆虫、鸟类及生物的毒害,最终会导致春天出现"鸟儿不再歌唱,鱼儿不再跳跃于水中"的可怕景象。她借此向世人提出严正警告:滥用化学药物破坏自然生态,人类将会遭到自然的强烈报复,导致自身灭亡。

在目前所有的环境污染物中,最主要的、最危险的、大量存在的污染物是可致癌、致畸和对人类及生物生殖系统、免疫系统和神经系统有着重要影响的有机化合物。这类物质对人类生殖等系统及后代存在严重影响,是影响今天、明天乃至未来人类生活质量的物质。

何为有机化合物?为什么说它是人类长期的、最可怕的敌人?自20世纪20年代以来,人类以石油、煤炭和盐等物质为原料,已经合成了700余万种化学物质,其中约有10余万种化学物质进入了环境,2500多种常用工业化学品进入了人类生活。时至今日,有机化合物已经无处不在、无处不有。一些具有生殖激素作用,致癌、破坏免疫功能和神经系统的物质正通过空气、水、土壤、食物和药物等途径悄然进入人体和其他生物体内,并在人体和生物体内不断地积累、不停地破坏,最终给人类及其他生物的健康和生命带来不可逆转的后果。有机化合物对人体器官的改变往往表现为人体自身激素的类似功能,因此人们称这些物质为"环境激素"。

"环境激素"一词是1996年12月欧洲委员会和世界卫生组织(WHO)在英国召开的专题讨论会上提出来的,并将它定义为作用于生物的内分泌系统,使其个体或其子孙后代在某个阶段发生有损身体健康的变化的物质。日本学者认为,环境激素是被吸收到动物体内,对本来就是在体内运行的正常的激素作用施加影响的外因性物质。

女性卵巢可分泌雌激素、孕激素以及少量的雄激素,这些都是甾体类激素。男性睾丸可分泌雄激素。性激素与其他激素一样,与细胞内受体结合向靶细胞传递指令。雌激素向细胞传递卵细胞发育和排卵指令,雄激素则担负着传递睾丸发育、精子合成指令的作用。环境激素会变成类似从卵巢和睾丸分泌的激素的样子,与靶细胞中的伙伴受体结合,或起到与激素类似的作用,或产生妨碍激素正常反应的作用。

研究人员经过几十年的观察、实验、统计分析,初步认定和怀疑具有与雌激素类似作用的化学物质有PCB类(多氯联苯)、DDT(二氯二苯三氯乙烷)、壬酚、双酚A、肽酸酯等;妨碍雄激素作用的化学物质有DDE(DDT的代谢物)、农药烯菌酮、有机锡等。这些物质大都被联合国有关条约、公约列为持久性有机污染物(POPs)或危险物。

下面重点介绍几种人们经常接触的有害有机化合物。

2.2.1　持久性有机污染物

2004年12月3日,《科技日报》发表了题为《POPs:你还不了解的隐形"杀手"》的文章,文章详细介绍了持久性有机污染物(POPs)的危害、我国履行公约的情况。文中提出,按照目前的速度,人类要想完全消除自身体内的POPs至少还需要几代人。

1988 年,联合国环境规划署在加拿大蒙特利尔召开会议,探讨化学物质对人类的影响。这次会议就是第一届 POPs 条约化会议。会议没有对 POPs 做出明确的定义,只是将其概括为"有毒的、不易分解的物质的总称",或者说它是环境激素问题引起国际社会关注之前,已经威胁上一代人的化学物质。会议根据毒性、生物浓缩性和移动性这三个性质来概括 POPs,并筛选出了最具危害性的 12 种物质。

POPs 类物质有着共同的特点,第一个是持久蓄积性,这也是最令人头疼的一点。POPs 类物质能够长期在环境中存在,几十年甚至上百年都不会被分解,因此对整个生态系统以及人类健康都会产生极大的威胁。

POPs 类物质的第二个特点是亲脂性,又称脂溶性。POPs 类物质微溶于水,易溶于油,具有很强的脂溶性。因此,POPs 类物质很容易进入生物体内的脂肪组织,富集于此不易排出。据报道,研究人员采集了 300 多位产妇的乳汁,其中九成产妇的乳汁中检测出了 POPs 类物质或有机农药,甚至 10% 的人处于较危险的水平。POPs 进入人体后会大量溶解在脂肪中,难以代谢。更为糟糕的是,孕妇体内 POPs 浓度较高,会通过体内环境将 POPs"遗传"给孩子。在胚胎和婴儿时期,污染物会大肆攻击正在发育的肌肉、骨骼、大脑、神经系统和免疫系统,给人体生长发育带来无法逆转的伤害。

POPs 类物质的第三个特点是半挥发性。POPs 可以蒸汽的形式存在于大气中,或者吸附在大气颗粒上进行远距离迁移运输,并重新沉降到地球其他地区,造成污染的大范围传播。一般情况下,POPs 类物质在高温时蒸发,遇冷后沉降。因此越是寒冷的地区,POPs 的富集程度越高。这也是地球北极地区 POPs 浓度比其他地区高的原因。受其影响,已检测到有 1% 的北极熊因 POPs 对其内分泌的干扰而"雌雄不分"。加拿大的研究人员指出,海鸟粪是北极的主要污染源。他们的报告称,海鸟粪中汞和滴滴涕(DDT)等化学物质的含量是无污染地区的 60 倍。北京大学相关研究人员在珠穆朗玛峰山脉采集的冰川样品中也检测到了 POPs。由于 POPs 的半挥发性,通过大气、水和浮游生物等食物链,POPs 已遍布地球的每一个角落。

POPs 类物质的第四个特点是毒性广。POPs 对人类健康和生态系统的毒性影响主要体现在四个方面:①影响婴儿生长,包括导致婴儿出生体重偏低、发育不良、代谢紊乱等,这些都会对婴儿的一生产生影响。②影响神经系统,造成注意力下降、神经系统紊乱。③危害人类的生殖系统。④致癌,比如二**噁**英——世界上毒性最高的物质之一,仅纳克级的二**噁**英就能毒死一个成年人。如果短期内接触高浓度的六氯苯,会引发呼吸衰竭。POPs 类物质的毒性可以长期积累,有的危害要经过一段时间才能表现出来,甚至可以通过遗传在后代中表现出来。

中国是《斯德哥尔摩公约》的缔约国,2004 年 11 月 11 日,《斯德哥尔摩公约》在我国正式生效,这就意味着公约列出的 16 种对人类健康和自然环境有害的有机污染物将在我国被限制使用。大部分人对这些污染物的认识和了解都不多。接下来,我们将对这 16 种公认危害较大的持久性有机污染物进行逐一介绍,以此来提高大家的警觉性,更好地保护我们自身的健康,保护我们赖以生存的自然环境。

(1) DDT：DDT 的分子式是 $(ClC_6H_4)_2CH(CCl_3)$，由奥地利化学家首先合成，但是之后很长一段时间没有被人使用。20 世纪 30 年代，瑞典科学家发现 DDT 对昆虫有很好的致死作用，并因此获得了诺贝尔奖。DDT 在二战之后开始风靡全球，不仅用来灭虫，还因为其灭蚊功效而被用来防治疟疾等传染病，被称为"划时代农药"。DDT 也在我国广泛使用过，无论是南方还是北方，种植粮食、棉花、水果、蔬菜等都会用 DDT 来进行除虫。在我国农村，几乎四十岁以上的农民都用过 DDT。DDT 给人类带来了巨大的经济效益和方便。然而，人们万万没有想到，这种貌似最好用、最安全的农药会在人类和其他生物体内不断累积。科学家分析和研究发现，DDT 在环境中不容易分解，会进入生物体内长期累积，进而增加癌症、白血病的发病率。这是在做了大量的调查后，人们依据事实得出的结论。

由于 DDT 对人类健康存在不可预知的危害，美国政府于 1972 年禁止使用 DDT。但仍然有人对 DDT 的危害感兴趣。国立环境健康科学研究院的研究小组对 1959—1966 年生育的 2400 名妇女的血样进行了分析研究，测试了血样中分解产生的 DDE（DDE 是 DDT 的衍生物）的含量。结果表明，孕妇血样中 DDE 的含量与早产有一定关联。血样中 DDE 浓度较高的孕妇总共生了 582 个婴儿，这些婴儿要么早产，要么足月生产但体重不足。这表明 DDT 的浓度严重影响了婴儿的健康水平。

跨越美国和加拿大两国的五大湖受 DDT 和多氯化联苯（PCB）等有害化学物质的污染至今都十分严重。美国环保署（EPA）及相关州政府都制订了食用湖中捕捞的鱼的指导书，对居民进行相关指导。有报告指出，在五大湖周边地区，由于受到污染，畸形儿和癌症的发生率都普遍较高。

20 世纪 80 年代，美国佛罗里达阿波普卡湖受到 DDT 的污染，湖中的短吻鳄大量死亡。当时人们认为，受污染水质恢复之后，这里还可以成为短吻鳄的乐园。但是令人没有想到的是，残存下来的短吻鳄不断地有异常情况被发现，例如生殖器官缩小、孵化率降低、幼体减少。

(2) PCB：PCB 不是农药，而是利用有机物质合成的溶剂油，通常在电容器、变压器等电器产品中作为绝缘油或者润滑油使用，其用途十分广泛。PCB 的优点在于化学稳定性高，有着优良的绝缘性，并且耐热耐火。1966 年，瑞典科学家从鸟和鱼的体内检测到了 PCB，首次发现了 PCB 对生物的污染，确认了 PCB 被排放到环境中的现实。PCB 一般通过蒸发排放到大气中，或者是人类使用了带有 PCB 的电器后，将其当作垃圾处理，污染了土地和水源。PCB 是致癌物质，较易堆积在脂肪组织中，造成脑部、内脏和皮肤的疾病，影响神经和生殖系统。

(3) 二噁英：二噁英即 1,4-二氧杂环己二烯，我们习惯称呼它为"二噁英"或"戴奥辛"。二噁英是一类物质的统称，包括多氯代二噁英（PCDD）、聚氯化二苯并呋喃（PCDF）、Co-PCB 三种物质，以及由这三个种类结构上氯的数量和结合的位置不同而生成的 200 多种异构体。二噁英是环境污染物中毒性极大的有机污染物。我们常见的垃圾焚烧、汽车尾气、废旧金属回收融化以及其他有机化学制造过程都会产生大量的二噁英。自然活动中常见的火山喷发、森林火灾也会产生二噁英。二噁英产生后通过食物链进入人体,或者通过呼吸、皮肤直接接触进入人体中。二噁英可以大量存储于人体肝脏和脂肪组织里,给人体的生命健康带来极大的威胁。1997年,国际肿瘤研发机构发表公告,确认二噁英为人类致癌物。人类流行病学研究专家也证实,人体内二噁英的负荷量越高,癌症发病率越高。如果二噁英在人体脂肪里的负荷率达到百万分之五,那么每百万人会出现0~40位癌症患者。特别是四氯二噁英被国际癌症研究机构(IARC)列入了"对人有致癌性"这一最高级别。除了诱发癌症,二噁英对人体生殖系统和内分泌系统也有较大影响。长期接触二噁英可导致生殖和发育问题,损害免疫系统,干扰激素的产生。

(4)呋喃:呋喃同二噁英一样,是垃圾焚烧和工业生产释放出的有机毒物。

(5)灭蚁灵:灭蚁灵是慢性杀虫剂,对蚂蚁、白蚁具有特效。灭蚁灵属于2B类致癌物,吸入、摄入或经皮肤吸收后都会中毒,具有致癌、致畸、致突变作用。

(6)毒杀芬:毒杀芬又称氯化莰,属广谱、高残留杀虫剂,毒性比DDT大4倍,能引起甲状腺肿瘤及癌症。

(7)氯丹:氯丹是一种兼备触杀、胃杀及熏蒸性能,主要用于预防建筑物滋生白蚁,对人体免疫系统有损害的有毒化学物质。

(8)七氯:七氯具有触杀、胃毒和熏蒸作用,主要用于防治害虫。七氯对人体免疫系统、生殖系统有损害,具有较高的致癌作用。

(9)狄氏剂:狄氏剂属广谱、高残留杀虫剂,主要用于防治害虫、蚂蚁、白蚁等。1997年,我国停止生产狄氏剂。

(10)异狄氏剂:异狄氏剂用于控制玉米、稻谷、棉花、甘蔗等农作物害虫及鼠类,对人体有致癌作用。

(11)艾氏剂:艾氏剂曾用于防治仓库、农林害虫及白蚁等,对人体有致癌作用。

(12)六氯(代)苯:六氯(代)苯为杀菌剂,常用于防治农作物真菌病,对人体免疫及生殖系统有损害。

(13)五溴化联苯醚:五溴化联苯醚是一种阻燃剂。

(14)六溴代二苯:六溴代二苯是一种阻燃剂。

(15)林丹:林丹是一种杀虫剂。

(16)十氯酮:十氯酮是一种杀菌剂。

专家们还为人们远离POPs危害给出了建议:①尽量少食用近海鱼类,特别是含脂肪多的鱼类。这些鱼体内通常含有较高浓度的POPs物质以及汞等重金属物质。②控制食用肥肉和乳制品。禁食肉类是不现实的,但控制食用肥肉、乳制品和动物内脏,确实能起到预防作用。③尽量少用聚乙烯包装食品,不要用塑料容器加热食品。氯化材料(即含氯元素的材料)受热就会产生有害物质。塑料包装用完后作为垃圾丢弃,燃烧时会产生二噁英。因此日常生活中要注意,油性或高温食品不能用氯化材料制成的包装或容器加热。④多食用食物纤维。有机污染物进入人体后,通常是在皮下脂肪、肝脏等地方蓄积。要想将这些有毒物质排出体外,需要很长的时间。因此我们可以大量食用食物纤维,加快体内的循环排泄。⑤合理饮用净水。有机污染物经常会通过污染水源进入人体,因此在日常生活中需要注意饮用水的卫生情况,有条件的尽量选择矿泉水,或者用净水器过滤后再饮用。⑥生活中尽量少用塑料袋。塑料袋会产生大量的白色污染,也会产生大量的有机化学污染物,因此在日常生活中我们应当减少塑料袋的使用,降低有机污染的程度。

2.2.2 酞酸酯类物质

酞酸酯类物质广泛存在于塑料产品中,是用于生产氯乙烯和所有塑料产品的增塑剂。何为增塑剂?生产塑料时加入增塑剂可以令其更加柔软,具有弹性。酞酸酯类物质有很多种,其中邻苯二甲酸二(2-乙基)己酯(DEHP)、邻苯二甲酸丁酯苯甲酯(BBP)、邻苯二甲酸二丁酯(DBP)等物质被高度怀疑具有环境激素作用。国际癌症研究机构将DEHP认定为2B类致癌物。早在1992年,国际癌症研究机构在DEHP的安全性综合评价报告中就指出,DEHP广泛存在于环境中,大气、水和生物都抽样检测到了DEHP,而大气中DEHP浓度最高。报告还指出,在动物实验中发现了环境激素导致动物发育畸形的情况,在其他实验中也发现环境激素导致了性周期延长、排卵障碍等问题。

我国农业使用塑料薄膜的情况十分普遍,年复一年,土壤中塑料薄膜残留量大,难以分解,已经明显影响到种子的发芽生长和食品的质量。如果能做到塑料薄膜的有效回收再利用,那我们应该大力提倡。

2.2.3 双酚 A

双酚 A 是 2,2-二(4-羟基苯基)丙烷的俗称,又称为二酚基丙烷。它是一种工业化学物质,由苯酚、丙酮在酸性介质中合成。双酚 A 是生产聚碳酸酯树脂、环氧树脂、酚醛树脂、不饱和聚酯树脂、阻燃剂等产品的重要原料。双酚 A 有什么用处呢?它大量存在于塑料制品中,也存在于罐头食品容器的内衬中。由于我国生产高质量双酚 A 的厂家少,国内需求量大,每年仍需进口 2×10^4 t 左右。塑料制品产业近些年发展很快,因其具有耐热性、耐久性、质量轻等优点,除了日常餐具上使用,我们常见的 CD 光盘、汽车灯罩、办公自动化机器等日常生活用品上也有塑料制品的身影。这些塑料制品受热时会释放出双酚 A。我们日常接触双酚 A 的主要途径就是饮食,包装食品和罐头食品是迄今为止双酚 A 的最大来源。值得注意的是,如果使用含有双酚 A 的奶瓶来喂养婴儿,双酚 A 也会进入孩子体内。因此,日本已经限制生产以聚碳酸酯为原料的餐具,尤其是儿童用奶瓶和加热器皿。在中国,双酚 A 主要用于生产环氧树脂,很少用来生产餐具,这种污染相对较轻。

2.2.4 两种挥发性极强的致癌物质

苯和甲醛是两种挥发性极强的致癌物质。

(1)苯:苯不易溶于水,易溶于有机溶剂,具有特殊的刺激性气味,易挥发。苯的用途极其广泛,在工业生产中,苯可以用于生产绝缘油、石油提炼、染料、涂料、黏合剂、合成橡胶、合成皮革等多种化工产品。除此之外,汽油中也需要添加约3%的苯来提高辛烷值。苯广泛存在于大气中。作为大气污染物质,苯的危害不亚于二噁英类物质。

国际癌症研究机构、美国环保署等机构都将苯列为毒性评价中最高级别的致癌物质。苯造成的大气污染给人类健康带来了极大的威胁。研究表明,即便是极少量的苯也会损伤人体免疫系统细胞,引发癌症或其他疾病。针对化工厂工人的研究结果表明,即便微量的苯也能影响骨髓细胞和红细胞。苯对人体的损害多发生于干细胞,干细胞又分裂为不同组织的细胞,这也是苯导致人体基因受损进而生病的原因。因此,苯这种化学物质要远比人们认为的危险得多。

(2)甲醛:甲醛是无色易溶的气体,具有刺激性气味和超高挥发性。医学上常用到的福尔马林就是35%~40%的甲醛水溶液。甲醛用途很广泛,是化工行业的主要原料,可用于塑料、防腐剂、阻燃剂、黏合剂、化妆品、清新剂、杀虫剂、消毒剂、油墨等化工产品的生产与合成。如果长期吸入甲醛,会引发各种呼吸道疾病,引起女性月经不调、妊娠综合征等。如果是接触高浓度的甲醛,会对神经系统、免疫系统造成严重的伤害,对肝脏损害更大。甲醛具有严重的致癌作用,国际癌症研究机构在致癌性评价中将其认定为2A类致癌物质。

甲醛大量存在于空气中,尤其是那些以甲醛为原料的生产厂家,治理污染是当务之急。中国室内环境监测委员会发出的室内环境特别警示强调,甲醛已经成为我国新房装修中的主要污染物。日常生活中,新房装修后通常要晾晒通风一段时间才可以入住,目的是去除甲醛。已经有足够的证据表明,吸入过量甲醛或长期在甲醛含量高的环境中生活,会引发人的鼻咽癌、鼻腔癌、鼻窦癌以及白血病。除此之外,甲醛还会导致人的嗅觉异常、肺功能异常、肝功能异常、免疫功能异常等。如果室内空气的甲醛含量达到 $0.1\sim0.2$ mg/m³,大约50%的正常人可以闻到异常气味;如果甲醛含量达到 $2.0\sim5.0$ mg/m³,人体会受到强烈的刺激;甲醛含量达到 10 mg/m³ 以上,会导致呼吸困难;达到 50 mg/m³ 以上,会引发肺炎等危重疾病,甚至会导致死亡。对于抵抗力比较弱的婴幼儿,甲醛超标会使其体质下降,引发染色体异常。据湖北省妇幼保健院提供的资料,该院产前诊断中心检测的胎儿畸形病例中,有三分之一是室内装修引发环境污染造成的,这一结果与北京儿童医院统计的90%患白血病儿童半年前家中都有过装修的结论相吻合。对于去除室内甲醛,通风是最有效、最经济的办法。室内甲醛的释放期一般为3~5年,因此房屋装修后一定要做好通风换气,确保甲醛释放完全后再入住。

现代研究认为,化学物质致癌大致分为两种情况:一种情况是引发基因突变,就是功能基因的一个碱基或几个碱基发生了变异;另一种情况是促进癌细胞增加。有人认为,

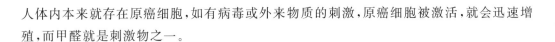

人体内本来就存在原癌细胞,如有病毒或外来物质的刺激,原癌细胞被激活,就会迅速增殖,而甲醛就是刺激物之一。

2.2.5　两种还在使用的环境激素

目前,有机锡和已烯雌酚是仍在广泛使用的环境激素。

(1)有机锡:有机锡是锡和碳元素直接结合所形成的金属有机化合物,通常会被用作催化剂、稳定剂、杀虫剂以及一些日常用品的涂料和防霉剂等。自然环境中,有机锡会与光、水、氧产生相互作用,进而迅速分解。如果进入生物体,有机锡极容易被小肠或者皮肤吸收,产生一定的毒性。另外,有机锡还能引起海洋中一种食用螺的变性。受到污染的雌性食用螺身上长出了阴茎、输精管等雄性生殖器并且发育完全,我们称这种现象为"雌性的雄性化"。这种奇妙的现象最早由英国人报道,后来日本科学家通过调研发现了受有机锡影响而产生变性的 38 种卷贝。如果人类不小心食用了受污染的海螺,就会导致有机锡中毒。

(2)已烯雌酚(DES):已烯雌酚是人工合成的强效雌激素。在美国,1954—1960 年期间,为了治疗先兆性流产或者避孕,妇女们开始使用 DES。由于效果好且服用药物的女性没有其他的不良反应,人们称 DES 为"奇妙的药"。我国也使用过此类药物。但令人震惊的是,DES 隐藏着可怕的危害。DES 会通过胎盘或者母乳进行转移,曾经服用过 DES 的女性生下的孩子会受到影响,延缓发育。1947 年,科学家们发现了激素和癌症之间的关系。后来经过研究,人们了解到雌激素、雄激素和癌症之间有着密切的关系。乳腺癌、卵巢癌、子宫癌、前列腺癌以及睾丸癌这五种疾病受激素影响较大。近年来,我国癌症发病率呈现上升趋势,尤其是发病年龄趋于年轻化。因此,我们需要更加关注 DES 的问题,尤其是避免激素药物的乱用。

很多人觉得,我不接触农药,不乱吃激素,这些有机物质就不会影响我们。这种想法是错误的,我们的日常生活中仍然有很多有机物质,在我们不经意的地方悄悄影响着我们。例如,在大家常用的化妆品中,尤其是一些"三无产品",里面有毒物质的含量让人心惊。2021 年,《环境科学与技术通讯》发表的一项研究表明,美国和加拿大目前畅销的231 种化妆品中,52%的化妆品内含有高浓度的全氟和多氟烷基物质(PFAS),其中人们常用的粉底液、睫毛膏和口红中 PFAS 含量最高,并且大部分的化妆品没有在标签上注明都有哪些化学成分,这是不合规的。如果长期使用这些不合规的化妆品,会导致这些化学物质在人体内累积,导致甲状腺疾病、肝脏受损、生理功能下降以及激素紊乱等一系列问题,严重的会引发癌症。

儿童是污染最大的受害者。人们已经认识到,环境污染是全球性的。全球都在受害,而受害最为严重的是儿童。因为大规模的污染是近 30 年来的事情,受污染并可以把污染物传给下一代的是今天的年轻人。今天的儿童不仅"接受"了父母"传递"给他们的污染物质,而且自身还极易受到污染。世界卫生组织开展的一项儿童健康环境计划指出,如果解决好家庭水安全、环境卫生、空气污染等六个环境问题,就可以把儿童疾病死亡率降低 65%。中国 15 个城市展开的"儿童铅中毒监测调查"显示,北京市病患儿童铅中毒的比例要高于 10%,这是一个相当高的比例。为什么儿童容易铅中毒?研究发现这都是空气污染惹的祸:儿童的抵抗力较弱,呼吸系统处于发育时期,因此更易受到空气污染的危害。很多儿童由于接触了空气中的可吸收颗粒物、二氧化硫等污染物而患病。据统计,全球每年约有 200 万 5 岁以下儿童死于急性呼吸系统感染。人们普遍关心的是室内装修引发的空气污染诱发儿童血液病的问题。北京儿童医院血液科的统计结果表明,该医院接诊的白血病患儿中,有九成的家庭在半年之内曾经进行过装修。儿童正处于发育期,造血功能不稳定,造血储备的能力差,因此造血器官很容易受到外界污染物的感染,进而诱发血液疾病。因此专家推测,甲醛超标对儿童造血器官的影响要远远高于成人。

儿童为什么对污染更易感?这种易感性可以归因于以下几方面:①儿童的环境毒物暴露量比成人大。我们按照体重来计算,儿童喝的水、吃的食物和呼吸的空气都比成人多。例如,按体重计算,出生 6 个月的婴儿饮用的水是成人的 7 倍,空气吸入量是成人的 2 倍。②儿童喜欢吮手,喜欢到处触碰着玩,这样也大大增加了儿童对灰尘等有毒物质的接触量。③儿童的代谢功能尚不成熟,尤其是出生几个月的婴儿对环境污染更加敏感。④儿童正处于生长发育期,免疫系统相对脆弱,修复损伤的能力还较弱。所以,如果正在发育的大脑、免疫系统和生殖器官的细胞一旦被神经毒物破坏,就会发生持久性和不可逆性的功能障碍。与成人相比,儿童还有更多的时间出现因生命早期暴露而引发的慢性病。美国一项研究表明,祖父母甚至是曾祖父母中毒都可能殃及孙辈。通过对实验小白鼠进行研究发现,一些有毒的化学物质的毒性可以遗传四代。

环境毒物引发的很多疾病需要很长时间才会表露出,其隐蔽性很强,例如接触石棉引起的间皮瘤、接触苯引起的白血病以及某些慢性神经疾病。1945 年,美国向日本广岛投掷原子弹,当时 15 岁的平山郁夫遭到核辐射,并在 15 年后发现得了白血病。很多疾病被认识是长时间、多阶段的,从产生、启动、发展到有临床表现需要很多年的时间。并且早些年接触的毒物比后来接触的更容易引起疾病,这就可以解释为什么会出现那么多不明原因的疾病了。

面对愈演愈烈的环境污染,人们最关心的是下一代。儿童是家庭的希望、祖国的未来、民族振兴之本。保护儿童是当务之急、重中之重。我们要千方百计让孩子生活在比较清洁的环境中,保护好儿童的健康。儿童时期大部分时间是在室内度过的,针对当前室内污染的严重危害,在做家庭、幼儿园或者学校的装修时,在设计、建材选择、工程验收等环节都要严格按照室内环境污染控制标准进行。装修后做好质量、环境监测尤其重要,符合国家标准后才能入住。对于新房,平时要加强房间的通风换气。通常儿童每小时需要 15 m³ 的新鲜空气,假设儿童房面积为 5 m³,则每小时至少需要换气 3 次。除了通风,人们还可以利用空气净化器或者室内植物吸收污染物。我们常见的吊兰、绿萝等都可以吸收甲醛。我国农村儿童比例很大,儿童对农药特别易感,而农村环境中农药很常见,因此加强和改善农村对农药的管理尤为重要。此外,因为胎儿对射线极其敏感,因此要减少产前使用医用 X 光检查。以上这些措施对于未成年人、未生育的青年人尤为重要,这是力争优生优育最基本、最重要的措施。

有人会问,有机化合物的污染这么严重,为什么还要生产? 从历史的、发展的角度看,这是科技进步的体现。二次世界大战后,仅仅五六十年的时间,人类就合成了数百万种化学物质,元素周期表由 30 几个元素增加到 140 多个,这给人类的生产生活带来了极大的方便。从目的和出发点看,除了生产农药是为了消灭病虫害外,人们合成、生产这些产品几乎就没有考虑到它们的危害和影响。有些化合物根本不是为了达到某些目的而生产的,如二噁英、呋喃是因燃烧垃圾而产生的;从时间、实践的角度看,我们对有机化合物所产生的环境激素等对生物危害的认识很不深刻,或者知之甚少。其实,如今不明原因的病似乎很多,但大家也不觉得奇怪。随着时间的推移、科学的进步、研究的深入,人们会更加清楚地认识到:人类在造就物质的同时,物质也在改造人类,正像人在改造自然的同时受到自然的惩罚一样。吃一堑,长一智,人们在饱尝酸甜苦辣中终于悟出了一个道理:我们的发展必须坚持科学发展观,走生态的、绿色的、可持续发展的道路,共同建设一个节约型社会。

2.3　塑料与微塑料

塑料发明至今不过 100 多年的时间,但是在人类社会大量一次性消费的习惯下,塑料污染越发严重,给人类的生存和健康带来了极大的威胁。

2018 年,全球的塑料产量达到了 3.6×10^8 t,这些塑料制品废弃后大部分流向了垃圾填埋场,或者重新流入环境。联合国环境保护署评估,全球 9.0×10^9 t 塑料垃圾中,仅有 9% 被回收利用。塑料制品的一大用处是塑料包装,但 95% 的塑料包装在首次使用后就失去了价值,仅有 14% 的塑料包装被回收利用。2017 年,微塑料污染问题开始引起人们的广泛讨论,应对塑料污染成为了全球的基本共识。

2.3.1　塑料的前世今生

(1)塑料时代的开启:19 世纪以前,人们就已经开始利用沥青、松香、琥珀、虫胶等天然树脂。1868 年,人们用樟脑作增塑剂制成了世界上第一种塑料,从此开始了人类使用塑料的历史。1907 年出现了第一种人工合成的酚醛塑料,这算是真正意义上的塑料,后来又诞生了另一种人工合成塑料——氨基塑料。这两种塑料极大地推动了电气工业和仪器制造工业的发展。

(2)中国塑料的应用和发展:中国是一个塑料生产大国,同时更是一个巨大的塑料制品消费国。近年来,我国塑料工业保持着高速发展的态势,塑料产量和销售量都居全球首位。中国塑料制品的产量约占全球总产量的五分之一。国家统计局的数据显示,仅在2020年,中国规模以上工业原生塑料产量就超过了$1.0×10^8$ t。作为一个农业大国,农用塑料制品已经成为现代农业发展不可或缺的材料,是抵抗自然灾害,实现农作物稳产、高产、优质、高效的不可替代的物品。塑料制品广泛应用于我国农、林、牧、渔业,农业已成为仅次于包装行业的第二大塑料制品消费领域。

接下来,我们来看看第一大塑料消费领域——包装行业。我们日常生活中常见的塑料软包装、编织袋、周转箱等都属于塑料制品。塑料及其制品早已遍布国民经济和社会生活的各个角落,从工业到农业,从生产到生活,从科研到应用,从材料到终端,塑料都发挥着巨大的、不可替代的作用。随着塑料产业的发展,塑料垃圾的问题也开始逐渐引起人们的关注,人们开始把目光聚焦于塑料制品带来的环境问题。

大家一定都听说过"白色污染"一词。1986年,铁路列车上开始使用塑料快餐盒,很多餐盒用后被随意扔出窗外,给周围的自然风景和生态环境造成了严重的污染,"白色污染"一词由此流传开来。为了降低污染,我国倡导使用易降解和可回收的餐盒。然而,塑料制品早已随着日常生活的需要进入千家万户,尤其是在快递和外卖行业迅猛发展的今天。塑料污染的另一大来源是农业塑料薄膜污染。随着越来越多的塑料薄膜进入土壤,广大农村的土壤质量和乡居环境受到了极大影响。塑料垃圾的污染逐渐被政府认识到,并开始出台相关的政策法规。虽然已取得一定的效果,但塑料污染的问题仍未得到有效解决。

为了加强对塑料垃圾的管控,减轻塑料污染问题,国家有关部门相继发布了一些重要的法律法规,例如2001年发布的《关于立即停止生产一次性发泡塑料餐具的紧急通知》,2007年发布的《国务院办公厅关于限制生产销售使用塑料购物袋的通知》等。这些就是我们所熟知的"限塑令"。此外,还有很多相关的法律正在颁布实施。

我们对于塑料污染的认识和治理都是一步步发展的。现在来看,之前颁布的法律法规还有很多的不足之处。例如最初的一些规定过于抽象,都是一些原则性的规定,在实际过程中不容易执行;政府相关部门的责任划分不清楚,难以落实监管;对于塑料回收和处理环节的费用问题缺乏明确的规定。诸如此类的问题较多,导致了相关法律的实际执行效果与预期存在着较大的差距。

2001年,我国开始明令禁止生产一次性发泡塑料。但实际上,社会上对发泡塑料的生产仍然屡禁不止。另外,具有里程碑意义的"限塑令"最初的施行效果不错,大概有70%的消费者愿意用环保购物袋来代替塑料袋。但时间久了,公众适应了塑料袋的收费价格,其销量又在逐步回升。而在那些难以监管的小商场、农贸市场以及广大的农村地区,免费的塑料袋仍然屡禁不止、大行其道,这就在客观上削弱了"限塑令"的权威性和执行效果。

为了加强对塑料行业的监管,保证塑料行业绿色、健康、可持续发展,我国又陆续出台了较多涉及塑料的法律法规和政策,如2018年的环保税、2019年的海南"禁塑令"、2019年7月1日垃圾分类在上海市正式实施,这些措施都极大地降低了塑料制品的污

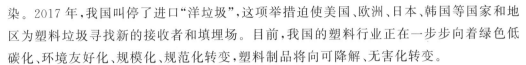

染。2017 年,我国叫停了进口"洋垃圾",这项举措迫使美国、欧洲、日本、韩国等国家和地区为塑料垃圾寻找新的接收者和填埋场。目前,我国的塑料行业正在一步步向着绿色低碳化、环境友好化、规模化、规范化转变,塑料制品将向可降解、无害化转变。

2020 年年初,国家发展改革委、生态环境部公布了《关于进一步加强塑料污染治理的意见》,要求到 2022 年年底显著降低一次性塑料制品的消费,大力推广替代产品。严格的限塑措施有利于人与自然的和谐发展,推进"美丽中国"的建设。同时,我们也必须认识到,由于一次性塑料在日常生活中的应用非常广泛,我们还需要一个较长的过程来减少使用。专家和学者指出,需要从源头控制、过程使用、资源化回收等多个环节来改善。

2.3.2 微塑料——人类的下一场瘟疫

"白色污染"已经席卷全球。对于塑料带来的危害,除了环境污染,我们更直观的感受来源于那些凄惨的小动物。塑料不易降解,丢弃在环境中的塑料会被动物当作食物吞食,还有好多动物因塑料缠身而亡。我们经常会看到海洋动物或者鸟类惨死的照片,十分发人深省。值得深思的是,海洋不会是塑料垃圾的终点。物质循环,塑料垃圾已经悄然回到了人类的餐桌上。

2018 年,奥地利研究学者首次在人类粪便中检测到了九种微塑料,直径在 $50\sim500\ \mu m$ 之间。这意味着,微塑料通过肠胃已经进入了人类的身体。我们以前只是觉得塑料是海洋生物的隐藏杀手,但是人类也在自食其果。你丢掉了一个塑料袋,若干年后它有可能分解成肉眼都看不到的塑料颗粒进入你的身体。

微塑料到底是什么,又有着什么样的危害呢?2004 年,《科学》杂志刊登的一篇文章首次提出了"微塑料"的概念。微塑料是指在机械作用、生物讲解和光降解等过程下,由大块塑料垃圾分解而成的微型塑料。学术界对于微塑料的尺寸并没有很明确的界定,5 mm 只是通常意义上的说法。由于体积小、密度低,微塑料可以通过风绕着地球传播。正是因为体积小、密度低、比表面积高,导致微塑料吸附污染物的能力也很强。因此,微塑料对环境的危害也就越大。这也是微塑料与一般的不可降解塑料相比,更难处理的地方。伦敦是目前测量到大气微塑料浓度最高的城市之一。除了繁华的大城市,偏远的北极地区也受到了微塑料的污染,据估计每立方米空间约有 40 个微塑料颗粒。

从微塑料走入人们的视野中以来,科学家们尚不清楚大气微塑料的辐射效应和相关的全球气候影响。新西兰科学家利用气候建模来判断常见大气微塑料的辐射效果。结果表明,微塑料可能会对地面气候产生微小的冷却效应。根据不同的假设,微塑料的变暖效应会抵消掉不少的冷却效应。同时根据估算,填埋场和环境中的垃圾堆放量将会在接下来的 30 年内翻倍。因此,如果不对微塑料污染采取严格的管控措施,那么不受管理的微塑料垃圾可能会在未来影响全球的气候变化。微塑料不光是污染大气,同时也影响着海洋,被科学家形象地比作"海洋中的 $PM_{2.5}$"。

微塑料的体积小,不易溶于水,比较容易吸附在大型物体上。经过风吹雨打、日晒雨淋,它们只会越变越小,更不容易被发现。数据显示,有多达83%的城市饮用水已经受到了微塑料的污染。微塑料的足迹遍布全球,南极、北极,甚至世界上最深的马里亚纳海沟都无法避免。

我们都知道,海洋生物自己是不会产生塑料的,那海洋中的微塑料是从哪里来的?海洋中的微塑料分为两种:一种是初生微塑料,这是在工业生产中一开始就已经被制备成微米级别的小粒径塑料颗粒。人们日常使用的牙膏、沐浴露、洗衣粉中都会添加磨砂性塑料微粒,化妆品中添加的亮粉也属于微塑料。仅仅是一瓶普通的磨砂洗面奶就含有超过33万颗塑料微粒。另外一种是次生微塑料,它是由大型塑料碎片在环境中分裂或降解而成的塑料微粒。随着全球塑料产量的迅猛增加,海洋中微塑料的积累也在不断增加。

塑料本身会释放有毒物质,对海洋环境造成危害。而微塑料更易吸收海洋中的重金属、污染物,随着洋流运动对生态环境产生化学危害。微塑料还容易被海洋生物吞食,在其体内蓄积,威胁海洋生物安全。科学研究已经发现,海洋中的微塑料污染会影响海洋生物的生长、发育以及繁殖等。另外,微塑料作为载体,还会携带外来物种以及潜在的病原菌,给海洋生态系统的稳定带来威胁。

接下来,我们来看一组数据:每年流入海洋的塑料约 8.0×10^6 t。2020 年,一项研究检测了五种不同类型的海鲜食品,发现每一种样本中都含有微塑料。同年进行的一项研究检测了一条河流里的两种鱼,发现检测样本体内都含有微塑料。经研究发现,软体动物的微塑料含量最高,为 $0 \sim 10.5$ MPs/g;甲壳类动物的微塑料含量为 $0.1 \sim 8.6$ MPs/g;鱼类的微塑料含量为 $0 \sim 2.9$ MPs/g。微塑料吸附有机污染物的浓度比周围沉积物高100 倍,比海水高 100 万倍。这些持久性的污染物就这样通过微塑料进入动物体内,并通过食物链传播。微塑料会逆着食物链向上流动,越接近食物链顶端的动物,摄入微塑料的可能性越高。最终,微塑料极有可能成为人们的盘中餐,对人体造成危害。微塑料越小,进入细胞就越容易,产生不利影响的可能性就越大,尤其是纳米级的粒子。

2003—2017 年,联邦德国环境署调查了可在儿童和青少年的血液和尿液中检测到的塑料残留物。调查结果显示,某些塑料残留物对四分之一的 3~5 岁儿童产生了不利影响。总体上看,几乎所有儿童体内均有塑料残留物。这一结果很严重,这些物质不应该出现在儿童体内。这些干扰激素分泌的物质可能是引发肥胖、生育障碍、癌症和发育迟缓等现代文明病的罪魁祸首。

意大利科学家在孕妇的胎盘中也发现了微塑料的身影。在人类细胞中,微塑料属于异物,会产生局部的免疫反应。微塑料还可以充当其他化学物质的载体,包括环境污染物和塑料添加剂,这些化学物质可能被释放出来,对人体造成损害。另外,微塑料可为有害化学物质提供传播途径,破坏发育中胎儿的免疫系统。由于在支持胎儿发育以及在胎儿与外部环境之间的相互作用中,胎盘起着至关重要的作用,因此外源性和潜在有害塑料颗粒的存在是一个令人严重关注的问题。

塑料污染已经成为最紧迫的环境问题之一。微塑料在全球生态系统中循环,最后的结果就是整个地球的"塑料化"。我们自己就是塑料垃圾的制造者,一次性塑料袋、一次性纸杯等都是微塑料的来源。塑料的优越性、塑料的功能、塑料的用途数也数不清,但塑料已经走上了人们的餐桌,成为人们身体的一分子,这必须引起人们的重视,不能等闲视之。但是,人们现在还没有更好地处理塑料(特别是微塑料)的方法。有专家预言,微塑料将会是下一场瘟疫!

海洋微塑料污染是全世界所面临的环境问题。科学家预测到 2060 年,全球范围内生产的塑料达到 $1.55 \times 10^8 \sim 2.65 \times 10^8$ t,比现在增加两倍。不管是海洋还是陆地,这都是人们赖以生存的家园。微塑料污染已经深入人们生活的方方面面,人们需要通过加强监督、科学管理、全面治理来防治微塑料污染。

2.4　塑化剂的危害

塑化剂又称增塑剂,是工业上被广泛使用的高分子材料助剂。简单来说,凡是添加到塑料聚合物中用于增加可塑性的物质都是塑化剂。使用塑化剂后,塑料聚合物的硬度下降、柔软度提高,易于拉伸和做成各种形状。可用作增塑剂的物质种类有很多,如邻苯二甲酸酯类、脂肪酸酯类、聚酯、环氧酯等。塑化剂通常是无色无味的。一般人体自身具有的免疫功能是能够应对塑化剂的危害的,但由于生活中有太多接触塑化剂的地方,因此日积月累也会出现一些疾病。

中国是全球塑化剂第一消费大国,年消耗量超过 3.0×10^6 t。这样说,大家可能还是没有多么深刻的概念,我们再来看看日常用品中哪些可能含有塑化剂:①化妆品:最常见的是在发胶、口红和指甲油中添加塑化剂。目前,不少不良企业依然在化妆品中添加塑化剂,所以购买化妆品时一定要选择正规品牌与渠道。②各类清洁用品:这些清洁用品包含了洗发乳、洗面奶和沐浴露、香水等。塑化剂本身就是定香剂,因此香味越浓的产品中塑化剂含量可能越高。③儿童玩具:儿童玩具中也能看到塑化剂的身影。各类塑料袋也会含有塑化剂,所以在加热食品时一定要将外面的塑料袋或塑料容器拿掉。

除了上面列举的这些,我们在生活中经常见到的保鲜膜、壁纸、油漆和 PVC 桌布、窗帘、手机壳等都可能含有塑化剂。虽然塑化剂在我们体内能通过代谢排出,但长期大量摄入塑化剂,各类疾病还是会"找上门来"。塑化剂的危害主要有以下方面:

(1)引发癌症:如塑化剂可能诱发肝癌细胞的炎性反应,从而导致肝癌的发生。

(2)引发性早熟:由于儿童和青少年身体各项机能还处在发育期,故摄入塑化剂后的不良反应比成人大。塑化剂对儿童和青少年最为典型的危害就是引发性早熟。

(3)遗传:塑化剂的危害不仅在眼前,还会遗传给下一代。塑化剂的毒性会被一代代传递下去,伤害人类基因。

(4)不育:研究表明,邻苯二甲酸酯类塑化剂会干扰人体的内分泌,并对人类生殖健康造成损害。由于邻苯二甲酸二乙己酯与雌激素结构相似,所以塑化剂对男性和女性的激素水平都有干扰。由于塑化剂的作用和人工荷尔蒙类似,所以长期接触后会危害到男性的生殖能力,进而导致男性生殖系统发育迟缓、精子生成障碍,甚至是不育。对女性而言,塑化剂会干扰女性的月经周期。

目前来看,要做到完全远离塑化剂是不可能的,除非我们生活在原始社会中。但我们可以在平常的生活中多加注意,尽量做到远离塑化剂,具体来说有以下几点:

(1)少用塑料袋。我们平时装大部分食品时都会选择用塑料袋,但任何能够直接食用的熟食最好不要用塑料袋包装,放在冰箱里的水果蔬菜也最好不要用塑料袋包装。除此之外,还有更重要的一点就是用微波炉加热食品时,千万不要用塑料制品包装食品。

(2)少用塑料杯。塑料制品中往往都含有塑化剂,当我们倒入开水后,塑化剂就很容易被溶解到开水里。

(3)少用塑料书皮。在给孩子选购书皮时,尽量不要选择塑料书皮,因为我们不知道这些塑料书皮里有没有塑化剂。如果有塑化剂,想象一下孩子天天接触,后果会是怎样的呢?

(4)从正规渠道购买玩具。不管是婴幼儿还是儿童的玩具,在购买时一定要从正规渠道购买。廉价和来历不明的玩具在质量上很难有保证,因为我们不知道厂家在玩具中到底添加了什么。

2.5 本章小结

化石燃料污染带来的不仅仅是大气污染问题,还会引发土壤污染、水污染等一系列问题。化石燃料制品对人类健康的威胁也不容小觑。如何发展清洁能源、减少对化石燃料的依赖,是我们急需解决的问题。对我们每个人而言,可以减少对一次性塑料制品的依赖,降低一次性塑料的使用量。我们与微塑料的战争已经打响,每个人都有责任和义务去付诸努力。人类现在的每一次环保努力,都将造福后代。

参考文献

[1]刘志逊,刘珍奇,黄文辉.中国化石燃料环境污染治理重点及措施[J].资源·产业,2005,7(5):53-56.

[2]黄轩.白酒中塑化剂的危害及控制研究[J].现代食品,2021,27(7)118-119.

[3]李连祯,周倩,尹娜,等.食用蔬菜能吸收和积累微塑料[J].科学通报,2019,64(9):928-934.

[4]李瑞,李宁,梁澜,等.水环境中微塑料去除技术的研究进展[J].水处理技术,2022,48(2):1-5.

[5]梁维明.微塑料污染的危害及防治方法分析[J].中国资源综合利用,2021,39(12):139-141.

[6]刘净然,范庆泉,储成君,等.雾霾治理的经济基础:动态环境规制的适用性分析[J].中国人口资源与环境,2021,31(8):80-89.

[7]刘长平,王琛.近十年我国雾霾研究现状分析:文献计量视角[J].淮阴工学院学报,2021,30(5):87-91.

[8]孟庆涛.环境监测在大气污染治理中的应用[J].中国资源综合利用,2022,40(1):161-163.

[9]邵媛媛,陈霈儒,刘兵,等.陆地土壤生态系统微塑料污染现状研究[J].山东建筑大学学报,2021,36(6):75-82.

[10]肖建忠,施文雨,檀一帆.可再生能源与传统化石燃料的替代性——基于超越对数生产函数的分析[J].沈阳大学学报(自然科学版),2021,33(5):382-390.

[11]杨光锦.食品中塑化剂的危害、检测与控制[J].现代食品,2016(1):44-45.

[12]邹才能,熊波,薛华庆,等.新能源在碳中和中的地位与作用[J].石油勘探与开发,2021,48(2):411-420.

第三章 啃下农业面源污染治理的"硬骨头"

山水田林路、农林牧副渔都是地球留给人类的遗产,是人类共同拥有的生活家园。但随着工业化、城市化的快速发展,我们赖以生存的家园遭到了前所未有的污染。2020 年12 月,中央农村工作会议强调,要以钉钉子精神推进农业面源污染防治,加强对土壤污染、地下水超采、水土流失等的治理和修复。本章将重点讲述农业面源污染的现状、来源和特点等,并从土壤污染和水污染的现状、危害及其治理措施等方面为大家讲解典型的农业面源污染类型。

3.1 农业面源污染现状和危害

3.1.1 什么是农业面源污染

面源污染是相对于点源污染而言的一种水环境污染类型,是指溶解的和固体的污染物从非特定的地点,在降水、雪融或人为的冲刷作用下,通过径流过程而汇入受纳水体(包括河流、湖泊、水库和海湾等)并引起水体富营养化或其他形式的污染。

农业面源污染是指农村生活和农业生产活动中的溶解性或固体污染物,如农田中的有机或无机土壤颗粒、氮、磷、农药、重金属、农村畜禽粪便和生活垃圾等来自非特定区域的物质,在降水和径流侵蚀作用下,通过农田地表径流和地下渗流等,使大量污染物进入受纳水体(河流、湖泊、水库、海湾)所引起的污染。下面介绍一个农业面源污染案例——墨西哥湾鱼虾死亡的案例,以此来讲解什么是农业面源污染。

美国墨西哥湾气候温和、经济发达,是著名的渔业产地和旅游胜地。20 世纪 50 年代左右,美国墨西哥湾的渔民们经常抱怨夏季的鱼虾产量锐减,但这并没有引起人们的重视。随着时间的推移,夏季鱼虾减产愈发严重,甚至在海滩上出现了大规模的鱼类死亡现象。随着调查的深入,科学家发现鱼类死亡现象是有一定季节规律的。鱼类死亡的现象只出现在春深盛夏时节,秋冬季节非常少见,这说明鱼类死亡与原油泄漏无关。鱼类死亡往往与当地的"赤潮"现象同时发生,那这些鱼类是不是中毒而亡?经检测后发现,

"赤潮"现象会产生一些毒素,但是其剂量不足以在短时间内大规模杀死海鱼。到这里,科学家们走入了死胡同,到底是什么杀死了这么多鱼呢?

美国赖斯大学的研究团队经过多年的生态环境调查,发现墨西哥湾存在大规模缺氧窒息区。此后,科学家们逐渐认识到鱼类和其他海洋生物的死亡原因是缺氧窒息。用通俗的话说,就是鱼和虾在海水中"淹死"了,即水里缺乏氧气导致鱼虾溺水。让我们想象一下,在墨西哥湾的水中漂浮着死鱼和死虾,除了泛滥的藻类,再没有任何生物的踪迹。因此,科研人员将那些缺氧窒息区命名为"Dead Zone"(死亡区)。随后,人员从两方面展开了研究:第一,调查缺氧窒息区的范围;第二,分析缺氧窒息区的成因。

1985 年起,美国科学家开展了一项由美国国家海洋和大气管理局(NOAA)资助的墨西哥湾缺氧窒息区调查。每年夏天,科研人员们乘坐轮船进入墨西哥湾,在不同的采样点采集海水样品,收集海水的物理化学数据。据观测,从 1985—2014 年,墨西哥湾缺氧窒息区的平均面积达 13 650 km²;最大的缺氧窒息区面积出现在 2002 年,面积约 22 000 km²,差不多是两个天津市的面积。大范围的缺氧窒息区内鱼虾绝迹、贝类罕至,这种情况对渔业、旅游业及生态环境都是极大的破坏。人们不禁要问,这场灾难的凶手是谁?谁制造了Dead Zone? 谁又是幕后凶手?

2002 年,经过多年潜心研究,科研人员发现海水分层和富营养化是形成墨西哥湾的缺氧窒息区的两大主要原因。

首先,墨西哥湾的淡水主要来自密西西比河,夏季的密西西比河水量充沛,水温较高,河水流入海洋后与原先的海水产生了密度差。墨西哥湾的海水很少存在上下流动,形成了下层海水与上层淡水的分层现象。由于分层明显,底层的海水得不到空气的氧气补给,溶解氧含量较低。

其次,密西西比河河水中富含营养物质,主要包括无机氮和磷,这刺激了墨西哥湾的藻类疯狂生长,形成"赤潮"。藻类死亡后的残骸会沉入海底,成为底层分解者的能量来源。分解者的新陈代谢也需要氧气,于是海底仅剩不多的氧气很快被消耗殆尽,再加上海水分层造成的补给不足,底层海水最终形成"缺氧区"。随着藻类残骸越来越多,底层的缺氧区逐渐扩大并向上延伸,最后蔓延到海水上层,出现大规模的缺氧窒息区,致使整个区域溶解氧含量锐减。

如果缺氧窒息区形成较慢,鱼类就有机会逃离至安全地带。但如果缺氧窒息区形成过程较快且范围较广,鱼类来不及逃离,将不可避免地溺死在缺氧窒息区,即出现大规模鱼群死亡的惨剧。随着生命旺盛的夏季生长季过后,秋冬季节海水分层减弱且藻类生长变缓,缺氧窒息区形成的环境条件不复存在,窒息区也将慢慢消失。直到来年夏天,在同样的环境、同样的情况下,同样的缺氧窒息区又会无声无息地出现。

如前文所述,缺氧窒息区产生的两大原因是海水分层和富营养化,那到底哪个是元凶呢?为了找到真凶,科学家们做了一道"证明题"。海水分层是由于墨西哥湾水源的特殊情况所致,相对来说存在时间较长;而富营养化是 20 世纪 50 年代以来广泛出现的。因此,如果富营养化出现以前就一直有缺氧窒息区,那真凶是当地特殊的构造和气候条件;反之,那真凶就是水体的富营养化。

由于 1985 年之前的数据较为缺乏,因此科学家们巧妙地利用海底淤泥作为关键证据,证明富营养化才是缺氧窒息区存在的主要原因。20 世纪 50 年代以来,浮游生物的生产率与海洋藻类滋生有关;20 世纪 50 年代以来,底部水体溶解氧缺乏愈发严重。海底淤泥模拟实验结果证明,海水溶解氧的减少和表层海水初级生产力的增长有着十分密切的关系。

鱼虾死亡惨案的真凶找到后,科学家们又开始研究其背后的故事。正如前文提到的,墨西哥湾地区丰富的无机氮和磷补给是富营养化出现的前提条件,这些营养元素主要来自密西西比河的农业污染物。20 世纪以来,由于人口增长和农业作为支柱产业的确立,美国大力发展中部大平原农业,特别是在中部地区大规模种植玉米,该地区也被称为"玉米带"。高强度的农业生产排泄出大量的淡水和无机营养物质。墨西哥湾的农业污染物排放量中,70% 以上的氮、磷来自于农业生产,其中粮食作物生产贡献了 66% 的氮和 43% 的磷,牧草生产贡献了 5% 的氮和 37% 的磷。

基于以上一系列证据,科学家们证明了海水富营养化是缺氧窒息区形成的主要诱因,即海洋鱼虾死于富营养化导致的缺氧窒息。至此,鱼虾死亡惨案的真凶被"缉拿归案"。

在我国,农业面源污染问题同样严重。农民不合理使用的化肥农药、大规模畜禽养殖产生的畜禽粪便、未经处理的农业生产垃圾、农村生活垃圾和废水、农用薄膜等各种污染物都是引发环境污染的元凶。我国受重金属污染的耕地面积接近 2.0×10^7 hm^2,约占耕地面积的五分之一。一些重金属污染地区根本无法种植农作物,由于重金属污染,粮食产量减少了 1.0×10^7 t 以上。卤素是土壤环境污染物中最常见的一类,它们主要来自农药中的杀虫剂,包括二溴、七氯、林丹、防腐剂、五氯苯酚、多氯联苯等。卤素不易分解,且能破坏土壤,具有环境激素效应。

"十三五"期间,我国的化肥用量虽然实现了一定程度的减少,但使用力度仍然较高,尤其是集约化生产的蔬菜作物、果树等,仍然存在过度施肥的问题。疫情防控也对粮食安全提出了更高的要求,这使农业面源污染无法在短时间内得到治理。我国农业面源污染防治的基本方针是逐步控制增量和消除存量。

党中央、国务院高度重视农业面源污染防治工作,强调要以钉钉子精神推进农业面源污染防治。2015 年以来,农业农村部、生态环境部等国家相关部门集中发布了《关于打好农业面源污染防治攻坚战的实施意见》《农业农村污染治理攻坚战行动计划》《重点流域农业面源污染综合治理示范工程建设规划(2016—2020 年)》等一系列规划和文件,打响了农业面源污染防治攻坚战,坚持把"绿色发展"摆上突出位置,加快转变农业发展方式,并实施农业绿色发展五大行动。截至 2020 年年底,我国的化肥、农药用量已经连续四年负增长,化肥、农药减量增效成功实现了预期目标。农药利用率为 40.6%,比 2015 年提高了四个百分点。据《第二次全国污染源普查公报》显示,我国农业化学需氧量、总氮、总磷等水污染物排放量较 2007 年明显下降。我国农业面源污染防治取得了可喜成效,绿色生产方兴未艾,农业面源污染防治已成为我国现代农业的主旋律。

3.1.2 难以彻底根除的农药污染

农药在农业生产中一直扮演着重要角色,化学农药为农民提供了有效和便宜的作物保护物质,是农业增产的重要保障。据估算,农民每使用 1 元的农药,便可获 8~16 元的农业收益。近 30 年来,随着农村劳动力的大量减少和农业生产方式的变化,病虫害防治越来越依赖农药。为了防治植物病虫害,全球每年有超过 4.6×10^6 t 化学农药被喷洒到自然环境中。这些农药中仅 1% 能够实际发挥效能,其余 99% 都散逸于空气、土壤及水体中。在气象条件及生物作用下,环境中的农药在各环境要素间循环,导致农药在环境中重新分布,污染范围极大扩散,致使农药及其残留广泛分布于全球大气、水体(地表水、地下水)、土壤和生物体内。

(1)全球 64% 的农田面临着农药污染风险。一项发表在《自然·地球科学》上的研究提出了一个全球模型,绘制了 168 个国家的 92 种常用于农业的农药化学品造成的污染风险。结果显示,64% 的用于农业和粮食作物的土地面临农药污染的风险,其中近三分之一的地区被认为是高风险地区。该研究着眼于土壤、大气、地表水和地下水的污染风险。该模型还显示,亚洲有最大的高污染风险地区,其中中国、日本、马来西亚和菲律宾的风险最高。

该研究的主要作者、悉尼大学副研究员唐·菲奥娜(Don Fiona)博士表示,农药在农业生产中的广泛使用在提高生产率的同时,可能会对环境、人类和动物健康产生潜在影响。农药可通过径流和渗透进入地表水和地下水,污染水体,降低可用水量。虽然大洋洲的农业土地农药污染风险最低,但澳大利亚的墨累达令盆地由于缺水问题和高度的生物多样性,被认为是一个应该高度关注的地区。在全球范围内,34% 的高风险地区位于生物多样性高的地区,19% 位于低收入和中低收入国家,5% 位于缺水地区。

人们担心过度使用农药会破坏生态系统的稳定,降低人类和动物赖以生存的水源质量。在气候变暖的情况下,随着全球人口的增长,农药的使用量将会继续增加,以应对可能出现的虫害入侵,并养活更多的人。虽然保护粮食生产对人类发展至关重要,但减少农药污染对维持土壤健康、保护生物多样性同样至关重要,并有助于实现粮食安全。

(2)我国是世界农药生产和使用大国,农药生产总量从 1990 年起一直仅次于美国,位列世界第二位,农药生产量为 4.6×10^5 t(有效成分)。1991 年,我国农药使用量为 75.6×10^5 t,并呈现逐年上升的趋势,其中 1996—1997 年均产量为 3.8×10^5 t。2005 农药用量为 1.46×10^6 t,相当于 1991 年的 2 倍;2011 年达到 1.787×10^6 t,相当于 1991 年的 2.3 倍。全国平均每年使用农药量为 8.0×10^5 t(制剂),居世界第一位。

2019 年,农业农村部组织专家对农药使用利用率进行了科学测算,结果表明,我国水稻、玉米、小麦三大粮食作物农药利用率为 39.8%,比 2017 年提高了 1%,相当于减少农药原药使用量近 3.0×10^4 t,减少生产投入约 17 亿元,在一定程度上提高了农药产业的社会综合效益。

（3）山东用药为全国之最。从省级农药使用情况看,目前我国农药使用商品量超过 1.0×10^5 t 的省份为山东、河南、湖北、湖南以及广东等,这些省份农药使用基数高和农业禀赋好、经作比例高、复种指数高等因素有关。但随着我国高效农药使用比例的提高、统防统治的实行、精准施药等各种方法的叠加,农药使用基数大的省份农药使用量将会逐年下降,如安徽省的农药使用量已连续两年低于 1.0×10^5 t。

我国使用的农药以杀虫剂为主,导致许多地区的土壤、水、食品、蔬菜、水果等农药残留大大超过国家安全标准,对环境、生物和人体健康构成了严重威胁。农药对人体的危害主要表现为三种形式:急性中毒、慢性危害和"三致"危害,所谓"三致"就是致癌、致畸、致突变。国际上公认有 18 种广泛使用的农药具有明显致癌性,其中 16 种具有潜在致癌性。目前,我国已发布 5 批农药安全使用标准,10 种农药被禁止使用。其中,二溴氯丙烷可引起雄性不育,对动物有致癌、致突变作用;三环锡和萜品丹对动物有致畸作用;二溴乙烷可引起人和动物的畸形和诱变;氯苯那胼对人类和动物都有致癌作用。

3.1.3 农业用地污染暗流——化肥

农业生产中化肥过量、不合理施用是造成农业面源污染的主要原因之一,主要表现为化肥施用过量,氮、磷、钾肥施用比例不科学,不同地区化肥施用不均衡,导致土壤板结,生产力下降。农业生产中肥料利用率低,使肥料养分通过渗漏和地表径流大量流失,造成水体污染和富营养化,大量温室气体的氮硝化排放也会造成空气污染。

施用化肥造成的农业污染是农业面源污染的罪魁祸首之一。首先是因为施肥量大。我国化肥施用量极大,已成为全球最大的化肥生产国、施肥国和净进口国。中国的化肥使用强度是罕见的,如氮素使用量占世界的 30% 左右。随着土地承包经营责任制的实施,为提高粮食产量,保障粮食安全,提高土地收入,自 20 世纪 80 年代,以来我国化肥消费量急剧增加。从 1980 年的 1.2694×10^7 t 增加到 1990 年的 2.5903×10^7 t,增长了两倍多。1998 年,我国化肥消费量超过 4.0×10^7 t,居世界首位。2005 年,我国化肥使用量为 4.766×10^7 t,是 1980 年的 3.8 倍左右。2010 年,我国化肥使用量为 5.5617×10^7 t,是 1980 年的 4.3 倍。2007 年,我国化肥使用量超过 5.0×10^7 t 并且逐年增加。我国单位面积化肥用量也居世界前列。2007 年,我国单位面积农田施肥量为 379.5 kg/hm²。据联合国粮农组织统计,目前全球平均化肥用量约为 120 kg/hm²,其中英国为 290 kg/hm²,德国为 212 kg/hm²,日本为 270 kg/hm²,美国为 110 kg/hm²。中国单位面积施肥量是世界平均水平的 3 倍,是美国的 4 倍,大大超过了 225 kg/hm² 的国际安全施肥限量,部分蔬菜施肥量高达 1000 kg/hm²,远高于世界平均水平。

其次是因为化肥利用率低。目前,我国化肥的利用率只有 35% 左右,它们大部分进入了空气、河流、大海、湖泊,一部分进入植物体内,其后或被燃烧进入大气,或被动物、人食用。化肥是一个巨大的污染暗流。我国 20 世纪 60 年代开始使用化肥,20 世纪 80 年代开始大量使用。化肥的使用有效促进了作物产量的增加,但过度、不平衡的施肥不仅增加了生产成本,降低了农产品质量,而且给环境带来了严重的污染。据中国农业科学院土肥研究所统计,17 个省的平均氮肥施用量超过 225 kg/hm²。据河南省农业厅土肥站调查,河南省全省每年使用的化肥三分之一被植物吸收,三分之一进入大气,三分之一沉入土壤。对 14 个县的调查结果表明,5％的耕地被农药污染,而且污染还在增加,部分地区土壤状况恶化。河南省环保局在检测淮河水质时发现了一个奇怪的现象:在汛期强降雨过程中,河流的污染负荷突然增加,氨氮指标是平时的十倍甚至几十倍。环保工作者对沿河的农田进行了测试,发现这里的土壤中氨氮含量非常高。原来,污染事故是沿河农民长期过度施肥造成的。专家指出,化肥污染具有长期性和隐蔽性的特点,单位面积积累到一定程度就会产生累积效应,造成土壤板结,通气不良,土壤对其他元素的吸收减少,从而破坏土壤的内部平衡。残留化肥已成为巨大的污染暗流,未被植物吸收的化肥随雨水流入江河湖海,造成水体富营养化,使水中缺氧、海洋赤潮增加,给养殖业带来很大损失。造成化肥污染和农业投入成本增高的主要原因是农业科技手段落后,农民不懂、不会施肥。曾有报告指出,新中国成立以来,全国有 2×10^8 t 化学物质用在土壤中。我们应该悟出个道理:发展有机农业,加强农民科技培训,应做到测土施肥、平衡施肥、因需施肥。

再次是肥料的配比不科学。在我国,氮、磷、钾肥的施用比例一直不科学。长期以来,我国农业生产所用肥料以化肥为主,有机肥较少;以氮肥为主,磷、钾肥施用量较少,钾肥更是少之又少。施肥配比不当会引起土壤板结酸化、土地生产力下降、土壤养分流失等问题。2010 年,我国化肥施用量为 5.7042×10^7 t,氮肥施用量为 2.3814×10^7 t,磷肥施用量为 8.192×10^6 t,钾肥施用量为 6.051×10^6 t,氮、磷、钾肥施用比例为 1∶0.34∶0.25。虽然施肥配比与 1980 年的磷肥施用量相比有所提高,钾肥施用比例大幅提高,但和世界平均水平相比,施肥比例仍然不合理。2002 年,美国氮、磷、钾肥的施用比例为 1∶0.36∶0.42,而世界氮、磷、钾肥的施用平均比例为 1∶0.4∶0.27。我国钾肥施用量与国外存在较大差距,土地缺钾情况较为严重,56％以上的耕地存在缺钾现象。总而言之,我国的氮肥施用量和比例太高了。由于氮在土壤中以多种形式存在,既难固定又易流失,易造成硝酸盐超标和水体富营养化等,因此过量施用的氮肥已成为农业面源污染的主要污染物。

最后是不同地区施肥量不平衡。中国的化肥施用量居世界前列,而我国幅员辽阔,故各个地区的化肥施用量差别很大。以 2011 年全国各省市施肥情况为例,河南省施肥量为 6.737×10^6 t,居全国首位,其次是山东、湖北、江苏、安徽四省。但是,化肥施用总量并不能反映该地区实际施用化肥的强度和污染程度,因为各地区耕地数量、土壤类型和种植结构都会导致化肥施用量的差异。单位面积施肥量可以反映实际施肥强度和污染程度。单位耕地面积化肥用量越大,化肥污染的风险和强度就越大。在我国,施肥总量与单位耕地面积化肥施用量之间没有对应关系。虽然河南省化肥施用总量最大,但单位面积化肥施用量不是最大的。北京、天津、浙江、上海等地区施肥量少,但东南沿海省份,如江苏、福建等经济发达地区的施肥强度大,养分过剩,污染程度远高于粮食主产区东北三省地区。营养物质通过地表径流、渗漏和挥发流失到水体或空气中,势必增加面源污染的风险。

3.1.4 规模化畜禽养殖污染

随着经济社会的快速发展,居民生活水平逐渐提高,我国的畜禽养殖业呈现出蓬勃发展的态势,畜禽养殖规模日益扩大,我国已成为全球最大的畜禽生产国。畜禽养殖规模的扩大也带来了日趋严重的环境污染。根据《第一次全国污染源普查公报》公布的数据来看,我国畜禽养殖生产中粪便排放量高达 3.8×10^9 t,所产生的污染源排放总量占整个农业污染源排放总量的 96%。大约有 40% 的畜禽粪便污染物没有得到有效利用和处理,直接就被排放到环境中,严重影响了周围土壤和水体生态系统。规模化畜禽养殖瞬时污染性较强,污染量大,污染面广且结构复杂,因此监管治理难度都很高。

畜牧业的污染影响是多方面的。首先是容易造成疫病传播。我国有畜禽传染病 202 种,其中人畜共患的传染病占三分之一。近几年来,不但动物疫病有频发、多发的趋势,而且人畜共患病也有增加的倾向,如禽流感、疯牛病、猪链球菌等。面源污染导致环境恶化,增加了疫病发生、流行的机会。生产者为控制疫病而增加用药,进而导致药物残留增加,出现了恶性循环的怪圈。其次是导致空气中充满恶臭。畜禽粪便发酵会产生大量氨气、二氧化硫、氨、甲烷、二氧化碳等有害气体,再加上畜禽自身释放的 230 多种异味物质和动物及其粪便释放的恶臭,如果不进行科学处理,不仅会给畜禽造成压力,影响其生长发育,降低畜产品质量,而且不利于人身健康,会加剧空气污染。尤为突出的是,恶臭会给周围居民带来影响,降低人们的生活质量。最后是容易造成土壤、水体变质。如果垃圾直接排入土壤,不进行无污染处理,污染物排放量超过土壤本身的自净能力时,就会出现不完全的厌氧降解腐烂,产生恶臭物质和亚硫酸盐等有害物质,致使土壤成分和性质发生变化。畜禽粪便中含有大量碳氢化合物、氮磷等有机污染物和营养物质,大量排泄会消耗水中溶解氧,导致水生动物死亡。畜禽粪便作为有机肥施入农田,有助于作物生长,但过量排入不加沤制的"生肥"会导致磷、铜、锌及其他微量元素、药物在土壤中富积,消耗原有的氮、磷,使土壤板结,对作物产生毒害,作物容易发生倒伏现象,影响作物生长发育,造成减产。

要想降低规模化畜禽养殖污染,我们就要对其污染原因进行分析。目前来看,一方面规模化畜禽养殖的顶层设计不科学。例如,缺乏专业的技术人才,导致养殖区域分区不明确,养殖过于集中;片面追求养殖规模,导致粪污储存、输送、灌溉等难度大,直接排入到农田又超出其生态承载力,容易引发二次环境污染。因此,必须从顶层做好规划,科学设计规模、类型、地点,根据养殖区的土壤、水资源等生态承载情况,大力推广"以种定养""以水定种"的养殖模式,从顶层做好制度设计。另一方面,很多地方成套工艺不统一。畜禽养殖粪便污染涉及的环节有很多,影响也很大,一般的处理技术会集中于粪便收集、储存、处理等某一环节,缺乏全过程、全循环的整套技术。最重要的一点是,畜禽养殖受市场周期性和疫情冲击等因素影响较大,小规模畜禽养殖企业实力较弱,治污成本过高会影响防治的积极性。畜禽养殖粪污影响持续性长、污染面大,且基层政府环保专业力量不足,导致生态环境监管难度大,污染防治技术推广难、落地难。因此,我们需要加大监管力度,开展常态化的污染防治监管。政府要做好环保宣传,提升大家的环保意识,并且做好相关培训,增强畜禽粪污资源化处置能力。

进行规模化畜禽养殖时,我们不仅要考虑到经济效益,还必须兼顾环境效益。针对规模化养殖中出现的各种环境问题,必须要采取有力措施,科学管控,认真做好其污染防治工作,确保规模化畜禽养殖实现经济效益与环保效益的共赢。

3.1.5　农膜的另一面

1950 年,塑料薄膜开始应用于农业领域。随着农业科技的进步和农业新技术的推广,农用地膜已成为农业高产稳产的重要投入,广泛应用于农作物种植业、畜禽养殖业、渔业等领域。农用地膜的广泛应用促进了土地资源的有效利用,提高了土地生产能力,提高了农作物产量。

最早的农用地膜是由英国和日本的科学家在 20 世纪 50 年代研究出来并用于农业的。传统农用地膜是由聚乙烯吹制的薄膜,我国的农用地膜厚度一般在 10 μm 左右,薄的可达 5 μm。农用地膜是塑料工业发展的结果,是现代工业的产物。

虽然农用地膜很薄,但它的功能却异常强大,尤其是在增温、保墒、杂草防除、压盐等方面,使得一些原本在高寒地区不能种植或者种植效益不高的作物可以良好生长,极大地改变了农业种植模式。比如,在我国西南、西北一些旱寒区,由于生长所需要的温度和水分不够,玉米很难成熟,只能作为饲料。但应用了地膜覆盖技术,这些区域种植的玉米就可以正常成熟和收获。除此之外,地膜还有很多作用,比如除草。生活中常见的黑色地膜、绿色地膜对透过的光线具有选择性,可以抑制杂草萌发和生长。另外,银灰色地膜还具有驱虫效果。

1979—1984 年是中国地膜发展史的第一阶段,该阶段的工作重点是地膜产品的引进和模仿。1985—1992 年是中国地膜发展史的第二阶段,是技术完善阶段,该阶段的主要任务包括种植模式研究、覆膜机具研制等。从 1993 年开始,此后近 20 年可以称为中国地膜发展史的第三阶段——技术应用阶段。在该阶段,地膜覆盖技术在中国高速发展,农作物覆膜面积近 3 亿亩(1 亩≈0.67 公顷),使用了全球 75％的地膜。

在许多区域,地膜覆盖使作物水分利用率提高了 30％左右,产量增加了 30％左右。地膜覆盖改变了我国农业的种植模式,为保障我国农产品安全供给做出了巨大贡献。不仅如此,地膜覆盖技术还改变了我国一些农作物的区划分布,如许多不适宜在旱寒区种植的农作物可以正常种植,其中最典型的是棉花。20 世纪 80 年代,我国棉花主产区主要分布在黄河流域和长江流域,新疆内陆棉花种植面积不到全国播种面积的 5％,而目前新疆内陆棉区占全国棉花播种面积的 70％以上,产量占全国棉花产量的 80％以上。我国

每年生产超 6.0×10^6 t 棉花,其中超过 5.0×10^6 t 产自新疆。地膜覆盖技术,尤其是膜下滴灌技术的应用对新疆棉区的棉花生产至关重要。

使用地膜并非全是好处。在增产增效,保障粮食、蔬菜、经济作物生产同时,地膜大量使用的副作用开始显现。普通的聚乙烯地膜是高分子化合物,自然条件下很难分解或降解。因此,随着使用年限的增加以及残膜回收措施的不力,土壤中残膜会越来越多,在一些地区造成了严重的残留污染,引发了各种环境问题。地膜污染会对土壤结构造成严重的破坏,影响作物的生长,导致农作物减产。有研究表明,如果土壤中地膜的残留量达到了 120 kg/hm²,那么小麦、玉米、棉花的产量将分别下降 17.8%、13.2% 和 16%。这就是由于地膜残留、土壤结构遭到破坏,从而引发的农作物产量和品质下降。

说到这里,有的人可能会问,为什么欧洲和日本也在大面积使用地膜,而他们却没有这么严重的白色污染问题?这是由于欧洲和日本使用的地膜厚度一般在 0.018~0.03 μm 之间,属于高成本、高强度、易回收的地膜;但在中国,我们大量使用的是厚度为 0.005~0.01 μm 的超薄地膜,这种地膜不容易回收,也很难降解。国内农用薄膜(简称"农膜")的生产向薄型化发展的过程中,生产者过度追求经济效益而忽视了薄膜质量的提高,因此薄膜强度低,易破损,难以恢复。同时,很多农民对于农膜污染的认识也不足,没有这方面的环保意识。数据显示,我国农膜年残留量高达 3.5×10^5 t,耕地农膜污染尤为严重。

虽然国家一直倡导农膜回收,但收效甚微。这主要有三方面的原因:第一,使用的地膜太薄,在经过作物生长期后,很难回收,严重碎片化。尤其是两边埋在土里的地膜,回收更难,导致大量地膜残留在土壤中。很多农民在耕作时直接将残膜翻到地下继续耕种,长此以往对土壤、农作物都会产生较大的危害。第二,农膜回收没有经济效益,并且回收通常需要耗费大量的人力、物力和财力,很多情况下农民回收农膜的积极性很低。第三,回收农膜出路不畅,处理途径很少。回收以后怎么办呢?烧了或填埋?随之而来又会有很多环境问题,因此农膜回收困难重重。

农膜残留已对我国的农业生产产生了直接的危害和损失,那么解决之道到底在哪?我们必须借鉴发达国家农膜处理和管理的模式,构建中国农膜回收处理生产者责任延伸机制。国家要完善相关的政策和法规,利用法律规定去约束农膜的生产、使用和回收,设定明确的奖惩措施,提高农民回收农膜的积极性。最重要的是利用科学手段回收残膜,真正实现对白色污染的重拳出击,还农业生产一片净土。

3.1.6 无处不在的固体废弃物污染

固体废弃物是指在生活、生产或者其他活动中被认为已经丧失使用价值,由原主人丢弃的物品。固体废物的状态不限于固体状态,还包括置于容器中的半固体、气体或液体物品,以及国家有关规定纳入固体废物管理的物品。随着城市人口的增加,生活垃圾的产生量也日益增加。除生活垃圾外,一些具有有毒、有害和放射性危险的固体废物也属于危险废物。我们大致将固体废弃物分为工业固体废弃物、生活垃圾、医疗废物、危险固体废弃物四类。固体废弃物产生的危害主要包括以下几个方面：

（1）危害土壤：固体废物长期露天堆放，其有害成分在地表径流和雨水的淋溶、渗透作用下，通过土壤孔隙向四周和纵深的土壤迁移。在迁移过程中，有害成分会被土壤吸附。由于土壤的吸附能力和吸附容量很大，随着渗滤水的迁移，有害成分在土壤固相中呈现不同程度的积累，导致土壤成分和结构的改变。植物生长在土壤中，因此固体废物会间接对植物产生污染，有些土地甚至无法耕种。

（2）危害大气：在废物运输及处理过程中缺少相应的防护和净化设施，废物中的细粒、粉末随风扬散，污染大气；堆放和填埋的废物以及渗入土壤的废物经挥发和反应放出有害气体，也会造成大气污染并使大气质量下降。

（3）危害水体：固体废物危害水体的主要表现形式有三种。一是将有害废物直接排入江河湖海，二是露天堆放的废物被地表径流携带进水体，三是飘入空中的细小颗粒通过降雨的冲洗沉积、凝雨沉积、重力沉降以及干沉积而落入地表水系。有害废物会在水体中溶解出有害成分，毒害生物，造成水体严重缺氧、富营养化、鱼类死亡等。另外，有些未经处理的垃圾填埋场或垃圾箱可经雨水的淋滤作用、废物的生化降解而产生沥滤液。这些沥滤液含有高浓度悬浮固态物和各种有机与无机成分。如果这些沥滤液进入地下水或浅蓄水层，污染问题就有可能变得难以控制，可能会使一个地区变得不能居住。

（4）危害人类：生活在环境中的人以大气、水、土壤为媒介，可能会将环境中的有害废物直接由呼吸道、消化道或皮肤摄入人体，使人致病。

对于固体废弃物，我们可以采用物理、化学以及生物方法，将这些废弃物进行合理的安置和利用，减少废弃物所产生的危害。我国目前常用的处理技术有压实技术、固化处理技术、热解技术、分选技术、破碎技术等，在处理过程中要尽量做到资源化、无害化和减量化。

3.2　土壤污染——看不见的危害

作为人类生存的基础，土壤是我们生活中不可缺少的物质财富。土壤资源的利用和保护与人类社会的生存和发展息息相关。近 30 年来，随着工业化、城镇化、农业集约化和经济持续增长的快速发展，资源开发利用强度不断提高，人们的生活方式也发生了剧烈变化。大量未经妥善处理的污水直接灌溉农田、固体废弃物任意丢弃或简单填埋等都造成了土壤资源的污染和破坏。这种污染以不可忽视的速度和趋势在全国蔓延，严重影响了我国土壤生态系统的生物多样性和食物链的安全。

我国土壤资源非常有限，可利用耕地资源更少，人均占有耕地不足世界平均水平的 40％。正因为我国的人均耕地资源少，所以人们才要高强度地利用耕地，一年几作，使土壤得不到"休息"。另外，为了高产，人们使用大量的化肥、农药、除草剂，这不仅破坏了土壤的团粒结构，降低了土壤生态质量，而且使土壤中残存大量的有机和无机污染物质，恶化了土壤生态环境,降低了土壤的可利用价值。目前,著名的东北黑土地的有机质已几乎耗尽,地力难以得到恢复。预计到2025年,我国人口将达到16亿,未来二十几年内我国土地还将大量减少,实现土壤资源的可持续利用就显得尤为重要。

党中央之所以把"三农问题"放到经济、社会发展的首位,是因为它既是中国国情,又是社会发展的基本规律。在我国当前的情况下,土壤仍然是农业的基础,这个地位没有变;土壤质量仍然是限制我国农业生产发展的最重要因素之一,这一情况必须引起全社会的高度重视,因为好的"品种"必须在好的土壤中才能种出来。土壤污染最终会反映在食品的安全上。一切食品都来自于动植物赖以生存的土壤,只有好的、合格的土壤才能长出优质的农产品。因此,保护土壤就相当于提高生产力,保护人类自己的健康;破坏耕地、污染土壤,其实就是人类自己跟自己过不去。

3.2.1　土壤污染现状堪忧

我国是个人多耕地少的国家,土壤污染已十分严重。近年来,土壤污染事件频发,"镉大米""重金属蔬菜"等事件的曝光引发了社会公众对土壤污染和农产品安全问题的关注。

据统计,我国有1300万~1600万公顷耕地受到农药污染,甚至更多。每年因土壤污染带来的各种经济损失合计高达200亿元。土壤污染不仅严重影响了土壤质量和土地生产力,对农业可持续发展也造成了危害和破坏,而且还将导致水体和大气环境质量的下降。面对日益严重的土壤污染及土壤生态退化问题,有专家认为,目前我国重污染土壤约333万公顷,想要完全恢复到可利用状态,大约需要30~40年。

2005年4月—2013年12月,原环境保护部会同原国土资源部开展了首次全国土壤污染状况调查,调查的范围包括除香港、澳门特别行政区和台湾省以外的陆地国土,调查点位覆盖全部的耕地,部分林地、草地、未利用地和建设用地,实际调查面积约6.3亿公顷。调查结果由原环保部和原国土资源部(现生态环境部)联合发布在《全国土壤污染状况调查公报》上,我国土壤污染表现为以下特点:

(1)我国土壤污染现象普遍存在。全国土壤主要污染物为镉、镍、铜、砷、汞、铅、DDT和多环芳烃。全国土壤总的点位超标率为16.1%,其中轻微、轻度、中度和重度污染点位比例分别为11.2%、2.3%、1.5%和1.1%,耕地、林地、草地土壤点位超标率分别为19.4%、10.0%、10.4%。

(2)三大粮食主产区污染严重。从污染分布看,南方土壤污染比北方严重得多,西南、中南地区土壤重金属超标范围较大,长三角、珠三角、东北老工业基地等部分地区土壤污染问题更加明显。有统计数据显示,我国受重金属污染的土壤面积高达2000万公顷,约占全国耕地总面积的1/60。其中,在长三角地区,至少有10%的土壤已经基本失去生产力,主要表现为南京郊区30%的土地被污染,浙江省17.97%的土地受到不同程度的污染,华南部分城市有50%的耕地遭受镉、砷、汞等有毒重金属和石油类有机物污染,

湖南省被重金属污染的耕地占全省耕地面积的25%。

专家分析认为,导致粮食重金属超标主要有以下几个原因:

(1)土壤中镉等重金属背景值较高。我国西南和中南地区是有色金属矿产资源十分丰富的地区,镉等重金属元素的基础含量高。

(2)我国有色金属传统的开采地区迄今已有上百年的开采历史,长期的矿山开采、金属冶炼和含重金属的工业废水、废渣排放造成了土壤污染,从而导致粮食重金属超标。气候变化、环境污染等问题导致酸雨增加,土壤酸化。在酸性增强的条件下,土壤中的镉等重金属活性也随之增强,成为更易被水稻等作物吸收的状态。另外,由于生物体的自然适应性,个别地区种植的水稻品种本身就具有较高的镉的富集特性。

(3)此外,根据有关调查统计,长期的重有色金属、磷矿等矿产资源开发、重化工业发展是导致耕地严重污染的重要原因。其中,湖北省受"三废"污染的耕地面积约40万公顷,占全省耕地面积的10%;广东省珠三角多地蔬菜重金属超标率更是高达10%～20%。工矿企业的废渣随意堆放、工业污水直排以及农业生产中污水灌溉、化肥的不合理使用、畜禽养殖等人类活动造成或加剧了这些地区耕地的重金属污染。

3.2.2　土壤污染类型有哪些

土壤中的污染物种类繁多,来源广泛。人类活动产生的污染物进入土壤并积累到一定程度后,会引起土壤质量恶化,进而造成农作物中某些指标超过国家标准。

土壤污染具有四大特点:①累积性,污染物质在土壤中不容易扩散和稀释,因此容易在土壤中不断积累而超标。②不可逆转性,尤其重金属对土壤的污染基本上是一个不可逆转的过程。③难治理,积累在污染土壤中的难降解污染物很难靠稀释作用和自净化作用来消除。④高辐射,大量的辐射物污染了土地,使被污染的土地含有了毒性。

污染物进入土壤的途径是多样的,比如废气中含有的颗粒物等污染物质,在重力作用下沉降到土壤表面;废水中携带大量污染物通过灌溉等途径进入土壤;固体废弃物中的污染物直接进入土壤,通过渗出液进入土壤;农药、化肥的大量使用等。上述污染途径中,最主要的是污水灌溉带来的土壤污染。土壤污染除导致土壤质量下降、农作物产量和品质下降外,更为严重的是土壤对污染物有富集作用。一些毒性大的污染物(如汞、镉等)被富集到作物果实中,人或牲畜食用后容易中毒。

按照性质,土壤污染物一般可分为以下四种类型:

(1)有机污染物。土壤中的有机污染物包括有机农药、酚类、氰化物、石油、合成洗涤剂、城市污水、污泥和粪便带来的微生物。据统计,我国约有1300万～1600万公顷农田土壤受到不同程度的农药污染。农药残留和分解产物,如苯氧烷酸酯、多环芳烃、二噁英、四氯邻甲苯胺、乙撑硫脲等严重污染了土壤,降低了农作物的质量,并通过食物链和生态系统的食物网的生物富集作用,最终直接威胁人类健康。

（2）无机污染物。土壤中的无机污染物以重金属为主，主要包括镉、汞、铅、铬、铜、锌、等，局部地区还有锰、钴、硒、钒、锑、铊、钼等，另外还有砷、硒和氟。许多有机化合物在自然界中可以被物理、化学或生物因素净化，从而降低或消除其危害性。然而，与有机污染不同，无机污染物具有富集性强、停留时间长、不易降解和流动性差的特点。

无机物污染的主要来源主要有三方面。首先是酸雨。工业排放的 SO_2、NO 等有害气体在大气中发生反应而形成酸雨，以自然降水的形式进入土壤，引起土壤酸化。冶金工业烟囱排放的金属氧化物粉尘则在重力作用下以降尘的形式进入土壤，形成以排污工厂为中心、半径为 $2\sim3$ km 的点状污染。其次是尾气排放。汽油中添加的防爆剂（如四乙基铅）会随废气排出污染土壤。因此，在行车频率高的公路两侧常形成明显的铅污染带。最后是工业污水。研究发现，用未经处理或未达到排放标准的工业污水灌溉农田是污染物进入土壤的主要途径，其后果是在灌溉渠系两侧形成污染带，属封闭式局限性污染。如我国辽宁沈阳张士灌区由于长期引用工业废水灌溉，导致土壤和稻米中重金属镉含量超标，人畜不能食用，污染严重的土壤不能再作为耕地，只能改作他用。

（3）放射性元素污染物。放射性污染物主要存在于核材料开采和大气核爆炸区域，放射性元素锶和铯是主要的污染元素，它们会在土壤中长期存在。放射性元素一旦污染土壤，就很难自行消除，只有在自然衰变成稳定的元素后才能消除其放射性。被放射性元素污染的土壤会进入食物链，引发各种疾病。例如，来自氡气体的辐射会诱发肺癌。我国每年约有 50 000 例氡引起的癌症，对人们的健康造成了严重威胁。

（4）生物污染物。土壤生物污染物是指病原体和疾病等有害生物，主要来源于未经处理的肥料施肥、生活污水、垃圾、含有病原体的医院污水和工业废水（用于农田灌溉或作为沉积物进行施肥）、未经适当处理的动物尸体等。

按照污染物进入土壤的途径，土壤污染可分为以下四种类型：

（1）大气污染型。污染物来源于被污染的大气，经过沉降附着在土壤表面。大气污染型的特点是以大气污染源为中心呈环状或带状分布，长轴沿主风向延长，污染物质主要集中在土壤表面。

（2）水污染型。城乡工矿企业废水和生活污水未经处理直接排放，或引污水灌溉，造成水系和土壤直接遭受污染。

（3）固体废物污染型。工厂矿山的尾矿废渣、污泥和城市垃圾等未经处理的污染物被作为肥料施用或在堆放过程中通过扩散、淋溶等直接或间接污染土壤。

（4）农业污染型。农业污染物主要来源于施入土壤的农药和化肥。

3.2.3 守护净土——土壤修复市场广阔

土壤修复是指利用物理、化学和生物的方法转移、吸收、降解和转化土壤中的污染物，使其浓度降低到可接受水平，或将有毒、有害的污染物转化为无害的物质。与水污染

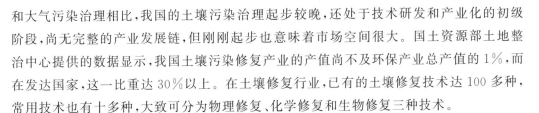

和大气污染治理相比,我国的土壤污染治理起步较晚,还处于技术研发和产业化的初级阶段,尚无完整的产业发展链,但刚刚起步也意味着市场空间很大。国土资源部土地整治中心提供的数据显示,我国土壤污染修复产业的产值尚不及环保产业总产值的1%,而在发达国家,这一比重达30%以上。在土壤修复行业,已有的土壤修复技术达100多种,常用技术也有十多种,大致可分为物理修复、化学修复和生物修复三种技术。

1. 物理修复技术

污染土壤的物理修复技术是通过物理手段从土壤胶体中分离重金属颗粒的技术。物理修复工艺较为简单,成本较低。物理修复技术通常用作初始分拣,以减少待处理土壤的体积并优化后续处理。物理修复一般不能完全满足土壤修复的要求。土壤的物理修复技术主要有以下几种:

(1)直接更换。顾名思义,直接更换是用未受污染的土壤替换受污染的土壤。这种方法方便、直接、高效,效果立竿见影。但由于换土量大、成本高,只适用于修复后利用价值高的土壤,如风景园林、科研场所土壤等。直接更换的主要技术有直接全换土、表土和底土换土、部分换土、覆盖新土。通过实地考察,根据实际情况,可以选择单一的土壤置换方法或多种土壤置换方法相结合等,能快速达到土壤恢复的目的。

(2)热修复。热修复是通过直接加热、水蒸气加热、红外线加热、微波辐射加热等方式将土壤加热到一定温度,使土壤中的挥发性污染物迅速汽化,然后将这些挥发性污染物收集起来。该方法可以降低土壤中污染物的浓度。热修复的能耗高,对土壤渗透性要求高,仅用于去除挥发性较好的土壤污染物,一般只用于快速土壤修复,如医院、池塘、花园、科研单位等的土壤。

③玻璃化修复。该方法是将土壤中的污染物通过高温高压塑化成玻璃态,再通过一定的物理方法分离出玻璃态物质。这种方法需要高温高压,耗能大,成本高,不适合大型土壤修复工程。然而,这种方法是最有效的,并且应用也非常广泛。

(3)电极驱动修复。对于湿度较大的土壤,特别是淤泥,通过两级电化技术,可以将土壤中的污染物集中在一级,提高单级污染物浓度,特别是重金属的浓度,然后继续通过以上三种方法进行修复。简单来说就是缩小土壤修复范围,减少工程量。这种方法只适用于湿度大的土壤,耗电量大,成本高,且具有一定风险。

物理修复是最通用的土壤修复方法,广泛应用于各种污染土壤的修复。人们可以根据不同的土壤质地、渗透性和污染物种类,以及修复后土壤的具体可重复利用价值,选择不同的土壤物理修复方法,从而在一定的成本下达到良好的土壤修复效果。

2. 化学修复技术

污染土壤的化学修复技术是利用添加到土壤中的化学修复剂与污染物发生一定的化学反应,使污染物降解,从而去除或降低毒性物质的修复技术。与其他修复技术相比,污染土壤化学修复技术发展最早,具有修复周期短的特点。目前,比较成熟的化学修复技术有固化/稳定修复技术、氧化还原修复技术、淋洗/浸提修复技术、土壤光催化降解技术和电动修复技术。

(1)固化/稳定技术是利用一定的结块黏结剂,将污染物固定在污染介质中,并使其长期保持稳定状态的一种修复技术。固化技术是指利用物理、化学和热力学原理将污染物(主要是重金属离子)固定在土壤中,或利用惰性基质对其进行密封,或将污染物转化为化学稳定形式,防止其在土壤环境中迁移、释放和扩散的技术。稳定技术是将污染物转化为难溶性、迁移性或毒性较小的化学形式,实现无害化处理,减少对污染物影响的技术。

(2)氧化还原修复技术是指在污染土壤中加入化学氧化剂或还原剂,使其与重金属、有机物等污染物发生化学反应,产生毒性较小或易降解的小分子物质,实现土壤净化的技术。以硫化氢原位修复六价铬土壤污染为例,在以氮气为载气的情况下,当六价铬浓度为200 mg/kg 时,让 200 mg/kg 和 2000 mg/kg 硫化氢流过土柱,然后用去离子水冲洗土柱,分析六价铬的去除效率,结果表明 90％的六价铬被灭活。

(3)淋洗/浸提修复技术是将水或混合有助洗剂、酸性或碱性溶液、表面活性剂等浸出剂的水溶液与被污染的土壤混合,以达到洗脱污染物的效果。这种异地修复技术在许多国家被用于对含有重金属或复杂污染物的土壤进行工业处理。淋洗/浸提技术的优点是可以净化和去除土壤中的有机污染物。由于这种技术使用的是水溶液,因此耗水量特别大,所以修复地点要尽量设置在靠近水源的地方。

(4)土壤光催化降解技术是一种非常新颖的土壤氧化修复技术,可以有效修复含有农药等有机污染物的土壤。土壤性质、土壤 pH 值和土壤厚度都会影响有机污染物的光转化。以孔隙度高的土壤为例,土壤中的污染物迁移速率很快,随着黏度的降低,其光解作用会加快。另外,土壤中的氧化铁含量也是影响有机物光催化降解的重要因素。

(5)电动修复技术是指利用电化学和电动力学的综合作用将污染物驱赶到电极区域,然后进行集中处理或分离的技术。它是通过在污染土壤的两侧施加直流电压来形成电场梯度,在电场的作用下,土壤中的污染物通过电迁移、电渗流或电泳在电极两端富集,从而实现土壤修复。目前,电动修复技术已进入实地修复应用阶段。电动修复速度快、成本低,适用于小范围黏性、可溶性有机物污染土壤的修复,不需要化学药剂的投入。电动修复过程对环境几乎没有负面影响。与其他技术相比,电动修复技术也很容易被大众所接受。然而,电动修复技术对于非极性有机污染物的去除效果不佳。

3. 生物修复技术

生物修复技术是指利用微生物分解来去除土壤中污染物的技术。与传统技术相比,生物修复技术具有快速、安全、成本低等优点。生物修复技术有两层含义:一是以生物体为主体的土壤污染防治技术,包括利用植物、动物和微生物对土壤中的污染物进行吸收、降解和转化,从而将污染物浓度降低到可接受的水平,或将有毒、有害污染物转化为无毒无害物质;二是指通过酵母、真菌和细菌等微生物的分解作用,去除土壤中的污染物或使污染物无害化。

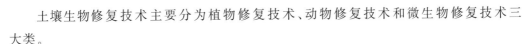

土壤生物修复技术主要分为植物修复技术、动物修复技术和微生物修复技术三大类。

（1）植物修复技术是利用绿色植物转移、控制或转化污染物，使其对环境无害的技术。植物修复的对象是被重金属、有机物或放射性元素污染的土壤和水体。植物修复技术属于原位修复技术，成本低，二次污染易控制。植被形成后，可保护表土，减少侵蚀和水土流失。植被修复技术可广泛用于矿山复垦、重金属植被和污染场地的景观修复。植物修复技术主要依靠生物过程，与一些常见的工程措施相比修复速度较慢，修复时间长，深层污染难以修复。由于气候、地质等因素，植物的生长受到限制，污染物有可能通过"植物—动物"食物链进入自然界。

（2）动物修复技术是通过土壤中动物的直接吸收、转化和分解，或间接改善土壤理化性质、提高土壤肥力、促进植物和微生物生长，从而达到土壤修复目的的技术。利用土壤中存在的各种动物及其肠道中存在的微生物，在自然或人工条件下，促进这些动物及其体内微生物的生长繁殖，进而使它们在生命新陈代谢的过程中去除、分解和富集土壤中所含的各种重金属。在使用动物修复技术时，人们通常会选择蚯蚓、蜘蛛等常见的动物。它们不仅具有很强的重金属积累能力，而且可以改善土壤结构，提高土壤肥力。

（3）微生物修复技术是利用原生生物或人工改造过的、具有特定功能的微生物，在适宜的环境条件下，通过自身代谢降低土壤中有害污染物的活性或将其降解为无害物质的修复技术。从修复场地来看，微生物修复技术主要分为原位微生物修复和异位微生物修复两大类。微生物修复技术的优点是应用成本低，对土壤肥力和代谢活动的负面影响小，可以避免污染物转移。微生物修复技术的缺点是有一定的局限性，微生物遗传稳定性差，容易发生突变，一般不能去除所有的污染物。微生物对重金属的吸附和积累能力有限，必须与受环境显著影响的本土菌株竞争。

添加有机肥可以增加土壤有机质和养分含量，不仅可以改善土壤理化性质（尤其是土壤胶体性质），还可以增加土壤容量，提高土壤净化能力。在被重金属和农药污染的土壤中，添加有机肥可以提高土壤胶体的吸附能力，而土壤腐殖质可以与污染物结合形成复合物，显著提高土壤钝化污染物的能力，从而降低其对植物的毒性。购买有机肥时一定要选择正规商家，严禁使用动物粪便、污泥、单钠等边角料。

3.2.4　"双碳"目标下中国土壤环境管理路径

前面我们提到，中国提出了双碳目标——2030 年实现碳达峰，2060 年实现碳中和。在此背景下，土壤污染防治和土壤修复如何进行？中国的土壤管理又会面临哪些挑战和机遇？这些都是我们需要关心的问题。

中国提出的碳达峰和碳中和，是一场影响深远的系统性改革，我们不仅要实现净碳排放，还要推动整个社会的绿色转型，形成节约资源和保护环境的生产、生活方式。之前那些高污染、高能耗的产业将逐渐被淘汰,取而代之的是绿色能源、清洁能源的使用,从源头上减少污染物的产生。这种思路同样适用于土壤污染防治。目前,我国的土壤污染治理还是侧重于末端管控,即出现污染后再进行治理。双碳目标的提出有利于土壤管理向源头系统防控转变,降低污染物的产生和排出。

当前,我国土壤管理的总思路是降低环境风险、保障土壤产出。在"双碳"目标下,我们需要丰富"健康土壤"的内涵,不只是保障土壤产出,还需要从改善环境的角度出发构建低碳土壤管理路径。现阶段的主要目标是解决突出的土壤污染问题,修复治理和源头预防要双向进行。不同地方要因地制宜,实现差异化管理,逐步实现土壤健康管理全覆盖。

土壤具有巨大的固碳潜力,可以有效吸收化石燃料排出的 CO_2,减缓全球变暖趋势。因此,我们需要进一步改善农田的耕作方式,最大限度地发挥土壤的固氮效应。例如,在广大农村地区大力推广秸秆还田、轮作休耕、少耕免耕等保护性耕作措施,大力发展集约化经营模式,减少对土壤的扰动,增加其有机碳的含量。对于土壤污染严重的地区,进行土壤修复,实现综合、全面的治理,进而发挥土壤的碳汇作用。

土壤修复的未来发展空间在于绿色修复,我们必须依靠科技创新,发展对环境影响最低的可持续修复技术。例如,对于农用地,要重点关注改良剂等污染物的使用和输入,恢复农业生产功能;对于建设用地,要重点关注二次污染的防控。开展土壤修复,要探索"零碳排放"修复技术和模式。

我国目前的土壤低碳管理体系还不完善,仍然面临着很多问题。"双碳"目标的提出,为我国的土壤管理提供了新的思路和方向。我们必须综合统筹考虑污染防治,探索以减污、增碳为核心的低碳土壤环境管理体系,保障土壤安全,促进土壤资源的有效利用。

3.3 水污染——危机就在身边

3.3.1 发生在我们身边的水污染事件

水是生命之源,是生产之要,是生态之基。万物万业都离不开水。中国水资源丰富,具有 2.8×10^{12} m^3 的淡水资源,占全世界水资源的 6%。中国的水资源总量仅次于巴西、俄罗斯与加拿大,位居世界第四位。然而,我国人口基数大,人均只有 2200 m^3,仅为世界平均水平的四分之一,被联合国列为 13 个贫水国家之一。

随着经济的发展以及工业化和城市化的推进升级,本来就珍贵有限的水资源消耗量越来越大,受污染情况也越来越严重。我国的水污染从河流蔓延至近海,从地表延伸到地下,从一般污染物扩展到有毒、有害污染物,形成了点污染与面源污染共存、生活污染和工业污染叠加、新老污染与二次污染相互复合的态势,污染问题异常严重。

我国水污染的主要来源包括三方面:生活用水污染、农业灌溉污染以及工业废水污染。其中,工业废水的排放是主要的污染源。改革开放以来,国家大力发展工业,以经济建设为中心,很多地方盲目追求经济效益,导致生态环境恶化,水污染严重。工厂为了降低污水处理成本,将大量的污水直接排放到河流中,加剧了河水污染,引发了海水富营养化等问题。而农业生产引起的水污染是另一个主要污染源。我国以前利用大水漫灌的方式来发展农业,造成了水资源的大量浪费,同时农药化肥的大量使用也加剧了污染情况。城市污水排放是第三个主要污染源。城市人口较为密集,生活用水量很大,导致排污量大,并且治理难度较大。

水是生命之源,一旦受到污染,必然给人们带来致命的影响。数据显示,水污染会导致 $70\%\sim80\%$ 的人类疾病,尤其是癌症、心脑血管疾病、消化系统疾病以及各类重金属中毒。下面给大家盘点一下近年来较为严重的水污染事件。

(1)松花江硝基苯污染事件:2005 年 11 月 13 日,吉林石化公司双苯厂一车间发生爆炸,共造成 5 人死亡、1 人失踪,近 70 人受伤。爆炸发生后,约 100 t 苯类物质(包括苯、硝基苯等)流入松花江,沿岸数百万居民的生活受到影响。松花江江面上的污染带长达 80 km,苯含量一度超标 108 倍,造成江水严重污染。

(2)无锡太湖藻污染事件:2007 年 5 月底,江苏省无锡市城区市民家中的自来水水质突然发生变化,并伴有难闻的气味,无法正常饮用。经调查,蓝藻被认为是这次水污染事件的元凶。太湖水位降低,天气持续高温少雨,太湖水富营养化较重,引发太湖蓝藻提前暴发,影响了自来水水源水质。

(3)赤峰微生物污染事件:2009 年 7 月 23 日,内蒙古赤峰新城区发生强降雨,导致污水和雨水外溢,淹没了 9 号水源井。卫生部门采集水样检测后发现,新城区 9 号水源井总大肠菌群、菌落总数严重超标,水样中检测出的沙门氏菌正是导致此次水污染事件的元凶。赤峰市新城区居民饮用自来水后,4322 人出现发热、恶心、呕吐、腹泻等症状。

(4)广西镉污染事件:2012 年 1 月 15 日,因广西某材料厂违法排放工业污水,导致广西龙江河突发严重镉污染,水中的镉含量约 20 t。污水顺江而下,致使长约 300 km 的河段被污染,严重影响了沿岸众多渔民和柳州 300 多万市民的正常生活。

(5)山西长治苯胺泄漏事故:2012 年 12 月 31 日,长治市某公司因输送软管破裂发生苯胺泄漏事故,导致至少 8.7 t 苯胺流入浊漳河,迫使河北邯郸市大面积停水,殃及河南安阳市境内岳城水库、红旗渠等部分水体。此次苯胺泄漏事故中,受到影响的山西境内河道长约 80 km,平顺县和潞城市 28 个村、2 万多人受到波及。

(6)安徽池州河水污染:安徽省池州市东至县象屿镇位于长江南岸。2015 年 6 月 17 日,化工园区污染了灌溉水源,致使镇内数千亩农田变为荒地。污水进入通河后,在何复村与另一条河流汇合,然后转向 3~4 km,最终流入长江。受污染水域含有大量有毒物质,许多污染物超标。

针对地下水污染,我们将在第四章中专门介绍。

3.3.2 "双碳"目标下的水资源保护和利用

当前我国的水资源保护和利用仍然存在着较多问题。我国的水资源并不丰富,并且时空分布极其不均,很多地方存在严重的供需矛盾。碳中和背景下,如何高效保护和利用水资源,是值得深思的问题。

如同土壤防治一样,"双碳"目标的提出也会对水污染防治产生重要的影响。水污染的治理过程本身就需要消耗大量的能源,例如污水处理、垃圾焚烧等都是高耗能的过程。如果要按照碳中和的目标来发展,在污水治理领域就必须要依靠新科技来降低能耗,促进水资源循环利用。我国水资源较为紧缺,很多地方都存在水量不足的问题。污水处理达标后,这些水可以循环再利用。在保证安全的前提下,将水进行再生利用既有利于减少污染物排放,又降低了能耗,减少了碳的排放。"双碳"目标的提出,将引导污水处理技术发生革命性的变化。

围绕着减排的社会性目标,水资源的保护和利用应该向着规划运行智慧化、生态能源一体化、空间利用充分化、设计建造绿色化、改造发展统筹化等方面努力。何谓规划运行智慧化? 就是将通信技术和现代水利工程规划相结合,构建实时动态的智慧水利信息网络,完成对水资源的定位识别和实时监控。生态能源一体化则是要求对全流域的水环境进行一体化的保护和发展,实现对流域水资源的综合管理。除了地表的有限资源外,我们还需要对地下的特殊空间进行高效利用,建立起地下空间的抽水蓄能电站,这就是空间利用充分化。设计建造绿色化是指依循碳中和目标,在水利工程设计和建造过程中实现净零碳排放,提高水利工程的自然碳汇能力,促进节能减排。改造发展统筹化要求加大对中小型水电站的装置改造和规范并网,合理调配上网电量,有效避免水资源的浪费。[①]

研究表明,水资源的保护和利用对于能源结构调整、节能减排具有良好的促进作用,同样也是推动国家能源结构转型升级的重要动力。水资源的高效智慧利用与保护对实现碳达峰与碳中和具有重要意义,且有利于应对全球气候变化。在今后一段时间内,我们更应加强构建水资源利用和保护的理论和技术框架,发挥自身优势,创新具有中国特色的水资源绿色可持续科学发展模式,为"双碳"目标助力。

---

① 参见张茹,楼晨笛,张泽天,等.碳中和背景下的水资源利用与保护[J].工程科学与技术,2022,54(1):69-82.

3.4　加强和完善农业面源污染联合监督体系

农业面源污染防治是实现农业高质量发展、确保农产品质量安全的重要抓手。我们必须清楚地认识到,当前我国农业面源污染的防治形式十分严峻,主要存在以下几方面的问题:

(1)监管体制机制不够健全。农用投入品的生产、销售、使用及技术指导,畜禽和水产养殖的管理等涉及多个部门,在农业面源污染防控的协同作战中尚未形成最大合力。农业面源污染的长期基础性检测调查和研究缺乏相应的专业机构,制定有效防控技术标准和措施的难度较大。

(2)技术和信息的支撑作用发挥不够。农业面源污染防控缺乏全面而及时的信息发布和科学而有效的技术指导,以至于小范围、小规模、单项污染防控技术示范多,支撑区域或流域层面的系统性、集成性示范工程少,单兵推进多,整体推进少,影响了防控效果。

(3)民众生态参与的意识缺乏。民众环保意识较淡薄,有关农业面源污染的知识较为匮乏,片面追求经济利益的意识较为强烈,对化肥和化学农药不合理使用造成的环境危害重视程度不够,对已经建成的农村环保措施缺少爱护,农业废弃物和生活垃圾随意堆放的陋习还不同程度地存在着,导致农业面源污染防控有效措施到位难。广大农村基层干部和农民对农业面源污染的危害认识模糊,污染治理的主动性和参与度不够。

(4)农村公共服务供给不足。面对面广量大的农业面源污染,农村现有的道路、厕所、垃圾堆运、污水和固体废弃物等方面的基础设施还不足,公共服务尚未完善。

农业发展不仅要杜绝生态环境欠新账,而且要逐步还旧账,要打好农业面源污染治理攻坚战。为此,我们要重点采取以下措施,确保农业面源污染防控取得新成效。

一是加强农业面源污染监测防控体系建设。要积极探索建立农业面源污染综合防治的监测与防控体系,强化技术指导与培训,提高从业人员工作能力和职业素养;加强农业面源污染监测技术研发,创建农业面源污染监测平台,摸清全国农业面源污染底数,建立农业面源污染大数据;污染(化肥、农药,使用时间等)监督到河段、地块、大棚,并建立商品粮菜检测报告单;分级管理,分片监督,责任到人;建立档案,定期检查。

同时,治理农业面源污染需要有法律的支持。例如在水污染防治方面,有为推进生态文明建设,保护和改善水环境,维护公众健康而制定了《中华人民共和国水污染防治法》。从2018年1月1日起,我国施行新修订的《中华人民共和国水污染防治法》,其中增加了关于实行"河长制"的规定,增强了对违法行为的惩治力度等,为解决突出的水污染问题和水生态恶化问题提供了强有力的法律武器。针对土壤污染,我国制定了《中华人民共和国土壤污染防治法》。《中华人民共和国土壤污染防治法》的出台不但填补了我国环境污染防治法律,特别是土壤污染防治法律的空白,而且进一步完善了环境保护法律体系,更有利于将土壤污染防治工作纳入法制化轨道,以遏制当前土壤环境恶化的趋势,并为推进生态文明建设,实现绿水青山、建设美丽中国添砖加瓦。

二是大力开展流域农业面源污染综合治理。要强化系统性治理、多部门联合、集成性示范和稳定性经费支持,积极推广流域或区域综合治理的成功模式,打破农业、林业、水利、环保等部门分头行动、各自为战的旧有格局;科学制定污染防控项目实施方案,实现系统化设计、总体化运作、规模化实施、集成化示范、整体化推进。

三是着力实施生态农业工程。通过实施农田面源污染综合防控、畜禽养殖污染治理、水产养殖污染防治、农业废弃物循环利用等生态农业工程,因地制宜推广各种循环农业模式,减轻农业面源污染对生态环境的影响。

四是强化科技支撑。对于农业面源污染的治理,技术创新是关键。实施技术创新的重点是源头减量、绿色投入品创制和精准使用以及绿色减排等技术。首先,要创新化肥、农药、农膜等投入品的源头减量技术。建议引入环境容量指标体系,对全国和区域农业生产所需各类资源实施投入总量定额控制,通过环境卡口的方法寻找"卡脖子"技术突破口,自主创新关键技术,系统实现源头减量、总量控制的目标。其次,要创新农业绿色投入品及其精准使用技术。在当前国家化肥、农药用量已经出现负增长的情况下,我们要进一步加强低排放、低残留、智能化新型绿色肥料和农药产品的研发,强化机械化、智能化、精准化施肥施药技术的创新,强化大数据技术、人工智能技术在农业面源污染污染治理中的应用。最后,要根据农业面源污染的发生规律,制定科学精准的治理方案,创新多污染物协同的绿色减排技术和生产生态协同技术,将农业化学品的环境影响降至最低。

五是加速构建农业面源污染防控公众参与机制。要进一步丰富环保宣传教育内容和方式,充分利用多种媒体平台,加强农业面源污染防控的科学普及、舆论宣传和技术推广,增强民众的环保意识和参与意识,调动民众参与农业面源污染治理的积极性和主动性。同时,加强环境信息公开,保障公民知情权,引导公众积极参与环境治理和生态保护,推动形成绿色发展方式和生活方式,为生态文明建设作出新贡献。[①]

根据第二次全国污染源普查的数据,种植业化肥和畜禽养殖粪污排放是当前农业面源污染的"牛鼻子"。因此,我们应科学研判这两种类型污染对粮食安全、耕地质量和种质资源等方面的影响,科学确立总体思路和工作目标。在摸清各类型农业面源污染情况的基础上,系统分析化肥、农药、农用地膜和畜禽养殖废弃物等治理的难点与堵点,加强农业面源污染防治攻坚战实施效果的监测与评价。

防治农业面源污染既要统筹推进不同地区、不同阶段和不同领域的治理工作,又要紧扣关键环节和主要矛盾突出重点。东北地区、黄淮海地区、华南地区和长江中下游地区是我国大宗农产品主产区,也是农业面源污染较为突出的区域。在确保粮食安全的基本前提下,我们要优先解决重点区域、关键领域的污染问题,如东北地区黑土地保护、黄

---

① 参见焦春海.农业面源污染不可忽视[J].学习时报,2019(2):50-51.

淮海地区地下水超采综合治理、长江中下游地区耕地重金属污染综合整治等。我们还要总结一批农业面源污染防治的新机制、新模式和新技术,探索不同区域、不同领域的污染治理和运行机制,形成可复制、可推广的农业面源污染防控典型模式。

农业面源污染防治涉及主体多元,需要政府、部门、市场主体、农民等各方共同参与。国家要协调各管理部门利益诉求,形成政策合力,调动农业生产者参与的内在动力,压实农资生产者对农业面源污染防治的责任;加强党的领导,落实地方党委、政府"党政同责"和"一岗双责",强化政府在规划制定、政策引导和组织动员的作用,加快建立和完善农业面源监测体系,综合运用经济、法律和行政等手段;广泛开展相关群体的农业面源污染治理态度及意愿调研,将激励性和强制性措施相结合,调动各主体的积极性,共同参与农业现代化建设;落实农业生产资料的企业责任延伸制,畅通公众表达渠道,保障其应有的权利。

3.5 本章小结

我国是一个农业大国,农业面源污染的治理是一项长期性的艰巨任务。我们必须依靠科技创新,科学有序地推进污染防治。针对我国农业农村地区较大的区域差异,我们必须因地制宜开展农业面源污染防治工作。比如,污染防治技术要增强地域适用性和精准性,农业节肥节药行动要与农业技术、农工成本和粮食安全等紧密结合,农业节水要与用水成本、精准补贴等相关联,避免进程操之过急和工程盲目实施。更重要的是,我们必须依靠科技的进步和创新,大力推进对农业面源污染的防治,转变传统的农业生产方式,发展可持续发展的绿色农业,妥善处理好长期发展生态循环农业和短期保供给的关系,在乡村振兴战略大格局下有序实现农业的高质量发展。

参考文献

[1]陈保冬,赵方杰,张莘,等.土壤生物与土壤污染研究前沿与展望[J].生态学报,2015,35(20):6604-6613.

[2]陈印军,方琳娜,杨俊彦.我国农田土壤污染状况及防治对策[J].中国农业资源与区划,2014,35(4):1-5,19.

[3]樊霆,叶文玲,陈海燕,等.农田土壤重金属污染状况及修复技术研究[J].生态环境学报,2013,22(10):1727-1736.

[4]刘明庆,陈秋会,杨育文,等.发展有机农业控制面源污染的实践与对策[J].2021,46(6):98-104.

[5]刘晴靓,王如菲,马军.碳中和愿景下城市供水面临的挑战、安全保障对策与技术研究进展[J].给水排水,2022,48(1):1-12.

[6]沈贵银,孟祥海.农业面源污染治理:政策实践、面临挑战与多元主体合作共治[J].2022,39(1):58-64.

[7]宋伟,陈百明,刘琳.中国耕地土壤重金属污染概况[J].水土保持研究,2013,20(2):293-298.

[8]许静,王永桂,陈岩,等.中国突发水污染事件时空分布特征[J].中国环境科学,2018,38(12):4566-4575.

[9]张春晖,吴盟盟,张益臻.碳中和目标下黄河流域产业结构对生态环境的影响及展望[J].环境与可持续发展,2021,46(2):50-55.

[10]张茹,楼晨笛,张泽天,等.碳中和背景下的水资源利用与保护[J].工程科学与技术,2022,54(1):69-81.

[11]周国新.我国土壤污染现状及防控技术探索[J].环境与发展,2020,32(12):26-27.

[12]周长松,邹胜章,朱丹尼,等.土壤与地下水污染修复主要技术研究进展[J].中国矿业,2021,30(2):221-227.

[13]庄国泰.我国土壤污染现状与防控策略[J].土壤与生态环境安全,2015,30(4):477-483.

第四章　珍惜地下水,珍视隐藏的资源

在现实生活中,我们可以看到土壤,可以感受到空气。我们能看见山川、河流,但还有很多水源埋藏在地下,并不为人所知。2022 年 3 月 22 日是第 30 个"世界水日",其主题为"Groundwater-Making the Invisible Visible"(珍惜地下水,珍视隐藏的资源)。我国纪念 2022 年"世界水日"和"中国水周"活动的宣传主题为"推进地下水超采综合治理,复苏河湖生态环境"。"世界水日"以地下水为主题,这并不是第一次。早在 1998 年,联合国就确定世界水日的主题为"Groundwater-The invisible resource"。时隔 20 多年,隐藏的地下水仍然需要被看到、被重视。那么,什么是地下水? 我国地下水资源现状如何? 对地下水如何进行管理和监测? 本章将为大家一一解读。

4.1　什么是地下水

地下水是指赋存于地面以下岩石空隙中的水,狭义上是指地下水水面以下饱和含水层中的水。在国家标准《水文地质术语》(GB/T 14157—1993)中,地下水是指埋藏在地表以下各种形式的重力水。地下水可简单分为浅层地下水(地表下 60 m 左右)和深层地下水(地表下 1000 m 左右),目前我们的地下饮用水水源主要取自深层地下水。

我国是世界上最早寻找、调查、开发利用地下水的国家之一。先秦时期的《太公金匮》已有"源泉滑滑,连旱则绝"的记载,证明我国古人很早就开始关注地下水。由于埋藏地下不被看到,地下水的重要性也经常被忽视。其实,地下水是自然界水循环的重要一环,地下水循环示意图如图 4-1 所示。大气降水和地表水渗入地下,穿过松散土层在不透水层处集聚成地下水并在岩体中流动,最后以泉水或者补给河流等形式重新回到地表完成循环。

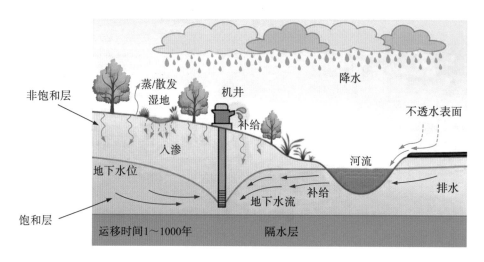

图 4-1 地下水循环示意图

地下水分布广泛,是居民生活、工业生产和农田灌溉用水的重要水源。因含有特殊化学成分且水温较高,地下水亦是医疗、热源及提取有用元素的原材料。另外,地下水对维持生态系统平衡也有着重要作用。

地下水资源是整个地球水资源的一部分,既具有水资源的一般特征,又有其特殊性,主要表现在:第一,地下水具有系统性和整体性。地下水赋存在复杂的含水地质体(水文地质实体)中,受到各种因素的限制和影响。当开发利用地下水资源时,人们必须从含水系统的整体上考虑取水方案,寻求整体开发利用地下水资源的最优解,而不是单独寻求某一部分的最优化,否则就会引起一系列的负面效应。第二,地下水在不断地循环流动,属于动态资源。地下水的数量、质量和热量会随着外界环境的变化而变化。这种动态资源要及时利用,否则就会造成浪费。同时,人们还可以利用其动态特性,改善地下水资源的赋存环境。第三,地下水具有循环再生性,又称可恢复性,该特性可通过水文循环来实现。地下水的可再生性是地下水资源持续利用的保证。第四,地下水资源还具有一定的可调节性,主要表现在水量方面。当补给大于消耗时,含水系统把多余的补给量蓄积起来,地下水储存量增加。当补给小于消耗时,含水系统的储存量用于维持消耗,地下水储存量减少。人们可以利用地下水的可调节性进行人工蓄积,增大补给量。

4.1.1 中国的地下水资源

中国的地下水资源如何? 我们先来看一组数据:我国的地下水资源约为 8.288×10^{11} m^3,占我国水资源总量(河川径流量和地下水量)的 30% 左右,可以直接利用的地下水资源是 2.9×10^{11} m^3。全国有 70% 的人口在饮用地下水,地下水的供水量占供水总量的 15.5%。20 世纪 70 年代以前,我国地下水开发利用以小规模、分散式为主。20 世纪 70 年代以后,地下水用水量由 2.0×10^{10} m^3 快速增加至 2000 年以来的 1.1×10^{11} m^3 左右。2012 年达到最大值 $1134\times10^8\ m^3$ 之后呈递减趋势。2019 年，全国地下水用水总量 $934\times10^8\ m^3$。地下水用水量占总用水量的比例由 17.5% 下降至 15.5%。2019 年，北方地区地下水用水量占全国地下水总用水量的 90%。[①]

全国 60% 以上地下水开采量集中在黑龙江、河南、河北、新疆、内蒙古、山东六个省（自治区）。这些省（自治区）中，除河北、山东从 2000 年以来地下水开采量呈逐年减少趋势外，其他四个省（自治区）的地下水开采量趋势与全国趋势基本一致，都是在 2012 年前后达到峰值，之后逐年递减。

整体来看，我国地下水资源分布的主要特点是：①时空分布极不均匀，与降水量和地表水分布趋势相似，南方多、北方少、东部多、西部少。②松散岩类孔隙水主要分布在北方，岩溶水和裂隙水主要分布在南方。③在北方地区，东部的松辽地区和华北地区地下水资源总量约占北方地下水总量的 50%，补给模数远大于西部。④北方地区中部的黄河流域（包括黄土高原及其相邻地区）是我国地下水资源相对贫乏的地区。⑤西部的内陆盆地处于干旱的沙漠地区，年降水量小于 100 mm，但由于获得盆地四周高山的降水及冰雪融水的补给，50%～80% 地表水自山区进入盆地后便转化为地下水，地下水资源量较丰富。

4.1.2　山东省的地下水资源

我们以山东省为例，详细讲述地下水的分布和利用情况。地下水是山东省重要的水资源，对全省经济社会发展起着举足轻重的作用。山东省地质及水文地质条件较复杂，不同水文地质单元及各单元不同部位的地下水补给、径流和排泄、富集特征均有显著差异。地下水资源，特别是地下水开采资源量的分布具有明显的不均匀性。本节以地下水天然补给资源、地下水开采资源为代表，分析近 30 年来山东省地下水资源的分布及变化情况。

1. 地下水天然补给资源

大气降水是地下水资源的主要补给来源，山东省面积约 $1.579\times10^5\ km^2$，多年平均年降水量为 $1.0836\times10^{11}\ m^3$，丰水年（25% 保证率）年总降水量为 $1.3078\times10^{11}\ m^3$，枯水年（75% 保证率）年总降水量为 $9.015\times10^{10}\ m^3$。由于蒸发、蒸腾等作用影响，60%～70% 的降水又返回大气，使地表水和地下水得不到有效补给，全省地下水总天然资源量仅为 $1.93\times10^{10}\ m^3/a$，综合补给资源量为 $2.1\times10^{10}\ m^3/a$。由于受地形、岩性等因素制约，全省各地区地下水天然资源量及综合补给资源量变化较大。

（1）不同地貌单元天然补给资源量：丘陵山区地下水补给来源主要是大气降水的入渗补给，综合补给量等于天然资源量。丘陵山区内基岩裸露，地形坡度大，易形成地表径

---

① 参见吕彩霞，车小磊，王振航，等.地下水，需要被你看见［EB/OL］.（2022-03-22）［2022-06-03］https://mpweixin.qq.com/rain/a/20220323A02WUG00.

流,地下水补给模数小于河谷盆地。由于地貌、岩性等因素影响,鲁东山区与鲁中南山区地下水天然资源分布亦不一致。鲁东地区广布变质岩、岩浆岩及碎屑岩,河谷第四系狭窄,地下水天然资源补给条件较差,补给模数为 7.0×10^4 $m^3/(a \cdot km^2)$,局部小于 7.0×10^4 $m^3/(a \cdot km^2)$ 或大于 1.0×10^5 $m^3/(a \cdot km^2)$。鲁中南山区广布下古生界碳酸盐岩,裂隙岩溶发育,一系列开阔的断陷盆地、谷地中广泛分布第四系沙砾石层,有利于大气降水渗入。鲁中南地区地下水补给条件好于鲁东地区,补给模数一般大于 1.2×10^5 $m^3/(a \cdot km^2)$,最大可达 1.736×10^5 $m^3/(a \cdot km^2)$,其中断陷盆地补给模数为 $1.3 \times 10^5 \sim 1.7 \times 10^5$ $m^3/(a \cdot km^2)$,断陷谷地补给模数为 $7.0 \times 10^4 \sim 1.3 \times 10^5$ $m^3/(a \cdot km^2)$。

山前冲洪积平原的地面微倾斜,含水沙层颗粒粗,地下水水位埋藏较深,沟渠纵横,有利于大气降水及地表水补给,加之山区侧向补给和井灌回渗补给,地下水综合补给模数大于天然补给模数,一般为 $1.7 \times 10^5 \sim 2.8 \times 10^5$ $m^3/(a \cdot km^2)$,部分地区可达 $3.0 \times 10^5 \sim 4.0 \times 10^5$ $m^3/(a \cdot km^2)$。

鲁西北黄河冲积平原的地面平坦,有利于大气降水渗入,沿河地区又得到黄河侧渗补给,地下水综合补给模数大于山区,但小于山前平原,一般为 $1.7 \times 10^5 \sim 2.4 \times 10^5$ $m^3/(a \cdot km^2)$。由于引黄灌溉产生的大量渗入补给和井灌回渗补给,引黄灌溉地区的补给模数为 $2.0 \times 10^5 \sim 3.5 \times 10^5$ $m^3/(a \cdot km^2)$。

(2)不同地区天然补给资源量:据统计,受降水及陆地面积大小的影响,多年来省内不同市(地)天然补给资源量呈明显差别,区域天然补给资源量及开采量如表 4-1 所示。

表 4-1　区域天然补给资源量及开采资源量

编号	市(地)	面积/km²	多年平均年降水量/mm	年天然补给资源量/ $\times 10^8$ m³	年开采资源量/ $\times 10^8$ m³
1	济南	8177	628	13.40	13.32
2	青岛	10 654	696	10.67	6.37
3	淄博	5938	634	12.76	9.96
4	枣庄	4550	782	7.90	6.48
5	东营	7923	564	0.79	0.76
6	烟台	13 746	639	13.73	11.08
7	潍坊	15 859	629	14.10	13.97
8	济宁	11 000	680	20.36	20.24
9	泰安	7762	744	12.97	12.04
10	威海	5436	743	3.75	2.61
11	日照	5310	777	7.48	3.59
12	莱芜	2246	722	3.19	3.05
13	临沂	17 184	804	22.52	15.55

编号	市(地)	面积/km²	多年平均 年降水量/mm	年天然补给资源量/ ×10⁸ m³	年开采资源量/ ×10⁸ m³
14	德州	10 341	543	13.05	12.71
15	聊城	8714	561	14.31	12.75
16	滨州	9600	595	4.85	4.51
17	菏泽	12 239	646	23.10	20.60
	全省	156 679	671	198.93	169.59

按年天然资源补给资源量统计,全省年天然资源补给量为 1.9893×10^{10} m³,其中临沂、济宁、菏泽年天然资源补给量超过 2.0×10^9 m³,济南、青岛、淄博、烟台、潍坊、德州、聊城年天然资源补给量为 $1.0 \times 10^9 \sim 2.0 \times 10^9$ m³,其他地区年天然资源补给量小于 1.0×10^9 m³。

按年天然资源补给模数统计,全省年天然资源补给模数为 1.27×10^9 m³/km²,其中淄博地区年天然资源补给模数超过 2.0×10^9 m³/km²,达到 2.149×10^9 m³/km²,济南、枣庄、济宁、泰安、聊城和菏泽六个地区年天然资源补给模数为 $1.5 \times 10^9 \sim 2.0 \times 10^9$ m³/km²,日照、莱芜、临沂、德州四个地区年天然资源补给模数为 $1.0 \times 10^9 \sim 1.5 \times 10^9$ m³/km²,其他六个地区年天然资源补给模数为 $1.0 \times 10^8 \sim 9.9 \times 10^8$ m³/km²。

2. 地下水开采资源

地下水开采资源指在经济上开采合理,既不破坏生态平衡,又能保护可供开采的地下水资源。

(1)不同水文地质单元开采资源分布特征:鲁中南岩溶山区地下水资源分布基本特征是大面积补给资源局部富集,补给区与富水区地下水开采资源模数相差悬殊。在岩溶富水地段,开采资源模数一般大于 5.0×10^5 m³/(a·km²),局部小于 5.0×10^5 m³/(a·km²),地下水往往通过岩溶裂隙或构造破碎带上升,形成一些著名的岩溶大泉;在岩溶水补给地段,地下水位埋深一般大于 50 m,地下水资源贫乏,开采资源模数一般小于 5.0×10^5 m³/(a·km²)。岩溶水富水地段的富水程度取决于补给区分布范围和厚层灰岩面积大小,补给区越大,厚层灰岩分布越广,富水地段开采资源越大,补给区的开采资源越贫乏。一般在厚层灰岩广泛分布的地区,富水地段开采资源模数大于 1.0×10^6 m³/(a·km²),而补给区开采资源模数一般小于 2.0×10^4 m³/(a·km²)。非岩溶地区,即分布有变质岩、岩浆岩、碎屑岩的鲁东山区和鲁中南山区,各断块背斜南冀的开采资源模数一般小于 5.0×10^4 m³/(a·km²)。对于河谷盆地孔隙水资源,鲁东与鲁西不同,鲁东地区河谷狭窄,第四系冲积层一般不发育,孔隙水开采资源模数为 $1.0 \times 10^5 \sim 3.0 \times 10^5$ m³/(a·km²),在冲积层较发育的潍河、黄水河、大沽夹河等较大河谷中,孔隙水开采资源模数可达 $3.0 \times 10^5 \sim 5.0 \times 10^5$ m³/(a·km²)。鲁中南地区河谷较宽,第四系冲积层发育,地下水补给来源丰富,开采资源模数一般为 $2.0 \times 10^5 \sim 5.0 \times 10^5$ m³/(a·km²),较开阔的河谷盆地,如汶河、沂沭河沿岸孔隙水富水地段,

开采资源模数高达 $3.0 \times 10^5 \sim 1.0 \times 10^6$ m³/(a·km²)。但在山麓地带含水沙层较薄弱富水的坡洪积物中,地下水可采资源模数仅 $5.0 \times 10^4 \sim 2.0 \times 10^5$ m³/(a·km²)。

山前冲洪积平原,孔隙水富水地段开采资源模数为 $2.5 \times 10^5 \sim 4.4 \times 10^5$ m³/(a·km²),冲洪积扇边缘及扇间地带,含水砂层较薄,颗粒细,含水层不发育,开采资源模数一般为 $5.0 \times 10^4 \sim 1.7 \times 10^5$ m³/(a·km²)。

鲁西北黄河冲洪积平原的地下水资源具有就地补给、就地储存、就地排泄的基本特征。开采资源分布与古河道分布有关,沙层较厚的古河道带的开采资源模数一般为 $1.5 \times 10^5 \sim 2.9 \times 10^5$ m³/(a·km²);古河道间带含水沙层较薄,颗粒细,富水性较差,开采资源模数一般为 $1.3 \times 10^5 \sim 2.4 \times 10^5$ m³/(a·km²)。滨海平原及黄河地区广布矿化度大于 2 g/L 的咸水,内陆平原分布岛状咸水,这些地区均无浅层淡水资源。

山东省地下水开采资源量的 50% 集中在岩溶水和孔隙水富水地段,具有重要开采意义。岩溶水富水地段主要分布在鲁中南山区,由于岩溶水资源具有大面积补给和局部富集等特点,26%富水地段开采资源集中在这里,成为济南、淄博等一些重要工业城市的大型供水水源。孔隙水富水地段分布在山前冲洪积扇、古河道带及山间河谷地区,开采资源量占全省富水地段总开采资源量的 74%。

(2)不同地区开采资源分布特征:根据统计,受降水及陆地面积大小的影响,多年来山东省内不同市(地)开采资源分布呈明显差别。全省多年平均年开采资源为 1.6959×10^{10} m³,其中济宁、菏泽年天然资源补给量超过 2.0×10^9 m³,济南、烟台、潍坊、泰安、临沂、德州、聊城年开采资源量为 $1.0 \times 10^9 \sim 2.0 \times 10^9$ m³,其他地区年天然资源补给量小于 1.0×10^9 m³。

按地下水可开采资源模数统计,淄博—潍坊、济宁北部等地区年天然资源补给量超过 3.0×10^9 m³/km²,菏泽西部及北部、泰安南部、聊城—济南—滨州沿黄河一带年可开采资源模数为 $2.0 \times 10^9 \sim 3.0 \times 10^9$ m³/km²,德州、聊城、济南、莱芜、枣庄西部及南部、临沂南部等地区年可开采资源模数为 $1.0 \times 10^9 \sim 2.0 \times 10^9$ m³/km²,烟台、威海、青岛、日照、枣庄北部、临沂北部等地区年可开采资源模数小于 1.0×10^9 m³/km²。

地下水以其易采易补、调节能力强、水质好和动态相对稳定等优势而成为工业、农业生产、城镇建设和生活饮用的重要水源。山东省地下水开发历史悠久,20 世纪 70 年代主要开采浅层地下水,供人畜饮用和农业灌溉,开采量较小。20 世纪 70 年代中后期,随着经济社会的快速发展,地下水需求量急剧增加,地下水开发利用技术不断进步,机井建设进入高潮,形成了浅层、深层立体开采的格局,开采量不断增加。

近 30 年来,山东省地下水开采量总体呈增长趋势。1980—1985 年开采量约为 $9.0 \times 10^9 \sim 9.3 \times 10^9$ m³。随着工农业生产的发展和城镇化水平不断提高,地下水开采量不断提高,1986—2000 年地下水开采量呈不断上升趋势,年开采量突破至 1.0×10^{10} m³,至 2000 年达到最大,约为 1.3104×10^{10} m³。从 2001 开始,年地下水开采量虽高低起伏,但整体呈逐年下降趋势,至 2019 年下降至 7.867×10^9 m³。"十三五"时期,山东省地下水资源开发利用量平均为 7.975×10^9 m³/a。其中利用量最高为 2016 年的 8.234×10^9 m³,最低为 2018 年的 7.829×10^9 m^3。"十三五"时期，全省地下水利用量基本呈逐年下降趋势。

山东省各市地下水资源开发利用如下：

(1)济南市天然补给资源量为 1.659×10^9 m^3/a，可开采资源量为 1.637×10^9 m^3/a，多年平均(1991—2019 年)地下水开采量为 9.47×10^8 m^3/a，2006 年开采量最小为5.36×10^8 m^3，1999 年开采量最大为 1.293×10^9 m^3。"十三五"时期，济南市地下水资源开发利用量平均为 6.85×10^8 m^3/a。其中利用量最高为 7.36×10^8 m^3(2016 年)，最低为 6.44×10^8 m^3(2019 年)。"十三五"时期济南市的地下水利用量基本呈逐年下降趋势。

(2)青岛市天然补给资源量为 1.067×10^9 m^3/a，可开采资源量为 6.37×10^8 m^3/a，多年平均(1991—2019 年)地下水开采量为 4.89×10^8 m^3/a，2016 年开采量最小为 2.34×10^8 m^3，2004 年开采量最大为 6.56×10^8 m^3。"十三五"时期，青岛市地下水资源开发利用量平均为 2.51×10^8 $m^3/$年。其中利用量最高为 2.82×10^8 m^3(2017 年)，最低为 2.34×10^8 m^3(2016 年)。"十三五"时期青岛市的地下水利用量基本持平。

(3)淄博市天然补给资源量为 1.276×10^9 m^3/a，可开采资源量为 9.96×10^8 m^3/a，多年平均(1991—2019 年)地下水开采量为 8.51×10^8 m^3/a，2019 年开采量最小为 4.99×10^8 m^3，1993 年开采量最大为 1.191×10^9 m^3。"十三五"时期，淄博市地下水资源开发利用量平均为 5.59×10^8 m^3/a。其中利用量最高为 6.19×10^8 m^3(2016 年)，最低为 4.99×10^8 m^3(2019 年)。"十三五"时期淄博市的地下水利用量基本呈逐年下降趋势。

(4)枣庄市天然补给资源量为 7.90×10^8 m^3/a，可开采资源量为 6.48×10^8 m^3/a，多年平均(1991—2019 年)地下水开采量为 4.61×10^8 m^3/a，2019 年开采量最小为 3.60×10^8 m^3，1996 年开采量最大为 6.26×10^8 m^3。"十三五"时期，枣庄市地下水资源开发利用量平均为 3.77×10^8 m^3/a。其中利用量最高为 4.07×10^8 m^3，最低为 3.60×10^8 m^3。"十三五"时期枣庄市的地下水利用量基本呈逐年下降趋势。

(5)东营市天然补给资源量为 7.9×10^7 m^3/a，可开采资源量为 7.6×10^7 m^3/a，多年平均(1991—2019 年)地下水开采量为 9.5×10^7 m^3/a，2004 年开采量最小为 6.6×10^7 m^3，1997 年开采量最大为 1.43×10^8 m^3。"十三五"时期，东营市地下水资源开发利用量平均为 7.4×10^7 m^3/a。其中利用量最高为 7.4×10^7 m^3(2016 年)，最低为 7.3×10^7 m^3(2019 年)。"十三五"时期东营市的地下水利用量基本持平。

(6)烟台市天然补给资源量为 1.373×10^9 m^3/a，可开采资源量为 1.108×10^9 m^3/a，多年平均(1991—2019 年)地下水开采量为 5.92×10^8 m^3/a，2018 年开采量最小为3.61×10^8 m^3，1994 年开采量最大为 8.91×10^8 m^3。"十三五"时期，烟台市地下水资源开发利用量平均为 4.14×10^8 m^3/a。其中利用量最高为 4.95×10^8 m^3(2019 年)，最低为 3.61×10^8 m^3(2018 年)。"十三五"时期烟台市的地下水利用量基本持平，因 2019 年胶东旱情，地下水利用量显著增加。

(7)潍坊市天然补给资源量为 1.41×10^9 m^3/a，可开采资源量为 1.397×10^9 m^3/a，多年平均(1991—2019 年)地下水开采量为 1.11×10^9 m^3/a，2018 年开采量最小为 6.87×10^8 m^3，1996 年开采量最大为 1.513×10^9 m^3。"十三五"时期，潍坊市地下水资源开发利

用量平均为 7.23×10^8 m³/a。其中利用量最高为 7.83×10^8 m³(2016 年),最低为 6.87×10^8 m³(2018 年)。"十三五"时期潍坊市的地下水利用量基本呈逐年下降趋势。

(8)济宁市天然补给资源量为 2.036×10^9 m³/a,可开采资源量为 2.024×10^9 m³/a,多年平均(1991—2019 年)地下水开采量为 1.319×10^9 m³/a,2018 年开采量最小为 8.49×10^8 m³,2008 年开采量最大为 1.683×10^9 m³。"十三五"时期,济宁市地下水资源开发利用量平均为 8.7×10^8 m³/a。其中利用量最高为 8.9×10^8 m³(2019 年),最低为 8.49×10^8 m³(2018 年)。"十三五"时期济宁市的地下水利用量基本持平。

(9)泰安市天然补给资源量为 1.297×10^9 m³/a,可开采资源量为 1.204×10^9 m³/a,多年平均(1991—2019 年)地下水开采量为 9.24×10^8 m³/a,2018 年开采量最小为 5.16×10^8 m³,1992 年开采量最大为 1.326×10^9 m³。"十三五"时期,泰安市地下水资源开发利用量平均为 5.54×10^8 m³/a。其中利用量最高为 5.96×10^8 m³(2017 年),最低为 2018 年的 5.16×10^8 m³。"十三五"时期泰安市的地下水利用量基本持平。

(10)威海市天然补给资源量为 3.75×10^8 m³/a,可开采资源量为 2.61×10^8 m³/a,多年平均(1991—2019 年)地下水开采量为 1.51×10^8 m³/a,2007 年开采量最小为 6.8×10^7 m³,年开采量最大为 2.44×10^8 m³。"十三五"时期,威海市地下水资源开发利用量平均为 1.42×10^8 m³/a。其中利用量最高为 1.5×10^8 m³(2016 年),最低为 1.38×10^8 m³(2019 年)。"十三五"时期威海市的地下水利用量基本持平。

(11)日照市天然补给资源量为 7.48×10^8 m³/a,可开采资源量为 3.59×10^8 m³/a,多年平均(1991—2019 年)地下水开采量为 1.85×10^8 m³/a,1991 年开采量最小为 1.14×10^8 m³,2002 年开采量最大为 3.02×10^8 m³。"十三五"时期,日照市地下水资源开发利用量平均为 1.55×10^8 m³/a。其中利用量最高为 2016 年的 1.60×10^8 m³,最低为 1.48×10^8 m³(2019 年)。"十三五"时期日照市的地下水利用量基本持平。

(12)临沂市天然补给资源量为 2.252×10^9 m³/a,可开采资源量为 1.555×10^9 m³/a,多年平均(1991—2019 年)地下水开采量为 6.63×10^8 m³/a,2019 年开采量最小为 4.14×10^8 m³,2002 年开采量最大为 1.035×10^9 m³。"十三五"时期,临沂市地下水资源开发利用量平均为 4.26×10^8 m³/a。其中利用量最高为 4.46×10^8 m³(2016 年),最低为 4.14×10^8 m³(2019 年)。"十三五"时期临沂市的地下水利用量呈逐年下降趋势。

(13)德州市天然补给资源量为 1.305×10^9 m³/a,可开采资源量为 1.271×10^9 m³/a,多年平均(1991—2019 年)地下水开采量为 7.41×10^8 m³/a,1991 年开采量最小为 4.71×10^8 m³,2002 年开采量最大为 9.19×10^8 m³。"十三五"时期,德州市地下水资源开发利用量平均为 6.56×10^8 m³/a。其中利用量最高为 6.81×10^8 m³(2017 年),最低为 6.03×10^8 m³(2019 年)。"十三五"时期德州市的地下水利用量呈逐年下降趋势。

(14)聊城市天然补给资源量为 1.431×10^9 m³/a,可开采资源量为 1.275×10^9 m³/a,多年平均(1991—2019 年)地下水开采量为 9.64×10^8 m³/a,2016 年开采量最小为 7.28×10^8 m³,2004 年开采量最大为 1.182×10^9 m³。"十三五"时期,聊城市地下水资源开发利用量平均为 7.87×10^8 m³/a。其中利用量最高为 8.14×10^8 m³(2018 年),最低为 7.28×

10^8 m^3(2016 年)。"十三五"时期聊城市的地下水利用量呈稳定趋势。

(15)滨州市天然补给资源量为 $4.85×10^8$ m^3/a,可开采资源量为 $4.51×10^8$ m^3/a,多年平均(1991—2019 年)地下水开采量为 $3.03×10^8$ m^3/a,2019 年开采量最小为 $9.2×10^7$ m^3,1995 年开采量最大为 $4.70×10^8$ m^3。"十三五"时期,滨州市地下水资源开发利用量平均为 $1.60×10^8$ m^3/a。其中利用量最高为 $1.88×10^8$ m^3(2016 年),最低为 $9.2×10^7$ m^3(2019 年)。"十三五"时期滨州市的地下水利用量呈稳定趋势,其中 2019 年降幅明显。

(16)菏泽市天然补给资源量为 $2.31×10^9$ m^3/a,可开采资源量为 $2.06×10^9$ m^3/a,多年平均(1991—2019 年)地下水开采量为 $9.72×10^8$ m^3/a,1993 年开采量最小为 $6.25×10^8$ m^3,2013 年开采量最大为 $1.273×10^9$ m^3。"十三五"时期,菏泽市地下水资源开发利用量平均为 $1.146×10^9$ m^3/a。其中利用量最高为 $1.197×10^9$ m^3(2016 年),最低为 $1.05×10^9$ m^3(2017 年)。"十三五"时期菏泽市的地下水利用量呈稳定趋势,其中 2017 年降幅明显。

4.2　地下水的污染与修复

4.2.1　我国地下水污染现状

地下水是水资源的重要组成部分,对社会经济发展具有重要意义。我国人均水资源不足,尤其是北方地区对地下水存在着较强的依赖。近年来,由于工业及城镇化的快速发展,全国大部分地区的地下水均遭到了不同程度的污染。过去十多年来,我国一直致力于地下水污染防治,取得了一定的成效,但地下水污染形势依然严峻。

中国人民大学环境学院马中教授是我国比较早关注地下水污染的学者,他认为水资源不足和地表水污染是我国水危机的两个外在体现,而地下水污染则更为隐性,危害更大,是水危机的内在体现。按照现在的趋势发展,未来我国会有很多城市不得不放弃地下水作为饮用水水源。地下水污染较为隐蔽,一方面是因为不容易被发现,污染后果短期内无法显现;另一方面是因为地下水污染防治技术不太成熟,要净化被重金属污染的地下水比较困难。我国地表水的管理法规较为完善,但地下水管理方面的法律法规还不够健全,监测体系不够完整,导致了当前仍未针对污染源提出根本性的解决措施,污染形势还在持续。

我国地下水污染的主要特点表现为以下几方面:①污染程度不断严重,全国约有90%的城市地下水已经遭受各类污染。②污染面积在不断增加,由局部的点状污染逐渐扩大到区域的面状污染。③污染的区域在不断地深入,从城市到农村,从东部地区波及西部地区。④污染物的种类也在不断增加,由无机物转向有机物,并且复合型污染越来越多。

在我国水资源整体不足以及地表水污染严重的情况下,地下水水质恶化正在危害很多人的健康。地下水带来的健康问题有很多,如氟牙症、氟骨症、砷中毒引起的痴呆症、大骨节病、克山病等,已经成为很多地方的普遍性疾病。地下水污染是造成这些"地方病"产生的重要原因。要想根除"地方病",就需要净化地下水和防治地下水污染,但其治理难度很大。地下水污染的原因错综复杂,地下区域深层次的相互渗透也始终存在,很难采取针对性的有效措施。除了经济发达地区,广大的农村地区也存在着严重的地下水污染问题。数据显示,每年因为地下水污染造成了千万吨以上的粮食减产,更有上千万吨的粮食受到污染不能食用。地下水污染不仅造成了巨大的经济损失,也给人们的健康带来了极大的威胁,因此加快地下水污染防治已经刻不容缓。

4.2.2　地下水污染从何而来

要想治理地下水污染,就需要弄清楚污染到底从何而来。

我国地下水污染的原因是多方面的,具体可从工业、农业、生活这三大方面进行分析。工业方面,生产过程中排放的大量废水、废气、废渣等都是导致地下水污染的因素,工业废水没有经过无害化处理肆意排放,导致大量的重金属渗入地下水中。工业三废不容易净化并且毒性也非常大。其中,废水是工业污染引起水体污染的最重要的原因。工业废水所含的污染物因工厂种类不同而千差万别,即使是同类工厂,生产过程不同,其所含污染物的质和量也不一样。如果工业废水没有经过处理直接排放入河道,会对河流造成严重的污染。由于河流水和地下水是统一的循环水系统,地下水的水质也会遭受污染。工业生产中还会产生大量的废渣,目前主要的处理方式是将废渣存入大坑填埋或者直接堆放地面。如果废渣存放地没有进行有效的防水处理,废渣中的污染物会被淋滤、分解然后下渗,最终污染地下水。燃料燃烧以及汽车行驶中都会产生废气,有害气体会通过大气-水循环进入到地下水循环系统中。

农业方面,在生产过程中使用的化肥、农药是导致地下污染的主要源头。随着农业灌溉以及雨水冲刷,农药和化肥渗入到地下从而引起污染。从生活角度来看,生活垃圾、生活污水等都是导致地下水污染的重要原因。随着城镇化进程的加快,现代生活方式从城市普及到农村,各类生活垃圾的数量快速增加,塑料、各类金属、废包装、电池、电子产品等垃圾在没有得到有效处理的情况下,进行简单的填埋、堆放处理会导致渗漏的情况出现,导致地下水严重污染。很多地方为了提高农作物的产量,会大量施肥以及喷洒农药。超量的肥料和农药不会被植物吸收,进入土壤,经过降雨等水循环作用将化肥和农药中的有害物质渗入地下水,对地下水产生污染。农业污染首先是由于耕作或开荒使土地表面疏松,在土壤和地形还未稳定时降雨,会使大量泥沙流入水中,增加水中的悬浮物。还有一个重要原因是农药、化肥的使用量日益增多,而使用的农药和化肥只有少量附着或被吸收,其余绝大部分残留在土壤和大气中,通过降雨,在地表径流的冲刷作用下

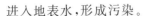

进入地表水，形成污染。

我们的生活用水造成的污染也比较严重，尤其是城市污染，城市人口比较密集，生活污水、垃圾和废气都会造成水污染。另外，还有经常被忽略的实验室污水、医院污水等都会严重污染地下水。这些污水排放在地表，经过水系统的循环进入地下水。

4.2.3　地下水污染修复措施

地下水污染物的种类有很多，包括有机物、重金属、无机盐以及一些放射性元素。面对各种复杂的污染问题，我们需要对症下药，选择经济可行的修复方法。下面介绍几种经典的地下水污染修复技术。

1. 监测自然衰减技术

监测自然衰减技术基于污染场地自身理化条件和污染物自然衰减能力进行污染修复，以此来达到降低污染物浓度、毒性及迁移性等目的，其过程包括土壤颗粒的吸附、污染物的微生物降解、在地下水中的稀释和弥散等。监测自然衰减技术通常会采用相应的监测控制技术，对地下水的自然修复过程进行监测评价。监测评价主要包括三个方面：①检测污染物的自然衰减程度是否符合预期，包括污染物浓度是否降低、是否产生潜在的有毒污染物等情况。②污染物自然衰减是否受到外界环境因素的改变，包括水文地质条件、地球化学条件、微生物情况。③检测整个衰减修复过程中是否对周边地区以及下游地区产生了影响，综合验收修复目标。

监测自然衰减技术所需费用较低，对原生态环境的干扰程度较小，主要依靠环境自身的生态恢复能力。但这种技术的应用范围较窄，仅用于污染程度低的区域环境，而且需长期监测。只有污染物的自然衰减速率高于迁移速率，才有可能控制污染源。为了达到更好的修复目的，我们还可以向地下环境注入辅助物质来提高自然衰减效率。

2. 地下水污染的异位处理

异位处理就是将受污染的土壤或地下水进行开挖或抽取后，在地面上进行处理。地下水受到污染后，可采用布设抽水井的方式先抽取已污染的地下水，然后在地表进行净化处理。常用的异位处理技术有两相抽提技术和抽取-处理修复技术。两相抽提技术是针对地下水污染场地中存在自由相非水相液体的情况。抽取-处理技术可以有效控制污染源的去除和污染范围的扩散，最终降低污染程度。此项技术适用于污染程度较大、污染物埋藏较深的场地。但是，该技术也具有一定的限制，例如泵抽无法完全清除污染物；随着污染质从含水层固相介质向水中转化的速率越来越小，会出现"拖尾"效应；停止抽水处理后，会发生"反弹"效应。与监测自然衰减技术相比，该处理技术需要费用较高，对环境的干扰程度比较大，需要定期维护和检测。

3. 地下水污染的原位修复

如果地下水中的污染物是挥发性和半挥发性的有机污染物，我们可以采用土壤气相抽提、空气扰动和井中汽提等方法处理，利用挥发、汽化等特征将污染物转移至气相，随气体排出。土壤气相抽提主要用来处理地下包气带中挥发性有机污染物的污染问题,其方法如下:首先,在包气带中布设注气井和抽气井,使包气带中的污染质进入气相;然后,使用真空泵在地表抽取包气带中的空气,抽出的气体要经过除水汽和碳吸附后排入大气。该技术的关键是随着包气带岩性的变化控制抽气井的有效半径。在低渗透及非均质环境中,此技术去除污染物的效果不理想。空气扰动是通过向地下饱和带注入空气,在污染源下方形成气流屏障,防止污染源进一步向下扩散和迁移;在气压梯度作用下,在包气带收集汽化后的污染物。该技术的控制因素主要包括挥发、解吸和生物降解等。井中汽提方法的原理是将地下水中挥发性有机物在去除井中汽化,并收集至地表处理或在包气带中利用微生物降解;部分待处理的地下水可注入包气带,进而逐渐进入水井并被抽取处理,使地下水循环,直至达到修复目的。

针对污染范围较大、污染程度较严重的地下水重金属或有机污染,通常采用渗透反应屏障技术、原位反应带技术和原位微生物修复技术等,在污染场地下游安置连续或非连续的渗透性反应区,含有污染物的地下水流经反应区,经处理后达到修复目的。渗透反应屏障技术工程设施较简单,操作容易,后期维护成本较低。但修复过程中会出现反应介质堵塞、介质需更换等技术问题。而且,工程设施永久性固定在地下,很难进行移动或改动。

原位反应带技术的原理:在污染场地下游地带布设注入井,形成一个"污染物的反应带",在反应带填充反应介质;污染物与注入的介质发生作用,通过阻截、固定或降解使地下水中的污染物得以去除。原位反应带可分为化学反应带(氧化或还原)和生物反应带等。该技术适用于污染范围大、污染严重的地下水污染修复,但其注入介质(氧化剂、还原剂或微生物)及反应产物时有可能会对地下环境造成二次污染。

原位微生物修复技术的原理:向污染场地注入驯化降解菌群或利用土著微生物降解去除污染物。该技术通常利用微生物的好氧降解,极少数会利用微生物的厌氧降解。地下水中虽含有一定量的氧气和营养物质,但远远不能满足微生物的好氧降解需求,因此需向地下水注入氧气或营养物质。相较于地面上的微生物处理,地下水的环境条件比较复杂且难以控制,原位微生物修复技术受制于电子受体浓度和营养物质是否充足,且因生物降解缓慢而造成修复过程较长。但此技术具有操作简单、经济、效率高、很少造成二次污染等优点,故备受人们青睐。此外,驯化降解菌群通常只针对一种或一类有机污染物进行降解。但是,土著微生物却具有明显的降解优势。当地下环境受到有机污染物污染时,土著微生物会通过自然突变形成新的突变种,并具有新的代谢功能,可以降解许多有机污染物。若微生物的选择和营养的配比适当,几乎所有的有机污染物都可被微生物降解。

4.3　对地下水的管理与保护

4.3.1　我国对地下水资源的管理

地下水是重要的基础资源和战略资源，是生态与环境的主要控制性要素。地下水的开发利用不仅支持和保障了当地经济社会的持续发展，并且在缓解日益紧张的区域水资源供需矛盾中具有重要意义。地下水管理是水资源管理的重要组成部分。目前，我国的地下水资源管理以宏观、定性化管理与保护为主。地下水资源保护主要包括地下水超采区管理、地下水水源地保护、矿产资源开发区地下水保护、地下水污染预防、地下水补给等。

地下水超采是我国地下水资源面临的主要问题，超采区治理是我国目前地下水资源管理的主要工作内容。地下水的过度开采会造成一系列的生态和环境问题，这些问题一旦出现，将难以治理与恢复。近年来，一些地区对地下水循环规律和有限性认识不足，重开发轻保护，造成地下水超采严重，已严重威胁经济安全、生态安全和社会稳定。《中华人民共和国水法》中规定，在地下水超采地区，县级以上地方人民政府应当采取措施，严格控制开采地下水。在地下水严重超采地区，经省、自治区、直辖市人民政府批准，可以划定地下水禁止开采或者限制开采区。在沿海地区开采地下水，应当经过科学论证，并采取措施，防止地面沉降和海水入侵。

根据水利部2012—2014年开展的以2001—2010年为评价期的全国地下水超采区评价成果，全国地下水超采区面积近3.0×10^5 km²，总共涉及21个省级行政区。随着地下水开发利用的严格管控，京津冀地区、辽河平原中部、内蒙古部分地区、石羊河流域等地超采状况呈现明显好转的趋势，地下水水位下降速率有所减缓，深层承压水开采量持续减小。与此同时，一些原本不存在超采问题的地区由于地下水开采量的增加，导致地下水水位持续下降，如三江平原、西辽河平原、鄂尔多斯台地、天生南北麓等地区，其中三江平原、天山南北麓是由于灌溉导致地下开采量增加；而西辽河平原、鄂尔多斯台地除了灌溉面积快速增加外，也存在气候变化影响地下水资源量的因素。由此我们可以看到，全国地下水超采的状况变化并不均衡，存在部分地区超采范围扩大的问题，地下水超采问题依然严峻。

地下水超采的原因有很多，首先一个重要的原因是区域水资源先天不足。我国北方地区地下水超采严重，尤其是干旱、半干旱地区，降水量普遍在半湿润和半干旱分界线400 mm以下，蒸发量普遍大于降水量，地表水相对匮乏。同时由于全球气候变化以及人类活动的影响，一些地区水资源衰减严重，不合理的开发利用导致污染加重，造成水资源短缺。其次，由于社会的发展，人们的用水需求大幅度增加，远远超出了水资源的承载能力。一方面,我国是农业大国,农业发展一直过度依赖地下水。尤其是 2000 年以来,受粮食产量供求形势的影响,北方地区在国家商品粮种植中的作用越来越凸显,各种政策极大激发了农户种植的积极性,灌溉面积快速增加,引发农灌打井数量大幅增加,造成地下水严重超载。另一方面,城镇化的发展同样带来了较大的用水需求。近年来,虽然很多地区开始推进地下水超采治理,但城镇发展造成的地下水超采问题仍未得到根本解决。目前,我国的节水机制并不健全,不能很好地起到约束和激励作用;对地下水的监管力度仍然不足,存在着措施不完善、监管不到位的问题。

目前,地下水资源管理的许多工作都围绕防治地下水过度开发引发的环境地质问题开展。水资源短缺地区易发生地面沉降。由于这些地区地表水严重缺乏或遭到污染,为保障饮水安全、粮食安全及经济社会发展,许多城市和农村地区不得不大规模开发利用地下水。在保障国家粮食安全和经济社会发展的同时,地下水大规模开发利用也造成了部分地区地下水严重超采,并引发地面沉降。此外,一部分地区的产业结构和布局不合理,不考虑当地水资源条件,盲目开采地下水、发展高耗水高污染企业,更加剧了地下水超采和地面沉降。由于这些地区地下水替代水源有限,难以实行地下水大规模禁采和限采,加大了地面沉降防治工作的难度。在对地下水的开发利用过程中,人们也逐渐意识到地下水位在解决环境地质问题中的重要性。在以后的研究中,我们应在该方面进行全面总结、综合分析,寻找一套适用于大尺度、大区域的地下水水位控制方法,制定出不同条件下不同区域的地下水水位控制标准,这对我国的地下水管理工作有着重要的理论意义和现实意义。

4.3.2　我国对地下水资源的保护

1. 地下水环境保护的法律法规

我国地下水环境保护方面的相关立法,最早可以追溯 1956 年的《矿产资源保护试行条例》,其中提出对地下水资源应制定科学合理的开采方案,以防止地下水资源受到破坏。截至目前,我国在地下水管理的法律法规方面主要形成了《中华人民共和国环境保护法》《中华人民共和国水污染防治法》《中华人民共和国水法》等国家层面的基本法律和《取水许可和水资源费征收管理条例》《建设项目水资源论证管理办法》等作为补充的部门规章和政策法规,使地下水资源与环境的保护基本实现了有法可依。在地方层面,有些省级行政区已经开展了专门针对地下水立法工作的探索,如新疆维吾尔自治区(2002年)、辽宁省(2003 年)、云南省(2009 年)、内蒙古自治区(2013 年)、河北省(2015 年)、陕西省(2016 年)等先后颁布实施了地下水管理条例或办法。但是在大部分省级行政区,仍然缺乏专门的地下水法规,很多仅将地下水管理笼统地纳入地表水的管理中。相比于欧美等发达国家,我国的地下水立法工作比较滞后,还没有形成关于地下水保护及管理的专项法规制度,水污染防治、环境保护等方面的法规所涉及地下水保护的内容往往零散且条款模糊,不利于执行。

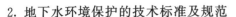

2. 地下水环境保护的技术标准及规范

我国已颁布实施的与地下水环境密切相关的技术标准有《地下水监测技术规范》（HJ/T 164—2004）、《环境影响评价技术导则　地下水环境》（HJ 610—2016）、《地下水质量标准》（GB/T 14848—2017）、《地下水超采区评价导则》（GB/T 34968—2017）和《饮用水水源保护区划分技术规范》（HJ 338—2018）等数十种。除此之外，我国还发布了《地下水环境状况调查评价工作指南（试行）》《地下水污染防治区划分工作指南（试行）》等技术指南。随着社会的进步和专业技术水平的提高，地下水的相关技术规范也在不断的改进和修订。

3. 地下水环境保护的技术标准及规范

地下水监测是地下水管理的重要环节。20 世纪 50 年代，我国就已经开始进行对地下水的监测工作。前期主要是针对水源地以及市区进行监测，缺少对区域地下水的监测。随着技术的发展，目前各省市的地下水监测网已经初步建成。尤其是 2015—2018 年开展的国家地下水监测工程，使占国土面积三分之一区域的地下水的水位、水质等指标得到了实时监测，其中自然资源部门已建成层位明确的国家级地下水专业监测站点 10168 个，并全部安装了一体化的地下水自动监测设备。

4. 地下水超采区治理

地下水超采是地下水资源保护所面临的难题。我国对于地下水超采的治理力度在逐渐增加。2004 年，水利部针对地下水超采的问题启动了全国地下水保护行动（2004—2020）。2012 年，国务院发布了《国务院关于实行最严格水资源管理制度的意见》，其中专门提到了严格地下水管理和保护，加强地下水动态监测，实行地下水取用水总量控制和水位控制的"双控"制度，并指出各省、自治区、直辖市要尽快核定并公布地下水禁采和限采范围。

5. 地下水污染防治规划

截至目前，从国家层面出台的地下水污染的相关政策有《全国地下水污染防治规划》《水污染防治行动计划》和《地下水污染防治实施方案》。《全国地下水污染防治规划（2011—2020）》是目前我国有关地下水环境保护的最详细的政策性规划文件。《水污染防治行动计划》中提到了地下水环境监测，这是地下水管理的重要手段，目前国家地下水监测工程已全部建成。《地下水污染防治实施方案》是 2019 年 3 月由生态环境部等五部门联合印发的防治地下水污染的实施方案，方案明确了防治目标、主要责任和保障措施，指出要完善地下水污染防治法规，制定 2020—2025 年的地下水污染防治规划，是目前国家层面最新的针对地下水污染情况采取的主要对策。随着经济社会的发展，为解决地下水环境方面的突出问题，我国关于地下水环境保护的措施在不断增进和完善。[①]

---

① 参见魏莉莉，马宝强，毛岳.浅谈生态文明背景下的地下水环境保护[J].地下水，2020，42(5)：42-46.

4.3.3 山东省地下水的动态监测和综合研究

1. 山东省地下水的动态监测情况

山东省的地下水监测工作始于20世纪50年代中期,地下水监测网络的建设也随着经济社会的发展和国家重大战略的需要而不断调整和完善,监测网络的建设发展历程总体可以分为以下几个阶段:

(1)监测网初步建设阶段:从20世纪50年代到20世纪90年代中期,这一阶段地下水动态监测范围小,监测工作只是单纯地为水文地质研究提供基础资料。这一阶段开展的工作主要有:20世纪60~70年代初主要以供水为目的,服务于城镇、工矿和农田供水的水源地勘查评价;20世纪70年代配合鲁西北农田供水及旱、涝、碱治理,开展地下水监测研究,促进地下水的合理开发利用与保护;20世纪80年代初,开展土壤包气带水运移、水文地质参数、"三水"转化等定量观测和分析研究,为地下水数学模型的建立奠定了基础。

本阶段监测点数量极少,省级监测点数量为16个,监测频率为每5天监测一次,采用人工方式监测,监测设备采用自制测绳电表进行监测。

(2)监测网络规范发展阶段:从1986年到2000年,山东省地下水监测网络得到了规范化发展。1985年11月,原地矿部批准成立山东省地质环境监测总站,标志着山东省地下水监测进入了规范化阶段。首先,山东省地质环境监测总站整合了全省各地(市)地下水动态长期监测站,增设了一定数量的监测点,进一步完善了地下水动态监测系统,基本建成了除人口稀少的山丘区以外的全省地下水监测体系。其次,省级地下水监测点的数量由1986年初的16个增加到2000年的719个,监测内容由水位监测发展到水位、水质监测。最后,地下水水位监测方法和手段没有改变,水质采取人工取样、实验室化验的办法,水质每年监测1~2次,取样时间为丰水期和枯水期。

在这一阶段,山东省出现了一系列环境水文地质问题,并逐步成为影响社会经济发展的主要因素之一。另外,该阶段的监测工作也由单纯的水文地质逐步向环境水文地质发展,各地市监测站开始常态化开展地下水监测工作。

(3)监测网升级发展阶段:2001年1月,山东省编委批准山东省地质环境监测总站成为国土资源厅直属公益性事业单位。随着机构的改革和职能的调整,监测工作性质明确为一项基础性、公益性的社会工作,为政府行使地质环境监督管理服务提供技术支撑和保障。职能明确后,山东省的地下水监测工作迎来了升级发展时期,主要体现在以下几点:

一是省级地下水监测站点进一步得到补充。到2014年,山东省地质环境监测总站管理的地下水监测点达到382个,初步形成了省级地下水监测网络。

二是监测技术上创新突破。2005年,山东省率先在全国开展了地下水监测自动化,地下水监测进入了人工监测与自动化监测并存的新阶段。

三是开拓思路。加强地下水环境的监测研究,对重点地区开展环境水文地质调查评价,如泰莱盆地、临沂单斜、枣庄等地的岩溶塌陷,济宁、德州、菏泽的地面沉降,东营、潍坊、

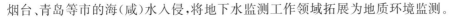

烟台、青岛等市的海(咸)水入侵,将地下水监测工作领域拓展为地质环境监测。

本阶段最大的特点是初步形成了地下水监测网络,专门性的地下水监测井开始建设,监测的技术方法上进行了重大突破,自动化监测设备开始应用,人工监测的工具进一步升级,由自制测绳升级为专门的地下水监测仪。

(4)监测网络优化完善阶段:从 2016 年至今是山东省地下水监测网络迅速优化完善的阶段,山东省实施了省级地下水监测工程和国家级地下水监测工程,地下水监测站点建设开始走向规范化、标准化、专业化。截至 2020 年,全省已经形成了地下水监测的国家级骨干网、省级基本网和市级延伸网三级网络体系,其中国家级监测点 746 个,省级监测点 322 个;省级以上监测点全部实现了监测的自动化,采集要素包括水温、水位;部分地区开始了矿化度、氯离子等水质监测自动化的试点。

通过省级和国家级监测工程的实施,山东省新增监测站点 795 处,地下水监测点密度从每 100 km² 不足 0.3 个提升到每 100 km² 0.68 个,基本形成了国家、省、市三级地下水监测网络体系,使得山东省的地下水监测网络得到了进一步的优化完善和提升。

2. 地下水监测数据库的建立

山东省地下水监测系统主要是对地下水监测点信息、地下水人工监测数据信息、水质样品信息、水质分析信息、自动监测数据信息、水源地信息、水源地取样信息、水源地水质信息、地热信息、矿泉水信息、自动监测设备信息进行维护管理,可基于这些数据进行快速检索查询与统计分析。其中,自动监测的数据可以综合对比查看,可以生成水位等值线;不涉密的数据可以发布外网,公众可通过浏览器或移动应用查询浏览,实现信息共享。

山东省地下水监测系统主要用户包括省、市地质环境监测站的专业人员、各级环境管理部门的管理人员,其中各省、市专业技术人员主要使用系统的地下水监测点数据管理、人工监测数据采集、水质取样、水质评价、监测点数据查询统计、监测数据查询统计、水质评价结果查询统计、综合制图以及监测数据报警管理等,省级用户可以管理全省数据,市级用户则只能管理本市数据。省、市、县环境管理人员主要对监测点信息、监测数据、水质评价结果等进行查询统计,了解地下水监测实况以及水位、水质等变化情况。

根据建立的山东省地下水监测系统,进一步规范了省内地下水监测业务流程。首先确定了地下水监测点类型,人工监测点主要是人工采集数据,对采集的人工监测数据进行管理,然后将数据上报给上级单位入库。对于自动化监测点,首先需要对关联的监测点信息进行管理,然后在监测点安放监测设备,对设备信息进行管理。监测设备的系统会自动接收监测数据,这些自动化监测数据也会进入数据库。对于数据库中的监测数据,人们可以进行统计查询、导出需要的报表、监测预警管理以及综合分析和制图等操作。

山东省地下水监测数据库是基于关系数据库和地理信息系统(GIS)技术,面向地下水业务应用的数据存储、管理、应用和服务平台,是显示监测系统与数据资源进行集中、集成、共享、分析的软硬件设施及其数据、业务应用等的有机组合。山东省地下水监测数据库的数据模型与数据结构设计是在省级地质环境节点数据标准的基础上,按照山东省国土资源系统数据标准的要求,根据地下水监测业务需求进行修改完善,从而完成数据模型与数据结构设计的。在建模过程中,研发人员遵循相关的行业标准,针对地下水动态监测规程、区域地下水资源调查评价数据标准等,进行了业务分析和数据建模。

业务数据库是业务应用和信息系统的数据源,是业务应用系统、信息系统的核心,也是数据中心最重要的组成部分。山东省地下水监测数据库的业务清单表如表 4-2 所示。

表 4-2 山东省地下水监测数据库的业务清单表

表名	表名
行政区域表	滤水管
连接字符串表	地热矿泉水基本信息表
字典分类表	传感器表
字典项表	监测钻孔
日志表	监测机构
系统功能表	监测点基本表
系统功能按钮表	设备异常信息
系统功能字段表	预警信息
WebApi 日志表	水质检验
WebApi 注册表	参与评价指标
Dic Data	指标表
监测类型	水质检验数据值
Dic 参照表	水质等级表
预警等级	指标限值表
即时消息表	水质取样
消息群组表	指标单位表
未读消息表	雨量月数据
用户群组表	气象预报站点表
行政体系	雨量年数据
审核区域表	月统计
审核表	统计查询条件
审核区域负责人表	年统计
抽水试验	泉水监测详细信息
地层	设备异常策略
气温	预警策略
矿化度	地面塌陷发生情况表(手动录入)

续表

表名	表名
降雨量	地下水降落漏斗状况表(手动录入)
自动监测数据	地面沉降地裂缝和海水入侵发生状况表(手动录入)
人工监测数据表	地面沉降地裂缝监测网点基本情况表(手动录入)
水位	地下水开发利用状况表(手动录入)
水温	地下水位状况表(手动录入)
自动监测同步记录表	水源地
设备状态记录表	水源地调查表子表
监测设备表	水源地综合调查表
监测设备类型	水源地调查表的附表

资料来源：王庆兵.山东省地下水监测成果综合研究［M］.济南：山东科技出版社，2019.

山东省地下水监测业务属性数据库的内容包括地下水、地热和浅层地温能数据、钻孔数据等70个业务属性数据标准化处理入库数据中心，供地下水监测系统使用。该数据库通过开发面向地下水的数据上载模块或脚本程序，实现原始数据的检查、整理、优化、上载入库，实现属性数据的筛选、整合、入库到基础数据库；通过数据自动提取处理和传送，上载入库到操作数据库，实现统一的业务属性服务。山东省地下水监测业务属性数据库是在国家节点数据标准、数据模型、数据结构的基础上设计的，实现了与国家节点的对接。

3. 地下水监测信息系统建设

在总体技术架构基础上，山东省针对地下水监测业务管理，建立了地下水监测管理系统，实现了对全省地下水人工监测、自动化监测、水源地监测、地质环境监测体系信息的编辑、浏览查询、统计分析、报表生成等功能。该系统能自动生成监测点水质评价结果、水源地水质评价结果等，方便人们掌握水位和水质变化趋势。

地下水监测信息系统主要业务数据包括监测点数据、监测设备数据、人工监测数据、自动化监测数据、水质取样、水质检验数据、降雨量数据等，用户可以通过系统对这些数据进行查询统计、监测预警以及综合分析等。

需要注意的是，山东省深层地下水水位监测点较少，且分布比较集中，不能精确反应深层地下水水面形态的变化。因此应该继续增加深层地下水监测点，对漏斗区和监测点分布稀疏的地区进行加密，以全面掌握全区深层地下水水位特征和动态变化。同时，部分地区还需补充矿泉水水质监测点，以掌握矿泉水水质动态特征。

4.4 本章小结

我们虽然不能直接看到地下水，但我们可以看到由于地下水超采引发的各种环境问题,同样也可以看到地下水治理后人们生活供水标准的提高。在可见和不可见之间所蕴藏着的是国家对水安全的重要考量。保护地下水刻不容缓,只有使用与涵养相结合,合理开采和有效保护地下水,才可以使地下水良性循环,永续利用。我们也必须行动起来,从点滴做起,保护地下水,保护我们赖以生存的环境。水资源的节约利用既需要相关部门的协调联动、相互配合,也需要每位公民树立节水理念,改变用水方式。我们要聚滴成河,保护生命之源,守护好地下水这条生命线。

参考文献

[1]陈飞,侯杰,于丽丽,等.全国地下水超采治理分析[J].水利规划与设计,2016(11):3-7.

[2]陈飞,徐翔宇,羊艳,等.中国地下水资源演变趋势及影响因素分析[J].水科学进展,2020,31(6):811-819.

[3]董亚楠,邢立亭,张欣慧,等.地下水超采区评价法及其应用[J].地质与勘探,2019,55(2):641-648.

[4]刘敏,聂振龙,王金哲,等.华北平原地下水资源承载力评价[J].南水北调与水利科技,2017,15(4):13-18+33.

[5]吕倩,魏洁云.中国地下水污染现状及治理[J].生态经济,2016,32(10):10-13.

[6]石建省,李国敏,梁杏,等.华北平原地下水演变机制与调控[J].地球学报,2014,35(5):527-534.

[7]王文科,宫程程,张在勇,等.旱区地下水文与生态效应研究现状与展望[J].地球科学进展,2018,33(7):702-718.

[8]魏莉莉,马宝强,毛岳.浅谈生态文明背景下的地下水环境保护[J].地下水,2020,42(5):42-46.

[9]严琼.我国地下水污染现状、治理技术及防治建议[J].山东化工,2021,50(22):225-227.

[10]杨丽芝,曲万龙,刘春华.华北平原地下水资源功能衰退与恢复途径研究[J].干旱区资源与环境,2013,27(7):8-16.

[11]尹雅芳,刘德深,李晶,等.中国地下水污染防治的研究进展[J].环境科学与管理,2011,36(6):27-30.

[12]于丽丽,羊艳,唐世南,等.我国地下水超采形势分析与治理对策[J].中国水利,2021(22):34-36.

第五章　走进深蓝,拥抱海洋

我们都知道,地球是一颗蓝色的星球,其约 70％ 的面积被海洋所覆盖。海洋是人类生命活动的摇篮。早在数十亿年前,海洋就孕育出了最原始的生命。如今,浩瀚无垠的海洋仍旧是无数生命的乐园。海洋为我们带来了丰富的生物资源、矿产资源、药物资源,同时海洋还是地球的天然净化器和调节器。海洋经济也被称作"蓝色经济",并已成为经济发展的新的增长点。可以说在当今社会,谁占有了海洋,谁就占有了未来。

然而,人们在利用海洋时却忽视了海底世界所存在的种种问题。当我们在热议《蓝色星球》系列节目展现的水下生物和美好世界的时候,却忽略了能治愈人心的大海也需要我们的保护。2018 年 6 月出版的《国家地理杂志》的封面(见图 5-1)主题是海洋污染,封面上乍看是冰山,而冰山之下却是一个漂浮的塑料袋,这正是如今海洋世界的现状。本章就带大家走进海洋的世界,去探讨如何正确地认识、保护和利用海洋。

图 5-1　2018 年 6 月出版的《国家地理杂志》的封面

5.1 海洋污染和保护

当今社会经济迅猛发展,人口也在不断增多,生产生活中产生的废弃物也越来越多,而绝大部分废弃物被直接或者间接排入海洋。当废弃物的排放量达到一定的限度时,海洋就会受到污染,常见的有海洋塑料污染、海洋油污染、海洋重金属污染、海洋热污染、海洋放射性污染等。受到污染的海域还会造成海洋生物死亡,进而危害人类健康,阻碍人类的海洋生产获得,造成环境的破坏。

海洋具有一定的特殊性,因此海洋污染和大气污染、陆地污染有一定的差异。海洋污染突出的特点有以下几方面:第一,海洋污染源广,不光是人类在海洋中的活动会污染海洋,在陆地或其他方面的活动所产生的污染物都有可能通过江河径流、大气扩散和雨雪等降水形式汇入海洋。第二,海洋污染的持续性比较强。由于海洋的地势最低,一旦有了污染就难以像大气或者江河那样,通过暴雨或者汛期进行污染物的消除或转移。如果污染物排入海洋,就很难再排出去。海洋中不易分解和消散的物质积累得越多,越容易通过生物的浓缩作用和食物链传播,对人类造成潜在的威胁。第三,海洋污染的扩散范围广。海洋是一个互相连通整体,如果一个海域产生污染,就会通过扩散污染周边,甚至波及全球。

海洋污染造成的危害很大,而防治也存在着难度。一般来说,海洋污染的隐蔽性较强,有一个较长的累积过程,不容易被发现。而一旦形成污染,需要很长的时间才能消除,所需的人力、物力和财力都较大。海洋污染造成的危害影响着各个方面,尤其是对人体产生的毒害更是难以彻底清除。

海洋污染物主要来自六个方面:一是来自陆地污染物,城市污水(工厂、家庭)、面源污染物(土壤中的农药、化肥,饲养场产生的粪便等)会随水汇流到大海。二是大气中的污染物伴随着风雨等自然现象进入大海。三是大海中频繁活动的各类船只,如核潜艇等产生的放射性物质直接入海。四是陆地生产的废弃物被丢进大海。五是海底资源勘探,如石油开采、沿海开发等活动造成的污染。六是对海洋生物的过度捕捞加重了海洋的污染。海洋生物都是海洋的"过滤器",过度捕捞会导致生态平衡被破坏,也加重了海洋污染的程度。

5.1.1 海洋塑料污染

前面的章节中我们讲到过塑料污染,海洋中的塑料污染更加严重。中国载人潜水器"蛟龙号",从 4500 m 的海洋深处带回的生物体内也检测到了微塑料。微塑料不能消化,会通过食物链层层累积到上层动物体内,引起生物的生病或者死亡。这一事实表明,污染已经侵入海洋深处。海洋塑料污染到底有多严重? 2018 年联合国的一项调查报告中指出，如果微塑料垃圾的排放还没有得到控制，那么 30 年后海洋中的塑料垃圾含量将会超过海洋中的鱼类总量。英国的科学家团队对大西洋进行了取样调查，以此来判断大西洋中微塑料的污染情况。调查数据表明，大西洋上层 200 m 的海水中，有至少 2.0×10^6 t 的微塑料垃圾堆积聚集。而每年还有 1.3×10^7 t 的塑料流入海洋中，造成 10 万只海洋生物死亡及其他破坏。排入海洋的塑料最终会分解为微塑料，被鱼类和其他海洋动物吞食，迅速进入全球食物链。纵然我们认为海洋如此宽广，可它也无法包容我们的一切。大量的塑料垃圾形成了漂浮岛，导致众多的生物误食死亡。海洋塑料垃圾早已成为我们必须正视的海洋环境问题。由于全球海洋的连通性，海洋垃圾会随着洋流运动在全球范围内流动。塑料没有办法自然降解，因此塑料污染一旦形成，很长时间内都会危害所在之地的生态环境，过往的船只只能绕行漂浮于海面上的塑料垃圾。一旦海洋生物误食这些塑料，会因为无法消化而死亡，因此塑料可以称为是海洋生物的"新型杀手"。另外，大量的海洋微塑料越来越多地累积到海洋生物的体内，并通过食物链的富集作用进入人体中，危害人类健康。除了对动物的影响，海洋塑料污染还会给海洋植物的生存带来威胁，而这些海洋植物为地球提供了大约 10% 的氧气，因此海洋塑料污染问题甚至可能导致地球上的生命"窒息"而死。

5.1.2　海洋化学物质污染

海洋污染不止塑料，海洋还面临着有毒、有害化学物质污染的问题。全球每年约有 2.0×10^{10} t 的废弃物排入海洋，并且通常没有经过任何的初步处理，这给海洋带来了严重的污染。2020 年 7 月 24 日，一辆载有 4000 t 燃油的大型货轮在毛里求斯南部近海触礁搁浅，超过 1000 t 燃油从船上流入大海，污染了邻近海域。此次燃油泄露事件对毛里求斯海洋环境和渔场造成了无法估量的生态破坏。

石油被人们称为"工业的血液"。进入工业化社会后，人类利用石油提炼各种燃料，生产各种化工制品，石油为人类的生产和发展做出了极大的贡献。然而，石油的开采、运输、装卸、加工以及使用过程中，泄露引发的污染时有发生，且经常发生于海洋上。尤其是近年来，千万吨级以上的海洋漏油事故时有发生，如果得不到及时有效的处理，漏油事故对附近海域来说将是一场生态浩劫。

石油之所以有如此大的杀伤力和破坏力，与它的物理和化学性质有关。石油的密度要小于水的密度，因此一旦泄露就会长时间漂浮于海面并迅速扩散，进而在事故海域形成大面积的油膜。油膜给受污染海域中没有飞翔能力的企鹅、海龟等动物产生了极大的伤害。那些暂时离不开污染海域的鸟类也因为捕食而导致羽毛上黏附油污，飞行能力减弱甚至丧失。最糟糕的是，油膜分隔了大气和海水，这就会导致油膜下的海洋生物可能因缺氧窒息而亡。同时，油膜吸收并且阻碍阳光进入海水，大大减弱了植物的光合作用，进而破坏海洋生态平衡。油膜还会抑制海水的蒸发，导致海面上空气水分减少。海洋水汽又是陆地水汽的主要来源，事故海域临近的陆地气候也会因漏油事故而变得更加干燥。

如果石油泄漏后不紧急处理,那么漂浮在海面上的石油会因波浪、潮汐等海水运动而进入海洋深处。随着时间的推移,石油产生的油性沉积物将会不断沉入海底。这些沉积物会被海底生物吸收,对其伤害极大,尤其是幼鱼、鱼卵或海虾幼体。2010 年 4 月的墨西哥湾漏油事故导致海域中数千种生物体内至今仍能检测到油类污染物。

石油在海水中长期浸泡,会被分解成大量的氮磷残留物,使海水富营养化,引发赤潮,进而导致海洋珊瑚礁生态平衡遭到严重破坏。

石油对海洋的污染如此严重,那么我们应该怎样降低海面石油污染?难道只能束手就擒,听之任之吗?答案显然是否定的。尽管当前科技水平无法做到完全消除石油泄漏对海洋产生的影响,但仍然可以最大限度地降低其破坏力。长远来看有三种做法:第一,要降低对石油的依赖程度,大力发展和使用清洁能源以及可再生能源;第二,强化航海安全,减低石油泄漏发生的概率,从源头上解决问题;第三,要做好应急预案和海洋石油泄漏处理处置技术装备的研发,并采取针对海上石油污染的长远防治措施。

短期内发生石油泄漏事件时,可以依靠海水本身强大的自净能力,加以人工强化措施,恢复事故海域的环境,避免海洋被继续污染。现有技术下,常见的应对重大海洋漏油事故的处理方法有物理法、化学法和生物法。

物理法又分为围油栏法、机械法和吸附法。围油栏法是利用围油栏将油层限制住、拦截、控制、转移溢油,能快速、高效地防止石油扩散,缩小污染面积。机械法是利用撇油器快速、有效地回收海面浮油。吸附法是用亲油性的吸附材料,使溢油黏在其表面而被吸附回收。石油泄漏事故发生后,一般第一时间采用物理法来处理。物理法效果较好,但需要大量的人力和物力。化学法是向漂浮在海面上的石油喷洒化学药剂,改变石油的分散状态。生物法是将人工专门培养筛选的"石油清污微生物"大量抛撒在石油污染海域,让这些"生物大军"去吞食泄漏出来的石油。

除此之外,海洋也具有一定的自我净化能力。在光照充足、气温高的条件下,一部分油污会被蒸发,一部分油污会被自然分散、溶解以及生物降解。

5.1.3 海洋核污染

2021 年 4 月 13 日,日本召开阁僚会议,正式决定将福岛第一核电站核废水排放入海。这一决定引发了公众的质疑和担忧。这样的做法不仅对自己的国家不负责任,更是对邻国的不负责任,甚至是对全球的不负责任。据估计,从福岛核电站排出的废水仅经过 2 个月的时间,放射性物质就可以扩散到半个太平洋区域大小,10 年后可以蔓延到全球。更可怕的是核废水中含有^{14}C,在千年内都存在影响基因的危险。早在 2011 年,距离日本福岛核电站 12 km 的地方就已寸草不生,极其荒凉,可见核辐射的危害很大。核废水中含有^{14}C、^{60}Co 等放射性元素,这些放射性元素衰减周期极其长,甚至能达到千年,这些放射性元素对 DNA 双螺旋结构有严重的影响,可以直接破坏 DNA 结构,导致基因突变,引起癌变、畸形或者直接导致死亡。

5.1.4 浒苔袭击青岛

2021 年夏天,山东青岛近海遭遇浒苔侵袭,大量浒苔密集分布,远远望去如同"海上草原"。浒苔属于石莼属藻类,丝状多分支,无毒,在失去水分后会发出恶臭。虽然浒苔无毒,但大量繁殖会遮蔽阳光,影响海底藻类的生长,死亡的浒苔也会消耗海水中的氧气。浒苔暴发严重影响了海洋景观,对旅游观光和水上活动都造成了很大的干扰。业界将浒苔这一类的大型绿藻暴发称为"绿潮",视作和赤潮一样的海洋灾害。由于青岛夏天的光照适宜、营养丰富,营养盐从陆地到海上的运输强度比较高,海水水温较往年偏低。光照、营养盐和水温三因素叠加,形成了浒苔的最佳生长条件,导致浒苔暴发。

5.1.5 海水酸化的危害与后果

工业革命以来,人类活动释放的碳有三分之一被海洋所吸收,对缓解全球气温升高起着重要的作用。然而,海洋吸收碳的量不断增加,导致表层海水的碱性大幅度下降。由于大气碳含量升高导致海水酸性增强的过程被称为"海洋酸化"。近百年以来,表层海水的 pH 值下降了 0.1。如果按照当前的能源结构情况,预计 2100 年左右,大气 CO_2 浓度将升高至 8.1～101.3 Pa,表层海水的 pH 值将继续下降 0.3～0.4,这意味着海水中 H^+ 浓度将增加 100%～150%。根据可用矿物燃料存储量预测,2150 年左右人类释放的碳将达到峰值,随后下降。但是高浓度的 CO_2 在大气中将滞留数千年,在这期间海洋会继续吸收大气中的 CO_2,导致海水继续酸化,其影响深度会达到数千米。

海洋酸化对海洋会产生什么样的影响?海洋酸化严重影响了海洋生物的生长,尤其是珊瑚、贝壳等钙化生物。海洋酸化导致它们的碳酸钙外壳被腐蚀,造成致命伤害,进而破坏整个食物链。因此钙化生物会随着海洋酸化而变小,外壳也会越来越厚,这将对食用贝类养殖业造成很大的打击。溶解于海水中的 CO_2 还可能在某种条件下被重新释放到大气中,加剧温室效应。海洋酸化的危害很大,但是令人忧心的是,近些年海水正在加剧酸化。有数据显示,每 10 年全球海水的 pH 值就下降 0.018。

5.2 海洋牧场——蓝色粮仓

随着经济的发展生活水平的提高,我国居民的生活消费需求从之前的吃饱到吃好再到吃健康,一直在不断升级。因此在百姓的餐桌上,动物蛋白出现的比例也在迅速提高。据专家预测,未来 20 年内动物蛋白市场的需求增长率在 45% 左右。动物蛋白一般通过两种方式获取,一个是猪、牛、羊等牲畜,另一个是水里的鱼、虾等水产品。在过去的半个多世纪,水产品为全球人类提供了近 15% 的动物蛋白。鱼类被视为 21 世纪人类的最佳动物蛋白质来源,而海洋是人类获取优质蛋白的重要来源。海洋中的鱼和贝壳都可以给人类提供鲜美可口、营养丰富的食品。需要注意的是,自从 20 世纪 70 年代以来,海洋捕鱼量一直停滞不前,甚至有一些品种出现了资源枯竭的现象。因此要想让海洋成为名副其实的"蓝色粮仓",还需要增大鱼类产量。

专家指出,海洋粮仓的潜力是巨大的。2014 年,产量最高的陆地农作物每公顷产量折合成蛋白质为 0.71 t,而同样面积的海水饲养产量最高可以达到 27.8 t,对比明显。当然从科学实验到实际生产会面临着许多困难,需要进一步探索,但让海洋成为人类未来的粮仓是完全可行的。

将海洋建设成人类获取优质蛋白的"蓝色粮仓"也是我国几代海洋科学家的梦想。建设"海洋牧场"是由我国海域的自然禀赋和资源环境现状所决定的。但是,目前我国近海健康状况不容乐观。我国近海陆源输入总量在增加,营养盐存量难以减少,局部海域生境严重退化,近一半海湾常年出现劣于第四类的水质;海草床和珊瑚礁分布面积减少,过量捕捞导致大型肉食性鱼类资源量下降,导致生物多样性降低。我国主要渔业生物资源量降低了 80% 以上;渔获物中,中小型的上层鱼类占了 70%,渔业资源出现低值化和小型化,海底荒漠化趋势明显。与此同时,食物链的短缺又导致营养盐传递在较低的食物链水平进行,最终导致赤潮、绿潮、水母、海星、蛇尾等大规模暴发。因此,我们需要从保护环境、修复生态的角度出发,开展系统性的海洋生态修复,实现海洋生物资源的自我补充。

全球人口正在日益增长,伴随着的却是耕地面积逐渐减少,粮食短缺已经成为全球公认的重大危机。尤其是在新冠疫情的影响下,全世界已有 6.9 亿人处于饥饿状态。水产品在改善人类膳食结构、保障粮食安全中发挥着重要作用,我国人均水产品占有量达 46.3 kg,满足了国民三分之一的动物蛋白需求。自 1990 年以来,我国水产品总产量一直稳居世界首位。但随着养殖水域污染以及养殖病害等问题的日益严重,近海也出现了无鱼可捕的尴尬局面。开展"海洋牧场"建设,保障优质水产品的持续供给,不但能满足国民水产蛋白需求,也可通过"一带一路"倡议为缓解全球粮食危机做出重大贡献。

在过去,粗放型生产方式使海域生态受损,导致环境恶化、资源衰退。因此我们需要采用新的生产方式,在保护海洋的同时持续、健康地发展海洋渔业。随着海洋在全球发展中的战略地位不断提升,海洋牧场的建设已成为引领世界新技术革命、发展低碳经济的重要载体。作为一种新型海洋资源开发利用模式,海洋牧场改变了以往单纯捕捞、设施养殖为主的渔业生产方式,既可以提高整个海域的鱼类产量,还能有效保护海洋生态系统,实现生态型渔业的可持续发展。

党的十八大以来,"绿水青山就是金山银山"的生态保护理念深入人心,"海洋牧场"建设正是实现环境保护、资源养护与渔业持续产出的有效举措。山东省是海洋大省,海域类型多样,既有沙质海域,又有淤泥质和基岩质海域,在全国具有较强的典型性和代表性。山东省的海洋生态环境情况整体良好,滨海地区受台风等极端天气影响较小,大部分海域能够到达一类、二类海水水质标准。山东省的海洋资源丰富程度指数位列全国第一，近海休息和洄游的鱼虾种类达 260 余种，是我国海洋珍品的重要产区之一。山东省的海洋科技力量雄厚，为现代化"海洋牧场"的建设提供了坚实的科技支撑。近年来，山东省委、省政府把海洋作为经济社会高质量开发的战略要地，推进实施海洋强省建设行动，加快推进"海上粮仓"建造。"海洋牧场"既是山东省的"海上粮仓"建设的主战场，也是经略海洋、建设海洋强省的"十大工程"之一。到 2017 年年底，山东省省级以上的"海洋牧场"达 55 处，其中国家级 21 处，占全国的三分之一；全省"海洋牧场"归纳经济收入达 2100 亿元。"海洋牧场"的建立提高了海产品的产量，增加了海产品的附加值，是海洋渔业现代化发展中不可或缺的环节。①

另外，在大力兴建"海洋牧场"的大背景下，还可以积极发展休闲渔业旅游，将渔业与旅游业相结合。休闲渔业是海洋牧场和海洋旅游融合发展的新模式，具有极大的发展潜力。

5.3 海洋能源利用

浩瀚的海洋中蕴藏着丰富的矿产资源。经过国际上 20 世纪 70 年代为期 10 年的海洋勘探阶段，人类加深了对海洋矿物资源的种类、分布和储量的认识。20 世纪 60 年代，人类首先发现了深海热液矿藏。热液矿藏又被称为"重金属泥"，是海底山脉裂缝中喷出的高温熔岩，经过海水的冲洗、析出、堆积而成。深海热液矿藏含有金、铜、锌等几十种贵金属，且金属品位较高，是一种潜力较大的海底资源宝库。虽然目前的技术还不足以支持人们开采深海热液，但一旦能够进行工业化开采，它将同海底石油、深海锰结核和海底沙矿一起，成为 21 世纪的海底四大矿种之一。

石油一直是我们首要的能源，但是由于陆地上油田的大量开采，很多油田已经濒于枯竭。因此全球很多国家已经把目光转向开采海洋石油。全世界石油的总储量大概为 1.0×10^{12} t，可开采量约 3.0×10^{11} t，其中海底储量为 1.3×10^{11} t。中国的浅海大陆架有着近 2.0×10^4 km²，通过海底油田地质调查，人们先后发现了渤海、南黄海、东海、珠江口、北部湾、莺歌海以及台湾浅滩七个大型盆地，其中东海海底蕴藏量之丰富，可与欧洲的北海油田相媲美。

浩瀚的大海不仅蕴藏着丰富的矿产资源，更有真正意义上取之不尽、用之不竭的海洋能源。不同于海底存储的煤、石油、天然气等海底能源资源，也不同于溶于水中的铀、镁、锂、金等化学能源资源，潮汐能、波浪能、海水温差能、海流能及盐度差能等资源永远不会枯竭，并且几乎不会产生任何污染，这是真正意义上的清洁能源、可再生能源。

---

① 参见杨红生.海洋牧场:科技打造"蓝色粮仓"[N].光明日报,2020-12-24(16).

5.4 海洋药物的研发

海洋是一个天然的宝库,除了蕴含能源以外,海洋生物还可以制药。由于海洋生物所处的环境与陆地生物有很大的差异,并且海洋环境较为复杂,如高盐、高压、低温、低光,因此海洋生物具有陆地生物所不具有的特殊物质或代谢物。海洋中的很多物质具有独特的化学结构,可以用于药物的研发和设计。从 19 世纪 50 年代开始,海洋生物就成了重要的药物资源,但是相关工作起步较晚,发展较慢。目前,仅有十几种海洋药物上市,与其他纯化学合成的药物相比数量太少。目前除了我国特有的中药以外,全球约 75% 的海洋创新药物出现在 21 世纪之后。从 20 世纪 90 年代开始,海洋药物研发速度加快。从 2008 年开始,海洋药物研发人员分离出天然产物的速度已经超过了每年 1000 种,尤其是近些年来生物技术迅猛发展,为海洋药物研发提供了新的研究方法、研究思路和发展方向。将现代的化学研究方法与生物技术紧密结合,已经成为当今海洋药物研发的主流。

目前,海洋药物研发集中于以下几个领域:①海洋抗癌药物研究,这在海洋药物研究中一直起着主导作用。②海洋心脑血管药物研究,如高度不饱和脂肪酸具有抑制血栓形成和扩张血管的作用,现已有多种相关制剂用于临床。③海洋抗菌、抗病毒药物研究,即研究与海洋动植物共生的微生物具有怎样的抗菌活性。④海洋消化系统药物研究。⑤海洋消炎镇痛药物研究。⑥海洋泌尿系统药物研究。⑦海洋免疫调节作用药物研究。⑧其他海洋药物研究,如神经系统药物、抗过敏药物等。⑨海洋功能食品的研究开发。目前,海洋药物研究的发展趋势是针对一些常见病、多发病和疑难病,利用高新技术方法,研发高功能、高效益的海洋功能食品。

虽然海洋药物研发受到了全球各国的支持,但是与其他资源药物相比,还有很多因素在限制着海洋药物的发展。海洋药物虽然种类很丰富,但来源有限,分散度很高,难以富集,并且开发成本高昂,这些都严重限制了海洋药物的发展。对我国而言,海洋药物研发还存在着产业链上下游环节脱节等严重问题。海洋药物的研发和企业产业化严重脱节,无法与市场需要紧密结合,导致药物的筛选研发与市场下游严重脱节,制约了海洋药物的发展。因此,必须利用现代方法解决药物原料来源问题,节约成本,加速药物研发进度。同时,利用信息整合贴近市场,缩小中下游的差距,提高海洋药物的经济意义;利用科技创新开发海洋药物,实现海洋的旅游开发和资源保护并举,这样才能有效促进海洋药物的发展,真正实现把海洋打造成"蓝色药库"的目标。

5.5 本章小结

　　海洋是地球上除了生物圈以外最大的生态系统,海洋具有极高的稳定性,在大气环流、水环流、保持气温等方面都发挥着重要的作用。不管是能量资源还是海洋药物,海洋都为人类提供了极大的生存保障。然而,随着全球气候的变化以及人类的过度开采和破坏,海洋已经伤痕累累。海洋塑料污染、海洋化学燃料污染、海洋核污染等问题层出不穷,如果不及时采取有效措施,最终人类将自食恶果。我们必须认识到,海洋并不是人类的垃圾场,同时也必须意识到保护海洋的迫切性。"双碳"目标的提出,为海洋的可持续发展提供了至关重要的发展机遇。海洋孕育了人类,未来我们必将走进深蓝,只有与海洋和谐发展,才能让海洋产业布局更加完善,发展能力不断提升,在可持续发展中扬波远航。

参考文献

　　[1]陈亮.我国海洋污染问题、防治现状及对策建议[J].环境保护,2016,44(5):65-68.

　　[2]陈孟玲,高菲,王新元,等.微塑料在海洋中的分布、生态效应及载体作用[J].海洋科学,2021,45(12):125-141.

　　[3]焦念志.研发海洋"负排放"技术,支撑国家"碳中和"需求[J].战略与决策研究,2021,36(2):179-187.

　　[4]李照,许玉玉,张世凯,等.海洋溢油污染及修复技术研究进展[J].山东建筑大学学报,2020,35(6):69-75.

　　[5]刘玉新,王海峰,王冀,等.海洋强国建设背景下加快海洋能开发利用的思考[J].科技导报,2018,36(14):22-25.

　　[6]王项南,麻常雷."双碳"目标下海洋可再生能源资源开发利用[J].华电技术,2021,43(11):91-96.

　　[7]薛碧颖,陈斌,邹亮.我国海洋无碳能源调查与开发利用主要进展[J].中国地质调查,2021,8(4):53-65.

　　[8]郑苗壮,刘岩,李明杰,等.我国海洋资源开发利用现状及趋势[J].海洋开发与管理,2013,30(12):13-16.

第六章　乡村振兴与城乡融合化协调发展

当前中国的根本问题之一是"三农"问题,乡村不兴旺、农民不富裕,中国就不强,就不可能走上共同富裕之路。因此,乡村振兴是中国共产党,也是全国人民为之奋斗的战略任务之一。乡村振兴是新旧动能转换的主要载体,是消除城乡差别、激活和焕发城市活力的"溶剂"。

进入 21 世纪,党中央提出的"美丽乡村建设"让农民实现了脱贫致富。乡村振兴政策出台后,吸引了大批城里人到农村旅游,城市已逐渐失去了昔日的光环和吸引力。城市污染远远高于农村,拥挤的交通、肮脏的尾气、频发的噪声、彻夜不眠的灯光……许多城里人也因此更向往农村,想去那里换换环境,带着孩子、老人去乡下吃些绿色食品,让孩子见识一下绿油油的庄稼。但是只能短出短归,因为那里没有为他们准备休息的地方和孩子们的"试验田"。

随之而来的问题是,乡村振兴光靠农民自己是不行的,农村需要国家的帮助扶持。中国的乡村土地广阔,生态环境优美,空气、食源新鲜,民风淳朴,这是居住在城市里的人所向往的。但是,农村也存在缺少规划、配套不全、交通不便等问题,还有如何做好农村农业 5G 建设也是非常重要的,所以做好乡村振兴规划是重中之重。

6.1　乡村振兴与城乡融合理念

党的十九大报告中指出,农业农村农民问题是关系国计民生的根本性问题,必须始终把解决好"三农"问题作为全党工作的重中之重,实施乡村振兴战略。党的十九大报告向社会各界传递了信号,资源要素将继续向"三农"倾斜,"三农"事业乘乡村振兴政策的东风,大有可为。2018 年 9 月,中共中央、国务院印发了《乡村振兴战略规划(2018—2022年)》,并要求各地区各部门结合实际认真贯彻落实。乡村振兴战略的重点在于提高"人""地""钱"三个方面。首先是以人为本,提高农民收入和生计水平,实现农民的真正富裕。在国家政策的支持下,各地区积极鼓励农民就业创业,拓宽增收渠道;同时加强基础设施建设,加强基层管理工作,健全自治、法治、德治相结合的乡村治理体系。其次是深化土地改革,巩固和完善农村基本经营制度,保持土地承包关系稳定并且长期不变。最后是推动农村现代化发展,促进农村一、二、三产业融合发展,通过构建现代农业产业体系,增强农业产业保护力度,健全社会服务体系,推动农业现代化不断发展。

城乡融合也叫城乡经济社会发展一体化。城乡融合就是要深化农业供给侧结构改革,提升农业产业的集约化发展水平,着力解决乡村发展不平衡、不充分的问题。由于城乡二元结构的问题,城乡发展差距不断扩大,城乡发展不均衡问题突出,"空心村"、农村老龄化问题等令人担忧。城乡融合可以促进城乡发展一体化,实现城乡在政策上平等、产业发展上互补、国民待遇一致,让农民享受到和城镇居民同样的文明和实惠,促进城乡经济社会全面、协调、可持续发展。

6.1.1　城市生活存在的问题

随着改革开放后经济的迅速发展,人民生活水平不断提高,人民的衣食住行等条件得到大幅提升。以前从没听说过、从没见到过、从没使用过的新材料层出不穷,满足了人们的各种需求。在享受舒适之余,越来越多的人会时常感到身体不适,出现流泪、打喷嚏、咳嗽、恶心、心神不定、全身乏力甚至呼吸困难等过敏症状和其他疾病,这就是被发达国家称作"时髦家居综合征"或叫"时髦建筑综合征"的现象。在中国,这种现象可能刚刚开始出现。但城市在快速发展过程中,不断涌现一些社会问题,包括交通拥挤、住房紧张、供水不足、能源紧缺、环境污染、秩序混乱,以及物质流、能量流的输入、输出失去平衡等。

1. 城市污染问题严重

愈来愈多的人认为室内污染问题比室外更为严重,因为它对人体的危害更大。一般来说,室内环境通常是封闭的,被污染的空气不易扩散,人与污染源又是近距离接触,所以危害很大。家庭中的污染物主要是一些潜藏着的具有环境激素和"三致"作用的化学物质,这些危险性物质主要来自以下四个方面:

一是房屋的室内装饰物释放甲醛、苯等致癌物。室内装饰所用的胶合板、细木工板、纤维板、刨花板等人造板材都普遍含有甲醛和苯。目前生产人造板使用的黏合剂是以甲醛为主要成分的脲醛树脂,板材中残留的和未参与反应的甲醛会逐渐向周围环境释放。据北京消费者协会的一项调查,抽取的 60 套中密度家具样板中,不达标率占 48.23%;刷墙使用的油漆、涂料、泡沫塑料、铺地板、地毯用的乳胶、沙发,甚至是化纤地毯、窗帘、布艺家具等家居用品都含有甲醛、苯、阻燃剂等有机污染物。它们挥发很快,刺激性大,有的虽然闻不到气味,但挥发物依然存在,并能持续多年。据山东省环境监测专家介绍,房屋装饰中的主要污染物为甲醛、苯和氨,超标污染物中最严重的是甲醛,平均超标 2.5~8 倍,最严重的超标 20 多倍。这种物质可引起鼻腔、口腔等多种癌症。氨超标多发生在冬季施工的高层建筑,平均超标 2~5 倍,最严重的超标 30 多倍。氨挥发易引起肺部损伤和哮喘等疾病。苯及苯系物对人体的伤害很大,是严重的致癌物质。

二是除臭除污剂。厨房用的净化剂、卫生间用的除臭剂、空气清新剂、卫生球、清洁家具、衣物的清新剂、灭蚊剂等芳香物等,不管它们是什么包装、什么形态,都有可能对人身健康有害。它们释放出的有毒物质中,对人体影响最大的是苯、甲醛、酞酸盐、苯乙烯、和萘。苯、甲醛已被世贸组织和国际癌症研究中心列为致癌物质,苯乙烯和萘也有致癌嫌疑,酞酸盐可能干扰人体的内分泌系统。有研究表明,即使是"安全"含量的苯也会损害免疫细胞,并可能导致癌症或其他疾病。

三是各种塑料、泡膜制品。塑料具有重量轻、强度大、化学性能稳定、透明美观等特性,因此在包装领域得到了广泛的使用,并代替了金属、木材等包装材料。塑料种类繁多,在使用时应关注塑料制品底部或者靠近底部侧面的三角形图标,这个图标里边有数字1~7,其中1、4、5、6、7表示可以用于食品包装。塑料很难降解,但塑料制品往往使用一次就被丢弃,这些废弃物形成的"白色污染"对环境保护形成了巨大压力。

四是室内花草植物。有些植物的茎、叶、花及花粉是有毒的,不能只重视其美丽而忽视其毒性。常见的有毒室内花草包括水仙、一品红、郁金香、夜来香、万年青、南天竹等。此外,紫藤月季、状元红、紫荆花、虎尔草等花卉均有致敏性。植物专家介绍,能够净化空气的植物有吊兰、虎尾兰、芦荟、常春藤、龙舌兰、月季。这些花卉通过光合作用可以较好地去除室内有毒气体。总之,无论住新房还是旧房,只要使用上述有毒植物或使用不当,就会形成污染。专家认为,做好家庭污染防治,特别是对甲醛和苯污染的防治是要时时注意、人人注意的大事。一是要严格遵守国家制定的标准。目前国家已制定了10种《室内装饰装修材料有害物质限量》强制性标准。二是不论购买板材还是家具,一定要看使用说明书,看是否标明甲醛等有害物质的含量。新家具不要急于搬到居室内,衣橱内的被褥、毛毯、衣服等易吸附甲醛等污染物的日用品要经常晾晒;新买的衣服要洗净后晾干再穿或入橱;房屋装修后不要急于入住,搬家前后要经常通风。有些植物在除尘、除毒、除臭等方面具有巨大的能力,如吊兰、芦荟等植物能很好地降低室内甲醛等污染物的含量。

五是汽车及其尾气污染。汽车是现代交通技术、新材料技术发展的产物。当你刚坐进车里时,有时会闻到一种刺激性的芳香气味,这就是苯和甲醛。同时,车内几乎所有装饰材料都含有阻燃剂,这些污染可在车内停留数年,因此给新车经常通风或采取其他措施是有必要的。现代都市中,汽车尾气当数最严重的污染源之一。汽车尾气会长时间滞留在地表面,与被风和汽车、自行车等交通工具卷起的尘土颗粒一起被人吸入。

目前,我国各类机动车有12 000多万辆,其中汽车保有量达3500万辆左右,国产汽车仍时时出现销大于产的局面。据权威人士估计,今后每年我国新增机动车为400万~500万辆。正在大力发展中的各类车辆不仅会使交通道路变得拥挤,每年还要烧掉约几亿吨石油。

2. 城里的细菌比农村多

家居环境清洁至关重要。据英国《皇家学会生物学分会学报》发表的一份研究报告说,家居灰尘中所含的微生物约 9000 种。美国科罗拉多大学博尔德分校的研究人员分析了该国 1200 多户家庭的灰尘样本,发现每户家庭的样本中平均能找到 2000 种真菌和 7000 种细菌。研究人员指出,不同家庭所在的地区、住户的生活习惯以及是否养宠物等因素,都会影响其家中的微生物种类分布。

南开大学针对京津冀地区城市扬尘中抗生素、抗性细菌及抗性基因进行了研究,他们的研究结论提示人们在关注城市扬尘的同时,更要关注城市扬尘中的"超级细菌"。[①]

3. 噪音污染不容忽视

研究显示,暴露在噪音污染下的鱼可能会提早死亡。据参考消息网 2020 年 9 月 16 日报道,被噪音搞得紧张不安的鱼抵御疾病的能力会下降,长期暴露在噪音环境下会导致鱼类提早死亡。[②] 从汽车发动机的轰鸣声到工业噪声,人类制造的噪音充斥着整个环境。由于船只螺旋桨的"呼呼"声会干扰鲸鱼的声波定位功能,所以就算处于水下也无法摆脱噪音。英国加迪夫大学的研究人员说,噪音污染已被证明会导致压力、听力损失、行为改变和免疫影响。他们发表于《皇家学会开放科学》的论文中提到,研究人员向鱼缸播放随机白噪音,观察噪音对孔雀鱼遭寄生虫感染后所受侵害的影响。其中一组鱼被暴露在持续播放 24 h 的"短促"噪音环境中,另一组鱼被暴露在持续播放 7 天的噪音环境中。研究人员对所有鱼进行麻醉并让它们感染寄生虫。对于短促噪音组的鱼,这一过程在暴露于噪音环境之后进行;对于长期噪音组的鱼,这一过程在它们暴露于噪音环境期间进行。研究人员还让第三组鱼(对照组)也感染寄生虫,但它们被置于一个安静的鱼缸中。研究人员发现,尽管在 17 天的监测期内,暴露于短促噪音下的鱼疾病负担最重,但长期噪音组的鱼更可能提前死亡。研究人员称,通过揭示短促噪音和长期噪音对宿主与寄生虫之间相互作用的有害影响,他们获得了更多的相关证据,表明噪音污染与动物健康程度降低之间存在关联。他们还呼吁将人类制造的噪音视为一种"主要全球污染物"。

4. 光污染让人衰老

有研究发现,每天接触蓝光会加速衰老。2019 年 10 月 22 日,《合众国际社网站报道》一项对果蝇的研究发现,与完全处于黑暗中或蓝光被过滤的光线下的果蝇相比,每天 12 h 接触蓝光和 12 h 处于黑暗中的果蝇寿命更短。暴露在蓝光下的果蝇的视网膜和大脑神经元都会受损,其攀爬能力也会受损。还有研究表明,每天接触智能手机、电脑和家用设备等发出的蓝光可能会加快人的衰老速度,即使蓝光没有到达眼睛也会对人体产生影响。据美国俄勒冈州立大学研究人员称,发光二极管发出的蓝光可能会损伤大脑中的

---

① 参见吴军辉.南开学子发现京津冀扬尘中"超级细菌"分布规律[N].科技日报,2017-06-07(3).

② 参见杜源江.研究显示:暴露在噪音污染下的鱼可能会提早死亡[EB/OL].(2020-09-16)[2022-06-07]http://www.cankaoxiaoxi.com/science/2020916/2420753.shtml.

细胞核视网膜。①

据中国媒体报道,2019 年 10 月 22 日陕西省西安市雷涛医生称,一位王姓患者因关灯后在床上玩手机,眼睛突然看不见了,经诊断为"眼中风"——也被称为动脉阻塞。该病是因向大脑发送信号的视网膜的血管发生栓塞或变窄所致,如不及时治疗,可能会导致永久性失明。雷涛医生称,他每月接诊大约 20 例因过度使用手机而失明的患者,其中很多是年轻人。2017 年,广东省东莞市一名 21 岁女子在玩了一天的手机游戏后,单眼永久失明。②

5. 学生近视与肥胖问题严峻

根据教育部网站 2011 年 9 月 15 日公布的第 6 次全国多民族大规模学生体质与健康调研结果显示,学生在形态发育水平不断提高、营养状况不断改善的同时,视力不良及肥胖检出率也在不断上升。

据了解,本次调研是自 1985 年以来由教育部、国家体育总局、卫生部、国家民族事务委员会、科学技术部、财政部共同组织的第 6 次全国多民族大规模学生体质与健康调研,涉及 31 个省、自治区、直辖市,27 个民族,995 所学校,348 495 人。检测项目包括身体形态、生理机能、身体素质、健康状况等 4 个方面的 24 项指标。

调研结果显示,各学段学生视力不良率居高不下。小学生、初中生、高中生和大学生的比例分别为 40.89%、67.33%、79.20% 和 84.72%。值得注意的是,低年龄组视力不良检出率增长明显。7 岁城市男生、城市女生、乡村男生、乡村女生视力不良检出率分别为 32.17%、36.43%、24.12%、26.95%,比 2005 年分别增加了 8.71%、8.76%、10.56%、10.32%。与 2005 年相比,学生肥胖和超重检出率继续增加。7~22 岁城市男生、城市女生、乡村男生、乡村女生肥胖检出率分别为 13.33%、5.64%、7.83%、3.78%,比 2005 年分别增加了 1.94%、0.63%、2.76%、1.15%。大学生 19~22 岁年龄组的爆发力、力量、耐力等身体素质水平进一步下降。

据卫健委统计数据显示,截至 2018 年 6 月,我国近视人数已超过 4.5 亿,近视患病人数已居世界首位。近视高发年龄段为青少年阶段,小学生近视比例为 45.7%,初中生近视比例为 74.4%,高中生近视比例为 83.3%。近视发生的原因主要有长时间近距离用眼、坐姿不正确、照度过亮/暗、户外活动时间较少、眼睛缺少叶黄素等营养。

6. 装修污染

有研究表明,我国年增的 4 万例白血病患者中一半系儿童或起因为环境污染。

云南省第一人民医院每年新增诊断的白血病患儿病例达 20~30 位,省内白血病患儿每年超过 150 名。我国目前至少有 400 万白血病患者,每年新增约 4 万名白血病患者,其中50% 是儿童。云南省第一人民医院儿科副主任医师马燕与白血病儿打交道长达 10 余年,她

---

① 参见卫嘉.玩手机伤眼又伤脑——美媒:每天"晒"蓝光会加速衰老[EB/OL].(2019-10-25)[2022-06-07] http://www.cankaoxiaoxi.com/20191025/2393958.shtml.

② 参见闫齐.医生警告:玩手机或致"眼中风"[EB/OL].(2019-10-27)[2020-06-07]http://www.cankaoxiaoxi.com/20191027/2393967.shtml.

明显感觉到白血病的发病率呈上升趋势,白血病已成为威胁儿童健康的"主要杀手"。

究竟是什么因素导致儿童白血病患病率增加呢?迄今为止,国内外科学家并没有发现导致儿童患白血病的明显诱因。不过,根据多年来的临床经验及相关研究发现,马医生认为环境因素是导致白血病的重要诱因之一。根据医学统计,日本广岛、长崎两颗原子弹爆炸后,当地白血病患者3~7年间白血病发病率比正常的地区高20倍,一直到20年以后才逐渐下降,这让科学家将白血病与环境污染挂上了钩。

昆明市儿童医院大内科主任田新是昆明市儿童医院从华西医科大引进的医学专家,在谈及儿童白血病的病因时,他也表示:"目前尚未完全明了。但根据经验,白血病病因可能与病毒感染、物理和化学、遗传素质等因素有关。"白血病并非"不治之症"。在很多人看来,患上白血病俨然就等于宣判了死刑。事实上,时代在发展,医学在进步,如果得到规范治疗,大部分白血病患儿都可以得到救治。

长久以来,儿童白血病治疗面临着两大阻碍:一是人们对白血病的认知度不够,认为白血病是"不治之症";二是白血病的治疗费用过高,一般家庭无法承担。随着医学技术的发展,儿童白血病早已不再是20世纪70年代以前的"不治之症"了。以占据白血病总类比例85%的急性淋巴性白血病的治疗情况为例,从以往的仅能存活数月到可获得完全缓解,再到如今已经逐步提高到5年无病生存率极大提高,在治疗方面进步巨大。目前,国际上五年无病生存率已达90%;国内经过30多年的努力,治疗方法也日趋成熟。

据儿童医院田医生介绍,儿童急性淋巴性白血病分为低危、中危和高危,其中低危、中危的患儿在两年至两年半的治疗时间里至少要花费8万~10万元,如是高危,要考虑骨髓移植,费用达30万~40万元。

6.1.2　城市地下水污染

地下水是维系居民日常生活和生产的重要水源,不可或缺。在我国社会经济快速发展的过程中,本应该合理开发和保护地下水资源。但改革开放以来,我国社会经济高速发展,几乎完成了西方发达国家几百年的工业化进程。短期、高强度的发展节奏,使生态环境承受了极高的压力负荷,地下水环境问题日益突出,成为新时期中国社会经济发展和生态文明建设的重要制约因素。

中国是一个水资源非常丰富的国家,但由于人口数量多,人均拥有水资源量仅相当于世界人均占有量的1/4。我国地表水资源量占总水量的2/3,为1.9×10^{12} m³,而地下水资源量仅占总水量的1/3。当前,我国城市地下水污染的途径主要体现在以下几个方面:首先是工业污染。工业生产过程中产生的各种废水未经处理直接排放,这些废水进入地下会对地下水造成较为严重的污染,导致地下水中的放射性物质超标。其次是生活污染。城市人口数量的增多以及生活质量的提升,导致人们在生活期间会产生大量的废水和生活垃圾,这些垃圾未经处理就被焚烧、填埋或排放,导致地下遭受严重污染,使水质发生严重恶化,降低了地下水的质量。最后是自然污染。受人类活动影响,原本稳定的元素大量进入地下水,其中比较常见的一种元素就是砷。近几年,水资源污染问题十分严峻,因此人们要做好相应的保护工作。[①]

6.1.3 农业农村缓解城市压力

1. 农业农村发展为缓解城市压力提供可能

中央党校(国家行政学院)教授赖德胜表示,农村是缓解就业压力的最好场所。但并不是简单地说,农村是被动接纳劳动力回流的地方,而应该是一个主动支撑劳动力发展的场所。因此,国家也出台了乡村振兴、城乡融合等多重政策,吸纳人才建设乡村,鼓励农民工和大学生回乡创业和就业。

赖教授认为,发达国家农产品加工产值与农业总产值的比例关系大概是 4:1 或 5:1,农产品加工的比例比较高;而目前中国的农产品加工产值和农业总产值的比例是 2.5:1,因此我们农业加工业存在较大的发展空间。[②] 农村的优势有以下方面:

(1)农村的交通越来越便利。农村的交通状况不断得到改善,"村村通"工程涵盖了公路、电力、生活和饮用水、电话网、有线电视网、互联网等,农村生活越来越便利。便利的交通带动了农村和周边城市的辐射效应,消除了城乡差距。同时,便利的交通为农村带来了很多商机,农村的瓜果蔬菜和农副产品能够及时运输到城市中。

(2)在农村居住更舒适。农村的居住条件正不断得到改善,相比于城市狭小昂贵的楼房,农村人新建和翻修的住房宽敞、舒适,地暖、空调、天然气、上下水系统便捷。甚至有人在农村盖起了小洋房,有独立的花园和菜园,房子空间大、采光好,居住起来非常舒适。

(3)农村的空气更加清新。与城市里的交通污染、大气污染相比,农村的空气质量明显较优,尤其是山区农村,空气中的负氧离子含量显著高于城市。

2. 农业农村发展为缓解城市压力的途径

除了生产功能外,农业系统还具有生态功能和美学价值。近年来,在全球范围内兴起了城市郊区发展观光休闲农业的热潮,并取得了良好的效果,吸引了大量周围居民的观光兴趣。观光农业是通过优美的农业自然环境以及相应的农、林、牧、副、渔业的生产过程和农业劳作,吸引城市居民前往参观、参与、购物和游玩,既促进了郊区农业本身的发展、交流,增加了旅游收入,又缓解了城市休闲设施不足的压力。[③]

依托农业农村自然和人文风貌,面向附近城市居民开展观光休闲、耕作体验和采摘、餐饮住宿、度假疗养等经营活动,可以提高农业农村中以往不被纳入生产要素范畴的生态环境和人文景观等多样资源的利用效率。发展农业农村经营活动是实施农业供给侧

① 参见丁嘉琰.城市地下水污染现状及防治技术研究[J].资源节约与环保,2020(11):47-48.
② 参见梁斌.学者:农村是缓解就业压力的最好场所[EB/OL].(2019-09-21)[2022-06-08].https://www.finance.sina.com.cn/meeting/2019-09-21/doc-iicezueu7427771.shtml.
③ 参见张平远.缓解城市压力的新途径——全球发展城郊观光农业的模式[J].城市与减灾,2001(2):12-13.

改革的主攻方向,也是推进新农村建设和构建城乡良性互动机制的积极探索。从生态效益看,收入水平较高的城市市民对食物安全和品质有更高的要求。他们下乡观光、体验和度假,提高了天然环保的农产品价格。同时,这样的良性互动也促进农业生产转向以质量和安全为根本导向。与通过深加工提高农产品附加值不同,社会生态农业将安全性作为产品附加值的主要内涵,在将农业对环境的损害降到最低的同时,提高了农产品的附加值,推动实现了生态文明与经济发展的双赢局面。

6.2　乡村振兴与城乡融合发展规划

党的十九大在将乡村振兴战略写入党章的同时,也强调要建立健全城乡融合发展体制机制和政策体系,加快推进农业农村现代化。《乡村振兴战略规划(2018—2022年)》提出要坚持城镇化与乡村振兴"双轮驱动",强调要坚持规划先行,以高质量城乡融合全面推进乡村振兴;要打好"绿色牌",把生态治理和发展特色产业有机结合起来,着力抓好农村生活污水收集处理,围绕种植、加工、旅游、科普等产业链条,推动一、二、三产业融合发展,致力打造独具特色的产业集聚区;要提前谋划做好试点工作,走出一条生态和经济协调发展、人与自然和谐共生之路。

6.2.1　保障粮食安全,吃出健康

民以食为天,对食物数量和品质的需求是人民群众赖以生存和发展的最基本需求。纵观中国历史发展规律,无不体现着"食安则兴,食盛则昌,食危则乱,食空则亡"的发展规律。因此可以说,粮食安全是保障国家安全的首要战略。目前中国既是世界第一粮食生产大国,同时也是世界第一粮食进口大国。虽然14多亿人已经告别了饥饿的困扰,且在2020年实现了全面脱贫,但中国的粮食安全问题并不是完全高枕无忧。

根据农业农村部发布的消息,我国的农作物主导品种中,70%以上是保护品种,良种对我国粮食增产的贡献率超过45%。没有严格的品种保护,就没有良种创新的好成果和连年丰收的好局面。[①]

2021年7月6日,农业农村部召开的保护种业知识产权专项整治行动视频会议强调,要加快推进法规修订、标准制定、品种清理和案件查处,标本兼治打击侵权违法行为,为种业振兴营造良好环境。加强种业知识产权保护是对种业创新者核心利益的最大保护、对增强我国种业竞争力的最大激励、对打好种业翻身仗的最大支持。当前,市场监管的突出问题是知识产权保护与种业创新发展需求不相适应。同时,种畜禽监管工作还有

---

①　参见唐峥.良种对粮食增产贡献率超45%　农业农村部强调种业知识产权保护［EB/OL］.(2021-07-07)［2022-06-08］.https://www.finance.sina.com.cn/jjxww/2021-07-07/doc-ikqcfnca5420808.shtml.

待加强。为此,农业农村部决定自 2021 年起,开展为期 3 年的"全国种业监管执法年"活动。

此次专项整治明确提出,务必奔着问题去,确保措施精准管用、落地见效。此次行动主要包括四个方面:①开展全面"体检",发现问题从严查处;②强化案件查办,推动行政执法和司法保护紧密衔接;③严格品种管理,解决同质化和"仿种子"问题;④完善法律法规,探索建立实质性派生品种制度。

同质化及"品种井喷"问题将被作为此次行动的重点。此次行动强调:一要狠抓品种审定监管,将研究提高主要农作物品种审定标准,健全同一适宜生态区引种备案制度,加大审定品种撤销力度,解决好同质化问题。二要启动登记品种清理,以向日葵"仿种子"为突破口,开展非主要农作物登记品种清理。三要强化技术支撑,加快建立作物分子指纹库,严格和规范品种审定和登记"特异性、一致性、稳定性"测试,通过技术手段把牢品种准入关。此次行动要把健全种业知识产权保护制度作为提高自主创新水平的战略性安排,持续推进资源保护、品种攻关、企业培育、基地建设等全链条知识产权保护;针对假冒套牌、仿冒仿制等行为开展专项整治,净化种业市场,激励保护原始创新。

6.2.2　推动乡村旅游,探索经济增长点

乡村旅游已成为国内旅游的重要类型,占国内旅游总人次的一半以上。乡村旅游主要是到乡村去体验乡村民情、礼仪风俗,观赏农作物(水稻、小麦、玉米、高粱等)、果树、蘑菇、中草药和其他经济作物。旅游者可在乡村及其附近逗留、学习,深度体验和感受乡村生活模式。2015 年发布的中央一号文件提出,要积极开发农业多种功能,挖掘乡村生态休闲、旅游观光、文化教育价值。乡村旅游是基层和群众的创造,旅游扶贫是贫困地区扶贫攻坚的有效方式,是贫困群众脱贫致富的重要渠道。

下面介绍一个乡村旅游的成功案例——泰山九女峰。

近年来,随着泰山九女峰乡村度假区项目的落地,岱岳区在道朗镇先后打造了"鲁商朴宿·故乡的云""鲁商·微澜山居"民宿和八楼氧心谷民宿群等乡村旅游景点,让过去的"穷乡僻壤"变成了"旅游富地",通过巧做绿色"文章"、布局乡村旅游,让乡愁得以安放,让乡村在发展中振兴。

谁也没想到,昔日有名的省级贫困村如今已成为家喻户晓的网红村。这个巨变开始于国家乡村振兴战略的实施,鲁商乡村发展集团作为城市经济的佼佼者,也同样把视野从城市转向了乡村。随着泰山·九女峰乡村度假区项目的签约实施,东西门村也终于迎来了它的涅槃重生。如今,东西门村成了游客们休闲旅游的"香饽饽",也让投资者和村民们看到了增收致富的新"钱"景。鲁商乡村发展集团自进驻九女峰片区以来,生动实践

"两山论"，以绿色发展引领乡村振兴，努力构建起百姓富、生态美有机统一的发展模式。[①]

6.2.3　建立现代良种繁育体系，占据农业市场

农业应坚持适时、适地、适人，从而确保人们饮食健康之目的。丢掉我们对基因的主导权求，盲目引进未经驯化的"劣质"品种或混入某一转基因品种，将会严重损害我们的食品安全。这不仅使我们丧失农业主动权，更会严重威胁国家安全和国民的身心健康。

山东历来是农业大省，要打造现代农业强省、农业科技强省，首先必须采用现代生物技术、基因改造技术培育优质农牧良种，确保人们健康与农业强省的地位。谁抓住了优质良种，谁就占有市场主导权。

案例一：生猪育种——打破垄断更要迈向高端，打赢畜禽育种翻身仗。

2021年，农业农村部发布了《全国畜禽遗传改良计划（2021—2035年）》。该计划是国家层面启动的第二轮畜禽遗传改良计划，提出了立足"十四五"、面向2035年推进畜禽种业高质量发展的主攻方向。为此，《科技日报》推出了"打赢畜禽育种翻身仗"系列报道，聚焦猪、牛、鸡三大畜禽特色品种，探讨其在育种方面存在的问题、取得的成绩以及未来的发展方向。[②]

我国是世界上第一大生猪生产与猪肉消费国，生猪产业是我国畜牧乃至农业的支柱产业，而种猪又是生猪产业的核心。我国的生猪本土品种很多，据统计地方品种有83个，仅重庆就有荣昌猪、合川黑猪、罗盘山猪、渠溪猪、盆州山地猪等5个地方品种。但我们市场上买到的，大多是长白、大白、杜洛克等进口猪种。由于优质地方猪种保护开发力度不够、高性能品种猪依靠进口，重引进、轻选育，使生猪产业陷入"引种—退化—引种"的怪圈。我国生猪产业种猪改良育种研究急需打破发达国家对顶级种猪市场的垄断，从而破解我国生猪产业"卡脖子"难题。由重庆市科技局组织、重庆市畜牧科学院牵头成立的国家生猪技术创新中心已于2021年3月获得科技部的建设批准，该中心的关键核心技术攻关目标之一就是瞄准种质资源创新利用。

"对于现代化的生猪养殖产业来说，生猪养殖要求猪生得多、死得少、长得快、吃得少、产肉多、肉质好、卖个好价钱。"重庆市畜牧科学院研究员王金勇说，"地方猪种的优点是肉质味道好、抗病能力强、低投入有产出，但却存在肥膘多、瘦肉率低、生长速度慢的缺点。"例如，荣昌猪的生长周期为240天，而国外品种只需要160天就能出栏；丹麦、法国的长白、大白猪种一胎产仔数能达到14只以上，而荣昌猪目前平均产仔数仅为11只。

和荣昌猪一样，本地猪种相比进口猪生产成本高，但优质优价没有体现出来，养殖效益比引入品种低，生猪企业会根据效益需要选择引入品种，而这也就影响了国内生猪育种的发展。育种工作实际上是根据产业需求不断进行遗传改良、持续提升种猪品质的过

①　参见王志新，王景晓，孙赵之琳.泰山·九女峰：乡愁情　归家路　振兴门[EB/OL].(2020-10-13)[2022-06-08].https://www.thepaper.cn/newsDetail.forward.9545978.

②　参见王雍黎，韩文嫒.生猪育种：不仅要打破垄断更要迈向高端[N].科技日报，2021-07-15(6).

程。育种需要持续研发投入,企业大多是简单通过引进品种扩繁,并没把精力放在品种选育上面。加快国外猪种本地化、优质地方猪种产业化是当下育种工作的重中之重。从现代育种方向来说,育种就是要提升地方猪的繁殖力和产肉能力的育种新技术,让地方猪更能适应现代工厂化养殖的生产方式。

我国畜禽核心种源自给率虽已超 75%,但与发达国家相比仍存在差距。按照《全国畜禽遗传改良计划(2021—2035 年)》的要求,到 2035 年,我国要建成完善的商业化育种体系,自主创新能力大幅提升,核心种源自给率保持在 95% 以上;以地方猪遗传资源为素材培育的特色品种能充分满足多元化市场消费需求;形成华系种猪品牌,培育具有国际竞争力的种猪企业 3~5 个。

国内生猪育种技术和国外相比几乎是没有差距的,关键是如何激发生猪企业在育种上的主动性。选育新品种是一个长期的过程,需要长期时间的积累、大量数据的记录,但也并不意味着一定会成功。就算培育出了新的品种,最终还需要接受市场的选择。

作为我国三大地方优良猪种之一的荣昌猪,在如何让其适应产业化生产方面,重庆市畜牧科学院是引导者。从 20 世纪 80 年代开始,重庆市畜牧科学院就以荣昌猪为基本育种素材,采取杂交与选择相结合,导入适当比例的丹系长白猪血液,育成了国内第一个低外血含量(25%)的瘦肉型猪专门化母系——新荣昌猪Ⅰ系。与原种荣昌猪相比,新荣昌猪Ⅰ系猪的胴体瘦肉率提高了 6.3%,饲料转化率提高了 19.3%,20~90 kg 体重阶段日增重提高了 33.5%,膘厚降低了 21.7%。2000 年,荣昌猪配套系(渝荣Ⅰ号)在保持猪肉品质不变的情况下,瘦肉比达到 63%,日增重 800 g,料肉比为 2.6~2.7,每次繁殖12.5 只以上。这为荣昌猪产业化打下了基础,通过推广我国现已建立优质肉猪示范基地49 个、辐射基地 67 个,促进重庆及周边地区生猪养殖业的快速发展。

据了解,除了荣昌猪、太湖猪、宁乡猪等开发得比较好的本土品种外,目前还有不少规模化生产的本土猪种,如湖南的湘村黑猪、广东的 1 号土猪、吉林的吉神黑猪,这些猪种都是在地方品种上培育出的新品种。重庆畜牧科学院还在技术手段上不断创新,自主研发了肌内脂肪的活体预测技术。王金勇说:“从食用的口味上来说,瘦肉中有一定的脂肪才会有好的风味。以前是屠宰后才能测评,现在采用肌内脂肪的活体预测技术,不杀猪就能做肉质评估,不仅准确还能保护种猪。”

为了保护本地资源,重庆市畜牧科学院在 2006 年建立了冷冻保存库,对精液、卵母细胞、胚胎进行了冷冻保存,避免了在非洲猪瘟等疫病的冲击下本地品种的灭绝。目前,该院正在推进西部品种保存库的建设,以更好地保护西部地区的本地猪种。

2019 年,重庆市畜牧科学院生产培育的 28 只 SPF(从出生到育成都不带任何病原体)的荣昌猪“飞赴”中国农业科学院哈尔滨兽医研究所,为我国非洲猪瘟疫苗研发甘当“小白鼠”。在此之前,我国只有少数几家单位掌握了 SPF 猪技术,并且种源主要是从国外进口。重庆市畜牧科学院能够短时间实现 SPF 荣昌猪的批量化生产,是因为他们拥有成熟的 SPF 猪培育核心关键技术——猪无菌剖宫产技术和猪无菌饲养技术,其技术难度远超 SPF 猪。

无菌猪是指身体里没有任何微生物的实验猪,可用于儿童疫苗、婴幼儿奶粉质量评价、特殊患者膳食产品开发以及早产儿的健康研究等。重庆市畜牧科学院是目前我国唯一拥有无菌猪繁育平台的单位,利用已拥有的无菌猪培育技术体系,该院同时开展了SPF猪的培育与产业化应用。

专业猪品种育种研究是猪种培育上的新领域,也是我国在猪种培育上能实现"弯道超车"的领域。通过基因编辑和生物净化等生物技术,在普通猪的基础上定向培育生物医药用途的专业猪品种(系),可直接生产生物医药产品,或为生物医药产品的开发提供高质量的生产原料,以及作为药物/医疗器械临床前的评价用动物模型,从而可以培育孵化相关科技型企业,为产业由中低端向中高端发展提供科技支撑。

重庆市畜牧科学院院长刘作华表示,作为科技部批准建设的农业领域首个国家级创新中心,国家生猪技术创新中心在种质资源创新利用方面,将利用荣昌猪等中国优质地方猪种质资源,培育符合中国消费需求与现代化养殖的新品种,并将其培育成可进行医学研究的实验动物。到2025年,国家生猪技术创新中心计划育成优质、节粮、抗病的生猪品种3~5个,生产性能与国外优良品种相当;研发出饲用抗菌肽等抗生素替代品、非洲猪瘟疫苗等生猪产业高科技产品50个以上。

案例二:让乡土树种在园林绿化中当主角。[①]

有专家建议,国家有关部门应高度重视外来植物带来的生物风险,慎重审查、严格管理外来植物。同时,各地应该根据自然生态条件来选择树种,大力提升乡土树种在园林绿化中的比重。

南京林业大学教授沈永宝说:"我国椴树属树种是业界公认的世界四大行道树之一,也是我国的乡土树种,但是在园林绿化中很难看到它的身影。"这么多年来,这是他心中一直解不开的疙瘩。2021年6月25日,国家林业和草原局椴树产业国家创新联盟在南京成立,这标志着作为我国传统乡土树种的椴树有了专属的保护与开发联盟。

沈永宝说:"这是个好消息。但是,重视和推广乡土树种并不是一朝一夕的事,他认为,打破乡土树种不受待见的现状,除了观念上的转变,还要加强科技攻关,解决乡土树种的繁育、栽培、经济开发等问题。"

近年来,随着生态文明理念深入人心,从城市到乡村的园林绿化越做越好,不同品种的树木花卉越来越多。这本是一件好事,但是许多林业专家发现,从外地甚至外国引进的外来植物品种逐渐占了上风,本地自然生长千百年的乡土树种却成了配角。据业内人士保守估计,我国引进的外来木本植物品种达1200种。外来树种的适生性、入侵性、病虫害和种质资源污染等一系列问题无法解决,未来带来的影响无法估量。

沈永宝说:"一方水土养一方人,种树也是同样道理。盲目引进外来植物的后果,要么是水土不服,一到冬季不是死了就是枯了,要么是适应性差、抗逆性差,大面积栽种后突然暴发病虫害。"

---

① 参见张晔.该让乡土树种在园林绿化中当主角了[N].科技日报,2021-08-03(6).

2017 年，上海市引种的 3 万多株北美枫香突然暴发病虫害死亡。2019 年，江苏扬州市栽种的 6 万株北美枫香发生了同样的状况，导致市政绿化和苗木种植户损失惨重。2015 年冬季，江苏连云港市遭遇寒流袭击，城市绿地约 4 万株香樟树被冻死。

沈永宝认为，造成这一现象的主要原因是，园林设计的随波逐流，许多人只看到外来树种的新奇、稀罕，为追求异域风情，盲目引用外来树种。

还有专家指出，植物不仅是为人们创造舒适环境的工具，也是一种扎根当地自然生态，承载人文历史与风土文化的有机生命体。许多地方的市树市花、古树名木以及乡土植物都曾在当地文人墨客的笔下留名，见证了一个城市的发展变迁。

沈永宝说："一个区域的动植物生态群落是经过成千上万年进化形成的，我们人为地在短时间内大量引进外来物种，轻则同质化严重，丢失传统文化象征，重则打破生态平衡造成不可预知、不可挽回的后果。"

虽然椴树是世界四大行道树之一，我国各地也有不同种的椴树分布，但由于缺少开发利用，导致育种栽培塑形等技术不成体系，苗源少、收益差，形成恶性循环。据沈永宝介绍，过去南京椴种子休眠期达 2～3 年甚至更久，这给大规模人工繁殖带来了挑战。从 2005 年起，他开始着手研究南京椴种子的休眠机制并攻克了这一难题，如今仅需要 50～60 天种子即可萌发。

近年来，南京椴以其树姿优美、抗污染、适应性强、观赏性强、文化底蕴浓厚等特点，成为现代城市绿化和园林绿化的新宠，苗木需求量逐年扩大。在江苏省政府发布的《江苏省珍贵用材树种培育行动方案》中，还把南京椴列为优先推荐的珍贵树种。

沈永宝说："乡土树种适应性好、抗逆性强，成本较低且易于养护，但是要在园林绿化中当主角，还必须要设立专项加强研究，围绕树种分类、种苗繁育技术、种质资源保护、栽培利用、花叶产品研发等方面开展系列科技创新攻坚行动。"

案例三：培育新品种。

据路透社 2011 年 1 月 13 日报道，英国科学家培育出了一种不会传播禽流感的转基因鸡。转基因是指利用现代生物技术改变生物（植物或动物等）的基因。转基因育种是指以传统技术无法达到的方式来改变生物的基因，从而培育出新的植物和动物品种。转基因鸡靠一个经过特别设计的小分子，在鸡感染病毒之后阻止病毒复制。这个分子可作为一个"诱饵"，模拟病毒基因组中控制流感病毒复制的区域。转基因鸡不能抵抗禽流感，它们会感染禽流感病毒并生病，但不会传播病毒。这一点很重要，因为这能阻止禽流感在禽类之间传播。

英国科学家说，这些转基因鸡的发育、健康状况和生长情况与非转基因鸡没有显著区别，唯一区别就是它们不会把禽流感传染给其他的鸡。目前，这种转基因鸡纯粹是以研究为目的，不会用于消费。

6.2.4　推动农村能源变革,促进可再生能源高质量发展

推动农村能源变革,减少农村碳排放,是实现 2060 年"碳中和"目标的重要举措,具体来说要做到以下几点:

第一,多元供给,保障农村清洁供暖工作。农村供暖应符合现代能源体系的要求。根据清洁供热产业委员会此前数据显示,农村目前采暖造成的碳排放占农村碳排放总量的 45%,北方地区农村取暖用散烧煤约合 2×10^8 t 标准煤。农村供热碳排放不容忽视,我们应因地制宜,鼓励风、光、生物质、地热等多能互补的低碳能源供给体系建设,建立农村清洁能源收储-加工产业链体系。

第二,多举措融合,推动农村绿色发展之路。我们应将农村能源利用与农村污染治理、生态治理、美丽乡村建设、绿色金融等政策相结合,走绿色低碳发展之路,低成本推进"碳减排"和"碳中和"。

第三,探索村镇地区生物质供暖合适的市场模式。生物质燃料在农村可采用分散式的"一村一厂"代加工模式,以此来降低中间运输成本,并保证供应;在小城镇,宜采用大中型生物质锅炉集中供暖。

第四,因地制宜,发展农村光伏产业。《中共中央国务院关于做好 2022 年全面推进乡村振兴重点工作的意见》提出,要巩固光伏扶贫工程成效,在有条件的脱贫地区发展光伏产业;深入实施农村电网巩固提升工程,推进农村光伏、生物质能等清洁能源建设。2021 年,山东省印发了《关于促进全省可再生能源高质量发展的意见》,围绕可再生能源拓展开发空间、保障集中消纳、促进就近消纳等方面出台了 21 条意见,旨在推动"十四五"期间全省可再生能源大规模、高比例、低成本、市场化、高质量发展;因地制宜建设生物质制气、热电联产项目,助力乡村振兴。

6.2.5　大力发展农村电商,推进城乡融合新局面

据农业农村部 8 月 10 日消息,农业农村部在对十三届全国人大四次会议第 1580 号建议的答复中指出,将继续推进"互联网＋"现代农业,大力发展农村电商,培养农村电商骨干人才,拓宽农产品销路,为全面推进乡村振兴提供有力支撑。在我国,今后"互联网＋"现代农业模式将逐渐成为发展趋势,而发展农村电商也更有利于农村的产品走进城市,拓宽销路。养猪产业也要遵循市场发展规律。在疫情影响下,猪肉运输模式正从"调运"逐渐向"调肉"转变,大力发展猪肉冷链运输、保鲜技术,也能更好地促进猪肉线上销售的发展。

我国正在积极推进互联网、大数据、人工智能、区块链、5G 等新一代信息技术与农业全产业链深度融合与应用,大力发展农村电商,拓宽农产品销路,促进农业农村经济持续健康发展,具体表现在以下方面:一是推动农业生产数字化转型。农业农村部启动实施了物联网区域试验工程,先后在天津、上海等五个省市开展农业物联网区域试验,分品

种、分类别地开展了专用传感器、传输设备、控制设备及相关软件和信息系统的集成应用。2017 年以来,中央财政累计投入 26 亿元建设 100 个数字农业项目。通过项目示范带动,有力推进了农业生产过程全程精细化管理,提升了农业发展信息化和智能化水平,为绿色农业数字体系建设提供了有力支持。二是加快推动农业经营信息化建设。农业农村部联合国家发展改革委、财政部、商务部实施"互联网＋"农产品出村进城工程,推选了 110 个县(市、区)作为试点,推动建立健全适应农产品网络销售的供应链体系、运营服务体系和支撑保障体系。三是开展农村电商培训。2020 年,农业农村部通过"高素质农民培育计划"开展农村电商培训,依托农村实用人才带头人和大学生村官示范培训项目开设了五期农业农村电子商务专题培训班,培训电子商务骨干人才 500 余人。

6.3 打造乡村人才基地,提高农业科研水平

6.3.1 提高农民素质,振兴乡村特色文化

我国正在积极打造农村居民生活文化建设高地,着力改善农村居民生活水平。丰富农村居民文化知识,提升其文化认知,有助于提升农村居民生活幸福指数。振兴乡村的主体是农民,改变传统落后观念,主动摒弃陈规陋习,有助于农民素质的提高和乡村物质财富的增加,树立良好乡风,提升农民文化自信,提升思想道德水准和科学文化素质,为乡村振兴注入强大精神动力,助力农业科研水平的提高。面对当前农业自然资源和人才资源双重缺乏的现状,农业科技创新通过对生产力要素的提升,使生产力水平不断提高。例如,通过科技创新提高劳动者技能和生产经营水平,农业生产经营管理更加科学化、现代化;通过科技创新优化生产要素组合、改进生产工具和生产手段,农业生产的效能不断提升。

目前,农村文化建设不仅是要建立起文化阵地,更要确保文化阵地的可持续发展。农村文化建设一方面要继续加大投入,建好阵地,完善设施,另一方面还要注重现有文化资源作用的发挥。由于农村文化建设涉及领域广,因此要多部门跨领域合作,摸索出一套切实可行的长效管理运行机制,摆脱"一年轰轰烈烈,两年四分五裂,三年自生自灭"的窘境,具体来说应做到以下方面:

第一,加强文化管理和人才队伍建设。要稳定和充实文化工作队伍,各乡镇文化站要保证有一名专职文化干部,同时要配齐各文化场所的管理人员和其他人员,并保证他们的各种待遇。同时,培养文化人才,积极扶植农村专业和业余文化队伍,有条件的地方可以组建业余文艺队伍,充分发挥老人协会等民间组织的作用和离退休老干部、老教师、德高望重的老前辈等人的余热,动员他们积极参与农村文化阵地的建设和管理工作。文化部门要经常举办各种形式的文化培训,为农村培养文化人才。

第二,发挥现有文化资源的作用,定期开展文化类活动。调动农村居民参与文化活动的积极性,让更多的农村居民参与到文化活动当中,丰富村民业余生活。同时,发挥政府在文化建设中的主导作用,可以成立"中心图书室"或"文化超市",将全乡镇的图书、音像制品全部集中起来,并建立"流动文化服务站",定期在各站所和各村开展图书借词、音像播放等文化服务,使有限的文化资源发挥最大的作用。

第三,健全文化建设的体质机制。实行必要的奖励机制,对文化工作开展得好的乡镇、村予以奖励,对长期在农村工作并做出一定贡献的文化工作专业人员给予适当的物质奖励。要建立内部规章制度,根据农村文化阵地的特点,及时建章立制,完善措施、规范管理,使农村文化建设走上制度化、规范化和科学化的管理轨道。

第四,振兴乡村特色文化。乡村特色文化是中国传统文化的重要组成部分,它的传承与发展是生成文化自信、推动新时代乡村振兴的必然要求。现阶段,推动乡村振兴需要发展乡村特色文化,要通过发挥政府部门的主导作用、教育的育人作用进一步提升乡村文化传播力,扩大乡村特色文化的社会影响,从而推动乡村特色文化的传承和发展。部分贫困地区、尤其是少数民族贫困地区,有着丰富的手工艺文化,但没有得到很好开发。乡村特色文化产业发展得好的地区,往往有专业人才引领。发展相对不足的地区,往往不是缺少文化资源,而是缺乏人才。此外,创意和设计能力不足、文化资源挖掘不充分、文化产业链不健全等也是制约乡村特色文化产业发展的因素。例如,在贵州省黔东南苗族侗族自治州榕江县,政府就以传统非遗技能培训助推脱贫振兴。当地依托刺绣和蜡染"文化遗产"的文化传统优势,积极开展"绣娘""非遗"技能培训,使得当地7000多名家庭妇女掌握了一技之长,苗族"百鸟衣"、侗族盛装等手工艺品受到游客热捧,人均年增收超万元,从此告别了多年的贫困。

第五,充分利用新媒体来宣传健康和安全知识讲座。针对农业、饮食安全、防火、防盗等方面的内容,开展定向的知识宣传。各级政府通过公众号或者微信链接的方式,宣传一些有关农村健康与安全生活的知识,让更多的村民了解到健康生活与安全生活技能和注意事项。农村文化要做到持续发展,很重要的一点是要不断创新。要注意研究新时期农民文化需求的新特点,设计一些符合农村实际的、行之有效的活动载体,来提高文化活动的吸引力和感召力。

6.3.2　大力发展生态高值功能农业[①]

党中央和国务院高度重视我国农业产业的发展,功能农业是继高产农业、绿色农业、有机农业之后的农业新兴的领域,发展生态高值的功能农业也是乡村振兴一条重要的途径。除了生产功能之外,农业系统还可以提供水土保持、水源涵养、调节气候、维持农业

---

① 参见刘越山.乡村振兴需大力发展生态高值功能农业——访中国农业科学院农业经济与发展研究所蒋和平教授[J].经济,2021(5):57-59.

生物多样性、休闲观光等多项生态系统服务。

我们要摒弃传统的大量使用农药化肥、追求高产农业的路径，逐步树立生态高值功能农业的发展思路。特别是为了应对"十四五"时期我国粮食生产面临的新挑战和新形势，粮食安全战略必须适时进行调整，化危为机，应从"温饱型"粮食生产向"功能型"粮食生产转变，从"高产"粮食产业定位向"生态高值"粮食产业定位转变，从"追求粮食产量"转向"藏粮于技、绿色生产"，从关注"粮食产量连增"到"粮食安全与营养价值"转变，具体表现在以下方面：

一是大力发展生态高值粮食产业。首先，要实现粮食产业中农用化肥施用量的"零增长"，推动粮食产业生态系统持续循环；其次，要通过生物技术培育出新的粮食新品种，实现粮食产品的优质化、营养化、功能化。

二是大力发展功能性农业。新冠疫情暴发以来，世界农业形势发生了很大变化，人们普遍希望吃的农产品具有保健、提高人体免疫力的功能，如中国有近 3 亿多的三高（高血糖、高血脂、高血压）人员，这些人对降血糖、降血压、降血脂的功能粮食、蔬菜、水果有巨大的市场需求。据中国科学院赵其国院士测算，在"十四五"期间，全世界推进 $80\sim100$ 种功能农产品，仅中国功能农业产值就可达 1000 亿元以上。这带来了巨大商机，同时也为乡村振兴开拓了一个新的、生态高值的盈利产业。功能性农产品（功能性食品）是指具有营养功能、感觉功能和调节生理活动功能的食品。

比如，富硒农业就是功能农业最有代表性的一种。硒是人体必需的微量元素，在抗氧化、抗衰老、抗辐射、拮抗重金属、保护视力以及提高人体免疫力等方面有重要作用。中国营养学会对我国 13 个省市做过的一项调查表明，成人日均硒摄入量为 $26\sim32\ \mu g$，与中国营养学会推荐的最低限度 $50\ \mu g$ 相距甚远。我国著名营养专家于若木提出，我们要像补碘一样做好全民补硒工作。硒对于人体健康十分重要，但人体自身不能合成硒，必须从外界摄取，因此食用富硒食品成了一个简单又关键的补硒途径。近些年来，市面上的富硒大米、富硒玉米粉、富硒苹果等"富硒"牌农产品引起了广泛关注，富硒农业也成了消费者关心的话题。

富硒农业是指通过硒的生物转化方法，利用富硒地区丰富的硒资源或通过根部施硒肥和叶面喷硒措施来发展种植业，生产富硒农产品；或采用富硒饲料来发展养殖业，生产富硒动物产品。富硒农业是特色农业，富硒农产品品质高，具有较高的经济附加值。目前，随着人们对健康食品需求的增加，人们补硒意识不断提高，我国富硒食品市场日益兴起。近年来，我国掀起了中医农业和富硒产业发展的热潮，富硒农业前景广阔。富硒产业发展热潮掀起，并在部分地区发展成了支柱产业。

三是"生态高值功能农业＋大健康"，将生态高值功能农业作为大健康产业的入口，借助消费者对粮食蔬菜水果等农产品的刚性需求，实现对消费者的健康综合管理。未来将会有更多的地方政府大力发展县域医疗服务能力，合理布局医疗康养产业体系，县域经济将会把康养产业作为经济增长的新动能。发展康养产业很重要的一点就是构建"吃得健康"的新的生活方式，实现从"吃得好"到"吃得健康"的转变。近些年，湖北恩施、陕西安康、广西贵港和江西宜春等地大力发展富硒农业,使得越来越多的富硒农产品问世,带动了当地农业增效和农民增收,也使得当地农业经济发展取得较大的成就。

6.3.3　提高农业科技水平

案例一:年近八旬的科技特派员把菌草技术推广到全世界。[①]

微生物作为一种重要资源,由于其数量多、繁殖快、生长周期短,易于大规模培养等优点,已经被运用于农业生产的方方面面。微生物科学技术在中国农业中得到了普遍推广和应用。在农业生产中,我国研制出了多种微生物制剂,以防治园林和蔬菜病虫害,改善作物品质;在农业环保中,我国利用微生物处理水污染、化学农药污染、固体废弃物利用微生物生产沼气,有效改善了农村环境,节约了能源。

经过 30 多年的不懈努力,我国在以草代木发展菌业、以草代粮发展畜牧业方面取得了很大进展。现在,菌草技术已经拓展到了菌草菌物肥料、菌草生物质能源、菌草生物质材料等领域。菌草用于生态治理也取得了成绩,我国四大沙尘暴的策源地之一——内蒙古阿拉善的菌草防风治沙基地,用菌草治沙有了突破性进展,得到了社会各界认可。

案例二:向科技要肉蛋奶。

新冠疫情暴发以来,人民群众纷纷把加强自身免疫力提上了前所未有的高度。"吃得饱""吃得好"成为了人们对美好生活向往的基础保障,也变成了衡量生活水平的重要标准。

国家卫生健康委发布的《新型冠状病毒感染的肺炎防治营养膳食指导》倡导,尽量保证每天 300 g 奶及奶制品。体现在消费端,市场对乳制品的需求迅速攀升。2020 年,我国液态奶产量为 $2.6×10^7$ t,产量逐年增长,全国乳制品企业销售总收入达 4195.6 亿元,同比增长 6.22%。

但是,粮食生产安全问题的报道频频出现。伴随着人们对农产品需求的日益攀升,我们急需解决粮食的产量稳定和质量提高,农产品的生产效率和食品质量也成为社会关注的重要课题。因此,我们需要向科技要肉蛋奶!

案例三:快速诊断污染顽疾,"土壤医生"开出绿色药方。[②]

相对于化学法和物理法修复污染土壤的弊端,利用生物或生态的方法修复污染土壤具有成本低、安全可控的优势。在生长发育过程中,植物会将土壤中的污染物吸取到体内,达到土壤净化的目的,就像森林吸收水分、阳光、CO_2 一样,基本不需要消耗能源。

人生病了,可以去看医生。那么,土壤生病了怎么办?随着城市工业飞速发展,环境污染问题日益严峻。其中,大气和水污染早已引起人们的警觉。而土壤污染由于过于隐

① 参见马爱平.科技特派员林占熺:一株小菌草,一生扶贫情[N/OL].科技日报,2021-06-08[2022-06-10]. http://www.stdally.com/index/difang/2021-07/01/content-1169101.shtml.
② 参见王雯婷,陈曦.快速诊断污染顽疾 "土壤医生"开出绿色药方[N].科技日报,2021-08-04(8).

匿,往往需要通过仪器设备采样检测才能被诊断出来。

由南开大学环境科学与工程学院学术委员会主任周启星教授带队研究的"典型区土壤污染诊断及修复植物的响应机制"项目就好比一位土壤医生,可对土壤中典型污染物(重金属、多环芳烃和抗生素等)进行快速与多维度精准诊断,开创了花卉植物修复污染土壤的新领域。该项目还获得了2020年度天津市科学技术奖——自然科学特等奖。

该项目自2004年开展研究以来,在我国多地进行了试点实验、数据分析,最终系统阐明了我国典型工业化城市土壤重金属和无公害蔬菜基地抗生素污染时空分布的特征与发生机制。其中,重金属土壤污染主要出现在我国典型的工业化城市,而抗生素土壤污染主要出现在无公害蔬菜基地。

案例四:新凝胶可减少土地用水并避免污染。[①]

俄罗斯托木斯克理工大学科研人员开发出一种由食物废料制成的凝胶。这种新材料可使农业生产中定点使用化肥和水,促进农业产业更加经济和环保。

目前,水和肥料都没有在农业中得到最佳使用,传统的植物栽培方法,使大部分水和化学物质,包括对动物有毒的化学物质,穿过土壤"溜过"植物根部,与地下水和地表水混合。为此,全球农业科技工作者都在寻找可以解决上述问题的新材料。俄罗斯托木斯克理工大学的科研人员开发出一种聚合物水凝胶,该凝胶可作为土壤的"智能"添加剂,帮助土壤避免污染,显著减少用水量并改善植物对肥料的吸收。

托木斯克理工大学化学与生物医学技术研究学院研究员安东尼奥·迪·马蒂诺(Anthony Audi Martino)表示,新研发的材料能够在下雨或灌溉时储存大量水分,然后随着土壤变干缓慢释放。例如,在一些地区使用这种凝胶,可将灌溉次数减少到每周一次。并且,新研发的水凝胶完全可以生物降解。也就是说,经过一段时间后,它们会"溶解"在土壤中。

该凝胶的一个关键特征是能够用农业和食品工业的有机废料生产,其主要材料是多糖和蛋白质。但科研人员也在研究纤维素、海藻酸和其他一些生物聚合物的可能性,尽量减少或完全避免使用化学品,并避免采纳需要大量能源的流程。

据悉,新的水凝胶可帮助人们更高效、更温和地施用肥料。用添加剂浸透后的成品凝胶只需简单地分置在植物根部周围,其使用寿命取决于凝胶的具体成分,平均为几个星期。

案例五:新品系菌根高效共生水稻。[②]

生物防治包括以虫治虫和以菌治虫。生物防治的主要措施有保护和利用自然界害虫的天敌、繁殖优势天敌、发展性激素防治虫害等。生物防治是人类依靠科技进步向病虫草害做斗争的重要措施之一。

化肥农药使用量大、利用率低是我国目前水稻产业发展中迫切需要解决的关键性问

① 参见董映璧.新凝胶可减少土地用水并避免污染[N].科技日报,2021-07-06(4).
② 参见魏依晨.新品系高效共生水稻 有效提高农药利用率[N].科技日报,2021-07-28(5).

题。在农业绿色发展的大背景下,培育高效节肥减药水稻新品种是水稻育种的新方向。江西省农业科学院从土壤微生物有益共生的角度出发,研发出了具有高效节肥减药效果的水稻新品系——"赣菌稻1号"。

江西省农业科学院组织优势团队,历时10年协同攻关,克隆出了世界首个促进水稻与丛枝菌根高效共生基因 OsCERK1DY 并获得基因专利。该项成果为水稻绿色高产高效分子设计育种提供了极具利用价值的基因资源,绿色超级稻新品系赣菌稻1号系利用 OsCERK1DY 基因培育成果。

6.3.4 建立大专院校实习基地

案例一:重视林地经济,建立林草科普基地,深挖林地潜力。[①]

国家林业草原局、科技部联合印发《关于加强林业和草原科普工作的意见》(以下简称《意见》),将进一步加大传播普及林草科学知识、繁荣林草科普作品创作的力度,通过广泛组织林草特色活动、加强林草科普队伍建设和基础设施建设等措施,加强新时代林业和草原科学技术普及工作,提高公众的生态意识和科学素质,促进形成热爱自然、保护自然的思想和行动自觉。《意见》明确,到2025年命名国家林草科普基地超过100家,打造5~10个全国性林草科普知名活动品牌。

在北京市林下经济试点乡镇——房山区大石窝镇辛庄村的林下复合种养模式示范基地,数千只健硕的北京油鸡正在悠闲自得地散步,这种北京油鸡市场供应价格为160元/只,且供不应求。

2020年11月18日,国家发改委、国家林草局、财政部、科技部、农业农村部、自然资源部、人民银行等部门联合发布《关于科学利用林地资源 促进木本粮油和林下经济高质量发展的意见》,明确到2025年,促进木本粮油和林下经济产业发展的资源管理制度体系基本建立,有关标准体系基本涵盖主要产品类别,木本粮油和林下经济的产业布局和品种结构进一步完善,产业规模化、特色化水平全面提升,林下经济年产值达1万亿元。

林下经济高质量发展的难点在于综合性打造,它需要多专业、多学科、多部门间的联合和渗透,盘活林地资源,挖掘林下经济产业多功能效益,有效解决造林长期效益和林农短期效益之间的矛盾,减少政府对林地管护费用。

案例二:促进新型农业经营主体与科研院所合作。

国家鼓励家庭农场、农业股份合作社、农业企业或个人主动与大专院校、科研院所和有资质的检测单位合作,开发高质量农副产品。农业农村部和财政部联合发布《关于支持做好新型农业经营主体培育的通知》,重点支持农民合作社、家庭农场和农业产业化联合体三类新型农业经营主体,并支持开展农产品初加工、提升产品质量安全水平、加强优质特色品牌创建。

---

① 参见马爱平.深挖林地潜力 这里的乡亲守住好生态、过上好日子[N].科技日报,2021-07-16(7).

一是支持开展农产品初加工。支持农民合作社、家庭农场应用先进技术,提升绿色化标准化生产能力,开展农产品产地初加工、主食加工,建设清洗包装、冷藏保鲜、仓储烘干等设施。支持依托农业产业化龙头企业带动农民合作社和家庭农场,开展全产业链技术研发、集成中试、加工设施建设和技术装备改造升级。

二是提升产品质量安全水平。支持农民合作社、家庭农场、农业产业化联合体开展绿色食品、有机食品和地理标志农产品创建,建立完善投入品管理、档案记录、产品检测、合格证准出和质量追溯等制度,建设农产品质量安全检测相关设施设备,构建全程质量管理长效机制。支持奶农合作社和家庭牧场开展良种奶牛引进、饲草料生产、养殖设施设备升级及乳品加工和质量安全检测设施完善等。支持农业产业化龙头企业引领农民合作社、家庭农场开展质量管理控制体系认定和产品追溯系统建设。

三是加强优质特色品牌创建。支持农民合作社、家庭农场、农业产业化联合体等新型农业经营主体加快培育优势特色农业,加强绿色优质特色农产品品牌创建,创建一批"独一份""特别特""好中优"的"乡字号""土字号"特色产品品牌。

国家鼓励在科研院校开展重大农技推广服务试点,积极引导涉农高校、科研院所到基层建设农业试验示范基地,开展农民教育培训,提供技术咨询服务,探索农科教有效结合开展推广服务的新机制、新模式,把家庭农场作为重要服务对象。组织开展基层农技推广体系改革创新试点,支持农技人员创新创业,与新型农业经营主体开展技术合作,允许通过提供增值服务获取合理报酬。

6.3.5 推进农业大数据的发展

大数据是信息化发展的新阶段,推进农业大数据发展应用是一个重要方向,是建设农业农村现代化、实施乡村振兴战略的有力抓手。农业大数据是融合了农业地域性、季节性、多样性、周期性等自身特征后产生的来源广泛、类型多样、结构复杂、具有潜在价值,并难以应用通常方法处理和分析的数据集合。国内第一个农业大数据的研究和应用推广机构"农业大数据产业技术创新战略联盟"于 2013 年 6 月 18 日在山东农业大学正式成立,标志着国内大数据技术在农业领域的应用又有了实质性突破。农业大数据的应用与农业领域的相关科学研究无缝结合,对从事农业教学科研的师生、社会公众、政府部门及涉农企业等提供了新方法、新思路。社员网搭建农业社会化综合服务体系,强调互联网技术研发能力,践行农村共享经济,扎根农村,服务三农,逐渐形成了中国特色的互联网和大数据服务社员体系。

案例一:数字赋能农业发展,智慧助力乡村振兴。 [1]

作为大数据的"领跑者",贵阳贵安积极发挥大数据的作用,为乡村振兴赋能添"翼",促进农业高质高效、乡村宜居宜业、农民富裕富足。从 2015—2020 年,贵阳第一产业增

---

[1] 参见刘菲,黄勇.数字赋能农业发展 智慧助力乡村振兴[N].贵州晚报,2021-05-23(3).

加值从 129.9 亿元增加到 178.31 亿元,农村居民人均可支配收入从 11 918 元增加到 18 674 元。

第一,数字赋能,农业生产管理更"智慧"。

从 2013 年率先全国发展大数据以来,贵阳贵安便让大数据为农业赋能,驱动农业生产向智慧型转变。

马铃薯是贵州种植面积最大的粮经作物,常年播种面积超 1000 万亩(1 亩≈0.67 公顷),居全国第二位。为解决马铃薯晚疫病的监测预警难题,贵阳于 2014 年开发出马铃薯晚疫病预警及信息发布系统,并不断更新迭代,成为预防马铃薯晚疫病的"良方"。该系统能实时监测种植区的温度、湿度等数据,预警马铃薯晚疫病中心病株的出现时间、发生趋势等,精准提示最佳预防时间和最佳治疗时间,有效提升防治效果。

目前,该系统已在安顺、毕节、黔南、黔东南等贵州马铃薯主产区推广,年均指导应用近 300 万亩,对中心病株预测的准确率达 97.90%,疾病发生趋势预测准确率接近 100%,每年挽回病害损失近亿元。

茶产业是贵阳"五子登科"主导产业之一。目前,全市茶园面积达 28 万亩,投产茶园达 23 万亩,有茶叶企业、合作社 144 家。2020 年,全市实现干茶产量达 1.53×10^4 t,产值为 31 亿元。茶产业发展的背后,离不开大数据。

"大数据很'聪明',让我们可以有针对性地施肥、提前预判病虫害,节省了很多人力物力财力。"贵州省开阳南贡河富硒茶业有限公司负责人李景平说。该公司在茶园里建设了远程监控系统,通过视频监测、数据采集分析等,让茶园管理既精准又轻松,茶叶的产量每年都稳步提升 10% 左右。

除了茶叶种植,大数据也是茶叶生产加工的有力助手。作为茶叶龙头企业,开阳南贡河富硒茶叶有限公司建设了"贵茶联盟"大数据管理系统、ERP 生产数据系统等,实现动态监控与智能生产,解决了名优茶规模生产品质稳定性难以控制的问题,实现了常年各等级产品品质持续稳定的目标。

贵阳贵安还利用"互联网+"技术,在开发自主平台的同时,强势进驻国内天猫、京东、国美在线等电商平台,让黔茶飘香海内外……从种植到管理,从生产到加工再到销售,大数据已融入到贵阳贵安农业生产的全过程、各方面,促进传统农业向现代农业转变。

第二,精准预警,巩固脱贫成果有"先招"。

在"后扶贫时代",大数据是贵阳贵安实现巩固拓展脱贫攻坚成果同乡村振兴有效衔接的新路径。

"十三五"时期是贵阳贵安大数据发展实现从"风生水起"到"落地生根"再到"集聚成势"的精彩"三级跳"的重要时期,也是全面建成小康社会和打赢脱贫攻坚战的决胜阶段。贵阳贵安大力实施大数据战略和大扶贫战略,推动大数据与脱贫攻坚深度融合,发挥大数据的"精准"优势,实现精准扶贫、精准脱贫。

①业务信息化,精细管理。按照"六个精准"要求,针对帮扶对象、精准措施、项目资

金、帮扶干部和脱贫成效等业务建设对应的信息化系统,实现对扶贫开发工作全流程的数据化管理。

②数据可视化,高效监管。将全市脱贫攻坚推进情况进行图形化动态展示,对遍访帮扶、项目实施、资金使用等任务进行预警、跟踪处理,确保工作按时推进,提升监管效率。

③帮扶社会化,合力攻坚。通过互联网、微信平台搭建帮扶对象与社会力量结对的桥梁,提高社会资源配置和使用效率。同时,宣传展示扶贫开展情况、成效和先进典型,提升社会参与热情。

④留痕便捷化,精准考核。开发贵阳扶贫 App,方便扶贫干部采集帮扶对象信息,记录遍访日志、项目实施进度,了解预警信息并及时处理,有效记录工作开展情况。

贵阳贵安不断推进大数据在脱贫攻坚工作中的应用,用数据驱动大扶贫战略行动,切实回答好"扶持谁、谁来扶、怎么扶、如何退"的问题,提升脱贫成效。

"十三五"时期,贵阳贵安实现 17 039 户 50 186 人全部脱贫,全面完成 12 090 人易地扶贫搬迁任务,助推省内 13 个贫困县 51 万贫困人口脱贫摘帽,为全省彻底撕掉千百年来的绝对贫困标签贡献了贵阳力量,书写了贵州减贫奇迹的贵阳篇章。

此外,贵阳贵安打造"大数据＋行业扶贫＋专项扶贫＋社会救助＋防贫保"组合防贫模式,构建"近贫临贫预警、致贫返贫即扶、脱贫持续巩固"帮扶机制,多管齐下筑牢多道"防贫堤坝",高质量打好脱贫攻坚巩固战。

第三,深度融合,乡村全面振兴开新局。

近年来,依托龙广村生态环境及旅游资源,贵州水东乡舍旅游发展有限公司建设了"村村"数字乡村运营平台。该公司以"三变"改革为指导思想,按照"三改一留"模式(闲置房改经营房、自留地改体验地、老百姓改服务员、保青山留乡愁),规模化盘活农村资源,为市民、游客提供乡愁定制服务,深度挖掘农村资源价值,并免费为农户提供农家乐(美食)、农产品等资源信息共享。

"我们要用好'622'利益联结机制。该机制由企业搭建平台,农户以闲置房屋和土地入股,平台负责引入城市投资,并负责对房屋、土地进行改造和经营,经营后按城市投资方占股 60%、'水东乡舍'平台占股 20%、农户占股 20% 的比例分红。"贵州水东乡舍旅游发展有限公司相关负责人说。通过游客参与创建、体验、互动乡居生活,企业与农户一起发现乡村、挖掘乡村、共享乡村,有力推动乡村振兴。

据介绍,截至 2021 年该公司吸引了当地 110 余户村民入股,带动农户就业增收,户均增收 3 万元/年;带动 200 余户农家乐、农产品销售等增收,户均增收 2 万元/年,既盘活了农村资源,又保留了绿水青山,真正实现了产业兴、农民富、乡村美。

此外,位于贵安新区高峰镇狗场村的贵阳贵安融合发展城乡一体化示范建设项目——贵澳农旅产业示范园内,不少游客正漫步在花木之间,在高效蔬果种植采摘等智能温室里采摘果蔬。

"我们一直按照'大数据、大农业、大扶贫、大健康、大养老、大旅游、大教育'的发展理念进行打造,已建成集生态果蔬立体种植技术运用和展示、大数据农业扶贫、产业园旅游

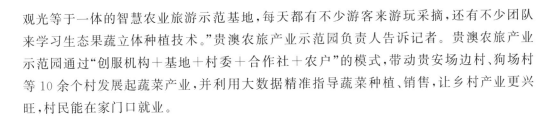

观光等于一体的智慧农业旅游示范基地,每天都有不少游客来游玩采摘,还有不少团队来学习生态果蔬立体种植技术。"贵澳农旅产业示范园负责人告诉记者。贵澳农旅产业示范园通过"创服机构＋基地＋村委＋合作社＋农户"的模式,带动贵安场边村、狗场村等10余个村发展起蔬菜产业,并利用大数据精准指导蔬菜种植、销售,让乡村产业更兴旺,村民能在家门口就业。

6.4　加强乡村教育,加快人才培养

2020年完成脱贫攻坚战后,我国开始进入乡村振兴时代。乡村需要对应的教育,政府也要提供良好的人才支持。需要更多的有志者,去到乡村地区,进行支教工作。同时,政府需要从宏观教育规划上,为当地发展提供更好的治理支持。

相对脱贫工作,乡村振兴的发展高度更高,那就需要更多的优秀产业、优秀人才。这些人才从哪里来?除了引进外,更需要自己培养。而对于一些乡村地区来说,在当地发展第二产业,或者是将第一产业与第三产业结合,可以更好地推进当地经济发展,而且还能解决农村就业问题。总体来说,第二产业与第三产业能够提供更多就业岗位。而第二、第三产业的发展要结合当地实际情况来进行,或者结合第一产业来进行。这就需要大量的优秀专业技术人员。所以对于乡村而言,需要大力推进职业教育。在这个过程中,政府可以将乡村教育与企业深度结合,去更好地推进当地乡村发展。

例如,在北京郊区,为了更好地推进京郊发展,当地企业也在对农民工进行针对性培训,甚至有的企业会与职业学校合作,进行联合培养。这样可以让农村学生找到合适的工作,而且还能够就近工作,对于解决留守儿童问题与留守老人问题意义重大。毕竟乡村振兴要全面发展,不能只是发展经济。解决留守儿童问题是实现乡村振兴必须重视的关键问题。如果有太多的留守儿童,可能会导致年轻一代素质过低。

当然,对于乡村教育而言,推进职业教育是主流,但也不能忽视传统教育。如果孩子愿意学,成绩也好,那么就应该支持孩子继续学习。这些孩子们也可以通过这样的方式,有机会改变自身命运。总体来说,乡村的教育资源肯定不如城市,不如发达地区。那么对于这种现象,我们该如何解决?除了让更多的优秀教师来到乡村外,还需要通过互联网来实现教育资源共享,让更多乡村孩子享受到更优质的教育资源。而这些孩子也可以在大学毕业后回到家乡,去更好地改变家乡面貌。所以,乡村教育需要发达地区对其进行精准帮助。从互联网教育看,基础设施很关键,知识共享反而不是难点,而这又需要发达地区提供各种硬件帮助。

总而言之,乡村振兴要靠人才实现,人才要靠教育培养。乡村教育涉及方方面面,我们要在加强宏观规划的基础上,因地制宜、因人而异地推进,让乡村儿童获得更好的教育。

6.5 本章小结

随着社会经济发展,人民生活水平不断提高,城市发展面临着诸如交通拥挤、住房紧张、地下水污染、能源紧缺、环境污染等问题,这些问题使城市建设与发展处于失衡与无序的状态,造成资源浪费、居民生活质量下降和经济发展成本提高,在一定程度上阻碍了城市的可持续发展。农业农村发展为缓解城市问题提供了机遇。在乡村振兴的战略指导下,农村的交通便利、住宅舒适、环境清新等优势,为承载更多"市民返乡"提供了可能。乡村振兴的目的是提高村民的生活水平,提高农村科技水平,提升文化建设,减少城乡差异,促进城乡融合。乡村振兴是一项长期的战略任务,我们需要认识到不同区域乡村地域发展的差异性,合理引导和把握发展趋势,推动乡村产业振兴、人才振兴、文化振兴,最终实现"乡村,让生活更美好"的目标。

参考文献

[1]刁徐笑,孙长虹,陈淑峰.城市地下水污染防治研究进展[J].水处理技术,2015,41(9):14-23.

[2]董文静,王昌森,张震.山东省乡村振兴与乡村旅游时空耦合研究[J].地理科学,2020,40(4):628-636.

[3]杜育红,杨小敏.乡村振兴:作为战略支撑的乡村教育及其发展路径[J].华南师范大学学报(社会科学版),2018(2):76-81.

[4]郭远智,刘彦随.中国乡村发展进程与乡村振兴路径[J].地理学报,2021,76(6):1408-1421.

[5]刘彦随.中国新时代城乡融合与乡村振兴[J].地理学报,2018,73(4):637-650.

[6]龙井然,杜姗姗,张景秋.山东省乡村振兴与乡村旅游时空耦合研究[J].经济地理,2021,41(7):222-230.

[7]陆林,任以胜,朱道才,等.乡村旅游引导乡村振兴的研究框架与展望[J].地理研究,2019,38(1):102-118.

[8]袁利平,姜嘉伟.关于教育服务乡村振兴战略的思考[J].武汉大学学报(哲学社会科学版),2021,74(1):159-169.

[9]张学昌.城乡融合视域下的乡村文化振兴[J].西北农林科技大学学报(社会科学版),2020,20(4):56-64.

[10]张众.乡村旅游与乡村振兴战略关联性研究[J].山东社会科学,2020(1):134-139.

第七章　食品安全——守护盘中餐

民以食为天,食以安为先,食品构成了人类社会生存发展的基础,是维持生命活动的必需品。食品安全关系着人民群众的身体健康和生命安全,关系中华民族的未来。随着2009年《中华人民共和国食品安全法》(以下简称《食品安全法》)的颁布实施,我国食品安全监督保障体系基本形成,食品安全质量稳步提高,体现了"用最严谨的标准、最严格的监管、最严厉的处罚、最严肃的问责,确保广大人民群众'舌尖上的安全'"的要求。国家对食品安全科普十分重视。2019年,国务院新修订的《中华人民共和国食品安全法实施条例》规定,国家将食品安全知识纳入国民素质教育内容,普及食品安全科学常识和法律知识,提高全社会的食品安全意识。《中共中央国务院关于深化改革加强食品安全工作的意见》(2019年5月9日发布)指出,实施食品安全战略,让人民吃得放心,这是党中央着眼党和国家事业全局,对食品安全工作作出的重大部署,是决胜全面建成小康社会、全面建设社会主义现代化国家的重大任务。

本章从微生物污染危害、植物性危害、动物性危害、化学性危害、重金属污染危害、食品添加剂危害等方面对食品污染进行介绍,并从如何健康饮食、养成科学营养习惯的角度介绍如何降低食物污染等方面的危害。

7.1　民以食为天,食以安为先

食品安全是指食品无害无毒,符合营养要求,不会对人体健康造成任何急性、亚急性或慢性危害。食品安全也是一个跨学科领域,其重点是在食品加工、储存和销售过程中确保食品卫生和食品安全,降低疾病风险和预防食物中毒。因此,食品安全非常重要。

7.1.1　了解食品安全

随着食品污染的加剧,人们越来越重视食品的安全性。1984年,世界卫生组织发表了题为《食品安全在健康与发展中的作用》的文章。据世界卫生组织称,食品安全和食品卫生是同义词。目前较为流行的食品安全定义是:食品中不应含有可能损害或威胁人体健康的有毒、有害物质或因素，导致消费者急性或慢性中毒、感染疾病，或对消费者及其后代的健康构成潜在危害。

近年来，随着毒理学、免疫学、分子生物学和超微分析研究水平的提高，人们对食品安全有了新的认识。研究表明，食品安全不是绝对的，一些传统的安全食品中也含有部分有毒、有害物质，长期食用会对身体造成一定损害；而有些含有有毒、有害物质的食品在一含量范围内食用对人体是有益的。因此，我们将食品安全分为绝对安全和相对安全两个不同的概念。绝对安全意味着食用食品不会对健康造成危害，也就是说，绝对没有风险或零风险；相对安全是指合理和正常食用的食品或食品成分不会对健康造成危害。任何食物或食物成分，即使是对人体有益的食物，如果过量食用或食用方法不当，也可能会危害健康，例如摄入过多的盐会导致中毒。此外，有些食物的安全性因人而异，如鱼、蟹、蛋、牛奶等，对大多数人来说都是营养和安全的，但对于过敏者而言，它们是有害的。

在整个生物链中，更高一级的生物吃掉体内含有重金属、化学污染物的东西时，体内污染物的浓度就升高，这种现象称为"生物浓缩"。例如，受到污染的小虾被小鱼吃掉，小鱼又被大鱼吃掉，大鱼被人吃掉，污染物越积越多，这对爱吃鱼虾的人来说是非常危险的。"生物浓缩"是自然存在的规律，我们必须认识它、承认它、预防它。粮食及粮食制品、水果、蔬菜、茶叶等农副产品中农药及少量重金属残留问题，肉制品、奶制品中色素、抗生素过量问题，鱼虾饵料、畜禽饲料添加剂中激素和抗生素过量问题，食品防腐保鲜剂中化学品超标问题等，若没有得到有效解决，就会在人体中形成"生物浓缩"，引起各种疾病。

7.1.2　食品安全标识知多少

食品标识可以体现食品的安全性和特点，帮助人们辨识食物的安全等级，人们最常见的食品标识有以下几大类：

（1）绿色食品：中国无污染、安全、优质、营养食品的总称。中国绿色食品发展中心将绿色食品分为 A 级和 AA 级两个标准。A 级允许使用有限的化合物，而 AA 级禁止使用任何有害化学品。AA 级绿色食品标识的字体为绿色，背景色为白色；A 级绿色食品标识的字体为白色，背景色为绿色。AA 级绿色食品的要求是按照生产区域的生态环境质量标准，生产过程中不使用任何有害化学品，并按照具体的生产操作程序进行生产、加工、产品质量和包装。AA 级绿色食品的安全标准高于 A 级绿色食品，后者与有机食品相当。

（2）食品质量安全标志：质量安全食品指国家从源头上提高对食品安全质量的监督管理，提高食品生产加工企业的质量管理和产品质量安全水平，达到规定条件的生产者才允许生产的产品。食品质量安全标志由英文"QS"和中文"质量安全"组成，标志的主色为蓝色，字母"Q"和"质量安全"为蓝色，字母"S"为白色。

（3）有机食品：有机食品又称生态或生物食品等，是国际上相对统一的无污染食品术语。根据国际有机农业生产要求和相应标准,有机食品通常来自有机农业生产体系。有机产品的包装上印有各国有机认证机构的认证标志,可以通过识别以下有机标识来识别有机产品。有机食品认证标志如图7-1所示。

(a)中国有机产品认证　　(b)美国有机产品认证　　(c)欧盟有机产品认证

图7-1 有机食品认证标志

(4)无公害食品:无公害食品指产地环境符合无公害农产品的环境质量,生产过程符合法律规定的农产品质量标准和规范,有毒有害物质残留控制在安全质量允许范围内,安全质量指标符合农牧渔业《无公害农产品(食品)标准》的产品。广义无公害产品包括有机农产品、天然食品、生态食品、绿色食品、无公害食品等。

(5)保健食品:保健食品指经国家食品药品监督管理局批准的保健食品和具有保健功能的产品,它也被称为"带蓝色小帽子的食物",因为包装标签上有蓝色小帽子的标志。国家食品药品监督管理局要求该产品对人体有保健作用,对各种疾病有辅助治疗作用,并可长期服用。保健食品在国外被称为"营养补充剂",其标志如图7-2所示。

图7-2 保健食品标志

(6)地理标志产品:农产品地理标志是一种特殊的农产品标志,表明农产品来自特定地区,其产品质量和相关特性主要由自然生态环境和历史文化因素决定,它是以地区名称命名的,如图7-3所示。根据《农产品地理标志管理办法》,农业部负责全国农产品地理标志的注册,农业部农产品质量安全中心负责农产品地理标志注册的审查和专家评审。

图 7-3　中国地理标志

7.1.3　认识食品添加剂

不同的国家和组织对食品添加剂有不同的定义。食品添加剂是由联合国粮食及农业组织(FAO)和世界卫生组织(WHO)食品管理委员会定义的非营养物质,通常少量添加到食品中,以改善其外观、风味、结构或储存特性。不同地区和国家对食品添加剂的定义不同。欧盟对食品添加剂的定义是:食品添加剂是指在食品的生产、加工、制备、处理、包装、运输或储存过程中,出于技术目的人工添加到食品中的任何物质。中国对食品添加剂的定义是:食品添加剂是指为改善食品的质量、色、香、味,以及用于防腐剂、保鲜和加工而添加到食品中的人工或天然物质。

目前,食品添加剂有 23 大类 2000 多个品种,包括酸度调节剂、防结块剂、消泡剂、抗氧化剂、漂白剂、发酵剂、着色剂、护色剂、酶制剂、增香剂、营养强化剂、防腐剂、甜味剂、增稠剂、香料等。食品添加剂极大地促进了食品工业的发展,被称为"现代食品工业的灵魂",这主要是因为它给食品工业带来了许多好处。食品添加剂的主要作用如下:

(1)防止腐败:防腐剂可以防止微生物引起的食品变质,延长食品的保质期,还可以防止微生物污染引起的食物中毒。抗氧化剂可以防止或延缓食品氧化变质,提高食品的稳定性和耐储存性,并防止食品形成潜在有害的油脂氧化物。此外,还可用于防止食品酶促褐变和非酶褐变的添加剂,这些都对食品保鲜具有一定的意义。

(2)改善感官:适当使用着色剂、护色剂、漂白剂、食用香料、乳化剂、增稠剂等食品添加剂,可以显著提高食品的感官质量,满足人们的不同需求。

(3)保持营养:在食品加工过程中适当添加一些天然营养强化剂,可以大大提高食品的营养价值,对预防营养不良和营养缺乏,促进营养平衡,改善人体健康具有重要意义。

(4)供应便利:目前市场上有 2 万多种食品供消费者选择,这些食品大多经过了一定的包装和加工处理,在不同程度上添加了香精和其他食品添加剂。正是这些众多的食品,尤其是方便食品的供应,给人们的生活和工作带来了极大的便利。

(5)加工方便:在食品加工中使用消泡剂、助滤剂、稳定剂和凝固剂等有利于食品加工操作。例如,当葡萄糖酸-δ-内酯用作豆腐凝固剂时,可以促进豆腐生产的机械化和自动化。

（6）其他特殊需求：食物应尽可能满足人们的不同需求。例如，不能吃糖的糖尿病患者可以食用无糖食品，其中含有非营养性甜味剂或低热能甜味剂，如三氯蔗糖或甲基天冬氨酸苯丙氨酸。

常用的食品添加剂有两种，分别为天然添加剂和合成添加剂。天然添加剂主要来自植物组织，但也包括一些来自动物和微生物的色素。合成添加剂是指以从煤焦油中分离出来的苯胺染料为主要原料，采用人工化学合成方法制备的有机颜料。长期以来，由于人们没有意识到合成色素的危害，使其在许多国家的食品加工业中得到了广泛的应用。与天然色素相比，合成色素具有色泽鲜艳、着色力强、性能稳定、价格低廉等优点。

随着社会的发展和人民生活水平的提高，越来越多的人提出了在食品中使用合成色素是否会危害人类健康的问题。同时，大量研究报告指出，几乎所有的合成色素都不能为人体提供营养，有些合成色素甚至会危害人体健康。如果浏览一下某些食品包装上的营养资料表，你会发现它们都含有添加剂。反式脂肪酸、精制谷物制品、食盐和高果糖玉米糖浆是食品加工中最常见的四种添加剂，对人体健康有害。

（1）食品添加剂或会引发肠炎，导致肠道菌群的改变。冰激凌、人造黄油、沙拉酱、奶油酱、糖果、包装面包以及其他精加工食品和烘烤食品中的添加剂或会引发溃疡性结肠炎、克罗恩病以及一系列与肥胖病相关的疾病。研究人员针对乳化剂进行了研究，发现很多包装食品中都含有这种添加剂，因为它能改善口感，延长保质期。通过小鼠实验，研究人员还发现，乳化剂改变了小鼠大肠的菌群，也引起了肠炎。这种肠道炎症与使人虚弱的克罗恩病、溃疡性结肠炎和代谢综合征有关，这些疾病增加了患Ⅱ型糖尿病、心脏病和脑卒中的风险。在试验小鼠身上看到的乳化剂的不良反应也可能在人类身上看到。

乳化剂能改善沙拉酱等的口味，让食物吃起来细腻润滑，而非简单的水油化合物那样令人倒胃口。肠道炎症和代谢综合征的一个主要症状就是肠道微生物——寄居在肠道中的约100万亿细菌的改变，而这种变化会引发肠道炎症。食用乳化剂的小鼠肠道中的细菌更容易侵蚀和渗入肠道表面覆盖的那层厚厚的、能起到保护作用的黏液层。研究人员表示，自20世纪中期以来，肠道炎症性疾病以及代谢综合征的病例数量开始攀升，而这正好和食品加工厂开始广泛使用乳化剂的时间点相吻合。

（2）食品添加剂或可导致淋巴细胞变异。中西医结合国家肿瘤学重点学科主任欧阳学农表示，40%～50%的淋巴癌是由病毒感染引起的，但现在十分之九的食物含有添加剂，这也可能是淋巴瘤的主要致病原因。加工食品中滥用非法食品添加剂已成为导致淋巴癌的重要因素。长期过量食用食品添加剂可能会导致淋巴细胞生长变化，从而增加患淋巴癌的风险。据了解，淋巴癌是发生于淋巴结的恶性肿瘤，除了颈部、腋窝、腹股沟等处生长外，它可能无处不在，比如脑淋巴瘤、肺淋巴瘤、胃淋巴瘤、口腔淋巴瘤。恶性淋巴瘤主要发生在20～40岁的年轻人中。目前，97%的人类食物中含有添加剂，成千上万种添加剂充斥着人们的生活，使用添加剂时应慎重考虑其风险因素。

食品添加剂是添加到食品中的人造天然物质或合成化学物质。在标准范围内，人体的代谢能力可以降解食品添加剂并维持人体健康。然而,一旦超过标准,过量的添加剂就会沉积在人体内,损害各种器官,导致病理变化,甚至致癌。虽然没有直接证据表明食品添加剂与人类患癌之间存在联系,但许多动物研究已经证实,高剂量的食品添加剂会诱发肿瘤。淋巴系统是身体的重要防御系统,就像身体的"军队",它帮助身体抵抗各种病原体,如细菌、霉菌等,保护人体免受疾病的侵袭。

三氯蔗糖是一种人工甜味剂,常用于食品和饮料中。美国食品和药物管理局(FDA)在批准三氯蔗糖的报告中明确指出,在小鼠淋巴瘤突变实验中,科学家们发现三氯蔗糖具有轻微的致突变性,根据检测致癌物的标准方法——艾姆斯试验结果,三氯蔗糖被消化分解的物质也具有"轻微的致突变性"。

苏丹红是一种非法食品添加剂,对人类有潜在致癌作用。国际癌症研究机构(IARC)已将苏丹1号列为第三类致癌物,主要依据是体外试验和动物试验显示苏丹1号在某些条件下对小鼠淋巴细胞具有诱变作用。此外,一些食品添加剂本身也可能致癌,如牛奶酸化剂山梨酸、淀粉变性剂琥珀酸酐、面包抗硬化剂聚氧乙烯醇硬脂酸等。另外,一些添加剂在使用过程中,会与食品中存在的成分一起作用转化为致癌物质。例如,亚硝酸盐能保持肉的鲜嫩,但会与蛋白质代谢后产生的胺物质结合,形成亚硝胺,具有较强的致癌性。毒理学研究证明,其他种类的防腐剂,如苯甲酸、苯甲酸钠、山梨酸等,高剂量摄入也会影响人体的正常功能,降低人体免疫力,这为人体体细胞的变异提供了前提。

7.2 警惕食品污染,把好病从口入关

食品本身不应含有有毒、有害物质。但是,食品在种植或饲养、生长、收割或宰杀、加工、贮存、运输、销售到食用前的各个环节中,由于环境或人为因素的作用,可能使食品受到有毒、有害物质的侵袭而造成污染,使食品的营养价值和卫生质量降低。这个过程就是食品污染。食品污染是危害人们健康的大问题。防止食品的污染,除了个人要注意饮食卫生外,还需要全社会的共同努力。

7.2.1 微生物污染的危害——看不到的致病菌

加利福尼亚州的李斯特菌奶酪污染是美国历史上最有名的食品安全事件之一,该事件于1985年发生在加利福尼亚州,许多孕妇和婴儿在吃了"墨西哥软奶酪"后出现严重发热、肺炎和腹泻,导致142人死亡。这是美国历史上最严重的一次食品安全事件。经调查,事故原因为李斯特菌污染。李斯特菌是一种广泛存在于环境中的食物病原体,对孕妇、婴儿和其他免疫力低下的人群危害极大。那么李斯特菌是如何进入奶酪中的呢?调查表明,整个事件是由一名员工的错误操作造成的:刚从奶牛中挤出来的生牛奶含有许多细菌,其中就可能包含李斯特菌。直接加工含有李斯特菌的牛奶是非常危险的,因

此用于制作奶酪的原料奶必须经过巴氏杀菌才能使用。然而，这名未经培训的员工错误地将生牛奶与巴氏杀菌牛奶混合了！

在德国，也发生过重大食品安全事件。2011年，德国发生的大肠杆菌感染事件是历史上最严重的大肠杆菌污染事件，也是微生物引起的食品安全事故死亡人数最多的事件。自2011年5月以来，德国许多人都出现了出血性腹泻的症状。该疾病进展迅速，一些患者发展为溶血性尿毒症，甚至一些患者因此而死亡。医学研究表明，这种情况是由一种新的大肠杆菌O104:H4菌株引起的。过去，该毒株只感染家畜，但很可能是该毒株发生了变异，使其能够感染人类。调查人员最终发现，感染源可能是下萨克森州比南比特尔一个农场种植的豆芽。2009年和2010年从埃及进口的葫芦巴种子也可能与此次食品安全事件有关。

这些事故的教训是，微生物变异很快，人类未知的病原体将在未来继续出现，食品安全不是一个玩笑，一个简单的错误操作，背后是生命的代价。

7.2.2　真菌性危害——误食毒蘑菇险丢命

毒蘑菇又称毒蕈，是指大型真菌的子实体被人或畜禽食用后可产生中毒反应的物种。世界上已知具有较明显毒性的毒蘑菇种类达400多种，我国有200多种，仅广东就有100多种，含剧毒能使人致死的有10多种。常见的毒性强的毒蘑菇有褐鳞小伞、肉褐鳞小伞、白毒伞（致命鹅膏）、鳞柄白毒伞、毒伞、残托斑毒伞、毒粉褶蕈、秋生盔孢伞、包脚黑褶伞、鹿花菌等。我国每年都有毒蘑菇中毒事件发生，以春夏季最为多见，常致人死亡。2001年9月1日，江西永修县有1000多人中毒，是自1994年以来最大的毒蘑菇中毒事件。多数毒蘑菇的毒性较低，中毒表现轻微，但有些蘑菇毒素的毒性极高，可迅速致人死亡。目前，已确定毒性较强的蘑菇毒素主要有鹅膏肽类毒素（毒肽、毒伞肽）、鹅膏毒蝇碱、光盖伞素、鹿花毒素、奥来毒素。

那么，我们该如何识别毒蘑菇？可以通过以下几点来识别：①通常来说，毒蘑菇的颜色鲜艳，蘑菇中心凸出起伏，蘑菇伞常有杂色斑点，表面有丝状物或小块残渣或鳞片；无毒蘑菇一般颜色不鲜艳，蘑菇盖平整，伞面光滑。②毒蘑菇皮受损后常分泌浓稠液体，呈黄褐色，气味辛辣，且蘑菇皮撕裂易变色；无毒蘑菇一般都是干燥的，破碎后分泌的液体是白色的，有特殊的香味，蘑菇皮撕裂一般不变色。③毒蘑菇的柄上有一个蘑菇环，很容易折断，蘑菇底座的下部有一个囊，柄很难用手撕开；无毒蘑菇的柄上没有蘑菇轮，下部没有蘑菇架，柄很容易用手撕开。④毒蘑菇挤出的汁液涂在纸上，干后滴一滴浓盐酸，20 min后会呈蓝色或立即变红，30 min后变蓝，另外毒蘑菇有奇怪的形状，如长或粗的茎、厚而硬的表面。

7.2.3　动物性危害——滥食野生动物危害大

从现代营养学的角度来看,野生动物和圈养动物之间没有显著差异,并且人们至今也没有发现野生动物含有其他动物食品无法替代的任何成分。过去人们生活水平不高,一些偏远地区以狩猎为生,吃野味是为了生存,久而久之形成了一种习惯。现在生活条件变好,人们没有必要再吃野味来满足自己的口腹之欲,因为野生动物体充满了未知的病毒、细菌和寄生虫。统计数据显示,78%的人类新感染性疾病与野生动物有关。例如,SARS、MERS、埃博拉等都是直接或间接的野生动物流行病。常见的携带人类易感病原体的动物有:

(1)蝙蝠:蝙蝠携带有 1000 多种病毒,是高致病性病毒的巨大自然宿主。SARS 病毒、埃博拉病毒、亨德拉病毒、MERS 冠状病毒等都在蝙蝠体内发现过。作为唯一的飞行哺乳动物,蝙蝠是许多病毒的中间宿主。

(2)野生蛇:野生蛇携带有多种寄生虫,包括舌虫、曼氏带绦虫、隐孢子虫、棕榈线虫、广州血管球菌、人畜共患病绦虫等,人类感染人畜共患病绦虫后会出现腹膜炎、败血症、心包炎、虹膜炎、多器官损伤,甚至危及生命。

(3)野兔:野兔携带有多种寄生虫,包括弓形虫、原生动物脑炎、肝毛细血管、吸虫、日本血吸虫、囊虫、连续性多变种等,可损害人体肠道和肝脏器官。从营养角度来看,野兔的肉质与人工饲养兔的肉无明显差异。

(4)穿山甲:穿山甲携带有多种寄生虫,包括弓形虫、肺吸虫、绦虫和旋毛虫,这些寄生虫会损害肠胃,并导致心肌炎、肺炎和肝炎等并发症。穿山甲携带的蜱虫进入人体后,可传播回归热和出血热。另外,穿山甲的肉和表皮没有滋补和药用价值。

(5)野猪:野猪携带多种寄生虫,包括蛔虫、线虫、人旋毛虫、囊虫等,可损伤人体的肠、胃、大脑等器官。

中国是世界上野生动物物种最丰富的国家之一。经过几十年的努力,中国已经建立起以《中华人民共和国野生动物保护法》《中华人民共和国森林法》《自然保护区管理条例》《中华人民共和国濒危野生动植物进出口管理条例》为核心的野生动物保护法律体系。中国还加入了《濒危野生动植物种国际贸易公约》《湿地公约》《生物多样性公约》,并与其他国家合作打击濒危野生动植物物种的贩运。在疫情背景下,中国提出将生物安全纳入国家安全体系,推动制定《生物安全法》,修订《中华人民共和国野生动物保护法》等现行法律,坚决取缔和严厉打击非法野生动物市场和交易,根除食用野生动物的习惯,从源头上控制重大公共卫生风险。

7.2.4　化学性危害——悄悄影响人体的微塑料

明尼苏达大学的一组研究人员曾在 13 个国家的自来水中发现了微塑料污染。那么,为什么塑料会出现在我们的食物和水中呢? 它们会对我们的身体造成什么样的伤害?

1909 年,美国人列奥·亨德里克·贝克兰(Leo Hendrik Baekeland)发明了第一种塑料——酚醛树脂。现在,没有塑料的生活几乎是不可想象的。人类每年生产 3.11×10^8 t 塑料,其中 2.8×10^8 t 会成为垃圾,仅 69.2% 可以通过原材料回收再利用,但剩余的 30.8% 无法回收。这些无法回收的塑料垃圾从它们被遗弃的那一天起,就开始了危害人体的漫长旅程。

众所周知,塑料会老化和破裂。散落在地面、河流和海洋上的塑料垃圾在阳光的作用下被氧化降解,破碎成小块,然后通过风蚀或海水侵蚀的作用,形成 0.001～5 mm 的塑料颗粒,即"二次微塑料"。而所谓的"初级微塑料"是指生产时就非常微小的塑料颗粒,比如面部磨砂膏、具有美白效果的牙膏等。陆地环境中的微塑料主要来自污水。未经加工的微塑料(如牙膏和化妆品)可以通过自来水冲入下水道;从洗衣房脱落的纤维(平均每套衣服每次洗涤损失 1900 根纤维)也会以微塑料颗粒的形式进入地下污水系统。地下污水中的污泥被用作肥料来种植作物,从而使微塑料进入土壤,并在风、雨和其他影响下进入河流和海洋,其中一些颗粒会在重力的作用下进入地下水系统。

因此,土壤、地下水、河流和海洋中都含有微塑料。那么,自从塑料发明以来的 100 多年里,自然界已经积累了多少微塑料呢? 一项研究表明,现在海洋沉积物总量的 3.3% 是微塑料,不难想象有多少微塑料分布在自然界。自然界中有 220 多个物种,包括原生动物、浮游动物、鱼类、海龟、鸟类和鲸鱼,已被发现体内含有微塑料。有些鱼在幼年时特别喜欢吞食塑料颗粒,比如鲈鱼。

2009 年,来自圣地亚哥加利福尼亚大学的一个小组从北太平洋的 27 个物种中采集了 141 条鱼,在 9.2% 的样本中发现了微塑料。此外他们还研究了 17 只鸟类,其中 16 只的胃肠道中均发现了微塑料。虽然动物体内的大多数微塑料都是排泄物,但也有少量残留在肠道内,其中一些甚至通过肠壁进入其他器官。人类在吃扇贝、鱼、鸟和其他食物时可能会摄入这些微塑料。此外,由海水制成的海盐也不可避免地含有微塑料。由于地下水和河水受到微塑料的污染,导致自来水中也含有微塑料。那么,每天摄入这么多塑料会对人体造成什么危害? 关于微塑料对人类的影响,科学界还没有定论,但对其他动物健康的影响是一个线索。圣地亚哥加利福尼亚大学的一项研究发现,在富含微塑料的环境中饲养的鱼生长较慢。

7.2.5　重金属污染危害——远离食物中的重金属

近年来,随着我国社会经济的快速发展,食品行业的"泡沫"现象逐渐增多。自然环境的不断破坏导致了日益严重的水污染、空气污染和土壤污染,致使食品安全问题频发。砷中毒、镉大米等重金属污染事件已成为最受关注的公共卫生事件。在满足公众食品消费需求的同时,食品安全卫生已成为一个严重的社会问题,受到各国监管部门的高度重视。食品重金属因其毒性强、可储存、半衰期长的特点,不仅成为联合国开发计划署(UNDP)、联合国粮食及农业组织(FAO)、世界卫生组织(WHO)全球食品污染物监测计划的重要关注对象,也是目前我国食品污染监测项目的重点关注对象之一。

食品中常见的重金属包括汞、镉、铅、铬等,这些重金属在不断进入周围环境后,其自然背景浓度不断增加,危害性日益突出。环境中的重金属通过食物链进入人体后,积累效应会对人体造成慢性损害,进而导致生理畸形、癌症等。食品是重金属从环境到人体的重要载体,控制重金属在环境中的残留水平是降低其对人类危害的关键。

食品中的重金属污染主要来源于食品原料的污染。由于受自然地理环境的影响,或人们使用各种富含重金属的农药和兽药来提高经济效益,致使重金属在食品原料中不断富集,甚至超过国家限量标准。一些地区特殊的自然地质条件可能导致食品原料在生长过程中受到重金属污染,特别是在矿区和海底火山活动区。这些地区的重金属的自然背景值明显高于其他地区,随着自然沉降,重金属会扩散到周围的土壤、空气、水等介质中,进而影响食品原料,使当地食品的重金属污染水平远远超过国家标准。例如,甘肃白银矿区牧草中铅、镉的平均含量是正常地区的9倍和680倍,粮食中铅、镉的平均含量是对照组的10倍和35倍;开封矿区附近小麦和玉米中镉、铅、汞的超标率分别为9.46%、1.84%、3.57%和7.43%、1.69%、1.58%。

重金属在环境中具有很强的渗透性,可以通过食物链的富集不断积累,自然降解缓慢,不易被无害化处理,会对受污染的食品产生深远的影响。工业生产活动排放的重金属对食品也会造成严重污染。有研究表明,叶菜类蔬菜比非叶菜类蔬菜更容易受到污染,其中卷心菜受到的污染最严重,镉含量超过最大允许含量的4.5倍。使用受重金属污染的水灌溉水稻等作物会导致重金属在农产品中积累,增加危害人类健康的风险。有调查发现,中东矿区蚯蚓组织中的镉含量是土壤中的8～10倍,而鼹鼠肝脏中的镉含量是蚯蚓组织的4～6倍,这表明重金属在食物链中有较强的积累,严重危胁着食品的安全性。

此外,食品加工时间过长,加工原料重复使用,更容易导致重金属污染。一般来说,在高温下长期烹调或储存食物会导致食物中重金属含量不断增加,尤其是镉、铅、铬的总量会随着烹调时间的增加而增加。有研究通过比较重复使用的火锅汤底油脂中的重金属含量,发现它们的重金属含量明显超标。

7.2.6 食品污染的重要途径——地下水污染

地下水通常是存在于土壤和岩石之间的水资源,主要来源于大气降水、冰雪融水、地表河流、地表湖泊和凝结水等,其特点是水质好、分布广、易开采,是生活、工农业用水的重要来源。当人类活动产生的有害物质进入地下水时,地下水的化学成分、物理性质或生物特性都将发生变化,水质也将下降。近年来,地下水污染已成为一个令人关注的环境安全问题。地下水占中国水资源总量的三分之一,但中国90%的地下水受到了一定程度的污染,其中 60％ 受到了严重污染。据新华社报道,全国 118 个城市约 64％ 的地下水受到了严重污染,33％ 的地下水受到了轻度污染,只有 3％ 的地下水基本清洁。

地下水污染源主要包括工业污染源、农业污染源和生活污染源,主要污染源有矿山、油气开采,工业生产排放的废水、废气、废渣,农业生产中的施肥、洒农药、污水灌溉、再生水灌溉、管网渗漏、垃圾填埋渗漏等。地下水污染具备隐蔽性、长期性和难恢复性等特点,地下水治理工作存在着地下水质样品获取难度大、污染源识别困难、分析技术要求难度高、治理难度大等问题,即使彻底清除了污染源,地下水质的恢复也需要很长时间。

饮用受污染的地下水将直接危害人们的健康。水中的氟化物和氯化物会引起人体器官的病理变化,并诱发多种癌症。饮用硫酸盐等污染物超标的水将导致患心脑血管疾病、视听疾病、生殖系统疾病的概率大幅翻倍;饮用重金属含量高的水会导致神经或消化系统疾病。长期使用受污染的地下水灌溉农田,会使土壤变硬,无法耕种,作物会因吸收污染物而减产,间接影响人、牲畜和水生生物的健康。另外,污染会增加地下水的硬度,在饮用水处理过程中会损害设备的耐用性,增加软化水质的生产成本。地下水污染治理成本高而效果不好,因此地下水管理从源头抓起是较好的方式,要加强对生活污水和垃圾处理行业的监管,规范农业化肥的使用及废水排放,处罚不规范企业,实行垃圾分类制度。此外,还可以对开采区的地下水进行供水和修复,使地下水污染逐渐远离我们,恢复健康的生态环境。

7.3　食品重在健康,拒绝垃圾食品

7.3.1　容易让人上瘾的超加工食物

超加工食品指即食或即热食品,通常大量添加糖和盐,而纤维素、蛋白质、维生素和矿物质含量较少。超加工食品通常都含有添加糖、氢化脂肪和增味剂,过量食用这些食物会增加患糖尿病、肥胖症、某些癌症和其他严重疾病的风险。生产超加工食品旨在降低食品制作成本,延长食品的保质期,同时使食品更加方便即食、可口美味,从而达到促进消费、创造较高利润收入的目的。

目前,超加工食品提供的热量大约占儿童和青少年饮食热量的三分之二。随着经济的发展,全球超加工食品的消费量呈直线上升趋势。有数据显示,澳大利亚、北美、欧洲和拉丁美洲的超加工食品消费量最高,但在亚洲、中东和非洲增长迅速,且全球国家/地区的年复合增长率为 0.4％。高收入国家、中等收入国家和低收入国家的超加工食品消费量的年均增长率分别为 0.4％、2.8％ 和 4.4％。

随着全球工业化食品制造体系的快速扩张,超加工食品的种类也越来越多。2010年,研究人员提出了根据食品加工程度和目的对食品进行分类的新方法,并经多次修订后,将食品分为四个组别,分别为未加工或最低加工食品、烹饪成分加工食品、加工食品和超级加工食品(超加工食品)。在日常生活中,该如何识别超加工食品?识别超加工食品可能较为困难,因为在某些情况下,同一类型的食物可能会经过最低限度的加工或超加工,这取决于制作方式。例如,由小麦粉、水、盐和酵母制成的面包是最低限度加工的面包,但添加乳化剂或着色剂后,就变成了超加工面包;纯燕麦、玉米片和碎小麦制成的麦片是最低限度加工的麦片,但添加糖、调味剂或色素后,就变成了经过超加工的早餐麦片。

超加工食品的"精髓"主要在于加工,而并非在于"食品"。顾名思义,超加工食品主要由工业配方制成,极少含有完整的食物成分。以下五种方法可以帮助人们识别超加工食品:①查看食品包装上的加工成分,含有五种以上成分的产品可能是经过超加工的。②无法识别的成分可能是添加剂,它们中的大多数可能是安全的,但少数可能会产生负面影响。③高脂肪、高糖和高盐含量在超加工食品中很常见,比如含有甜味剂、防腐剂或稳定剂的酸奶被归类为超加工酸奶。④保质期长的"新鲜食品"可能表明添加了防腐剂。一些含有防腐剂的食物,如腊肠(含有盐和硝酸盐)等都被归类为超加工食品,因为它们添加了更多的成分,并且在工厂经过了进一步的加工;但是保质期较长的牛奶是在超高温下经过巴氏杀菌,不含防腐剂,因此不被归类为超加工食品。⑤检查防腐剂标签,例如看是否有苯甲酸钠、硝酸盐和亚硫酸盐等。

关于超加工食品,含糖产品是最常见的形式,它占该类食品的26%,而饮料占20%,早餐谷物占16%。食用含糖多的超加工食品的后果不只是长胖而已,如果食用超加工食品过多,还会造成心血管代谢紊乱、肥胖、高血压、高血脂等问题。

法国索邦巴黎西岱联合大学的研究人员对人们每天所吃的食品做了一项调查,调查的对象绝大部分为中年妇女,调查时间平均为5年,研究小组将她们摄入的食物根据加工程度分成了四组,分别为新鲜或微加工食品、加工烹饪原料、加工食品、超加工食品。经过5年的调查,研究人员发现超加工食品摄入量每增加10%,其整体患癌的风险将增加12%,其中患乳腺癌的风险增加11%。经过进一步分析,研究人员还发现,摄入新鲜或微加工食品,整体患癌的风险会有所降低。对此,法国营养流行病学研究团队的研究人员表示:快速增长的超加工食品消费量可能会在未来几十年推动癌症负担的增加。

儿童摄入超加工食品量过高,将会导致青春期和成年早期的体质量指数(BMI)、体脂含量(FMI)、体重和腰围增加过快。研究人员对英国9025名出生于20世纪90年代初的儿童进行了7~24岁的生命历程追踪,并分别在他们7岁、10岁和13岁时完成了食物日记,记录了他们消耗的食物和饮料。同时研究人员还计算了每个参与者每日食物总摄入量中的体重贡献百分比。结果显示,与超加工食品消耗量较少的参与者相比,那些超加工食品消耗量较多的参与者的BMI每年增加0.06 kg/m²,体脂每年增加0.03%,体重每年增加0.20 kg,腰围每年增加0.17 cm。到24岁时,超加工食品摄入量较多的人群平均BMI水平较高,增加了1.2 kg/m²,体脂增加了1.5%,体重增加了3.7 kg,腰围增加了3.1 cm。越来越多的证据表明,超加工食品对机体健康有着潜在的危害。

随着加工食品种类的不断增加,生活方式的不断改变,人们的饮食模式也发生了变化。吃太多零食会导致对健康食品摄入减少,不利于健康。避开超加工食品的关键手段,就是自己动手做饭。超加工食品犹会将我们的健康慢慢损害,所以请远离正躺在零食柜里的不健康食品,选择真正有益健康和身体真正所需的食物吧!

7.3.2　十大垃圾食品及其危害

垃圾食品是超加工食品中的高油、高盐、高糖食品,这些食品很容易使人发胖,多吃此类食品还会使人营养不良。

1. 世界卫生组织公布的十大垃圾食品

(1)油炸食品:油炸食品所含的热量高,含有大量脂肪和氧化物质,经常食用容易导致肥胖。在油炸过程中,经常会产生大量致癌物。研究表明,经常吃油炸食品的人比不吃或很少吃油炸食品的人患某些癌症的概率要高得多。

(2)罐头食品:无论是水果罐头还是肉类罐头,都会破坏很多营养成分,尤其是各种维生素几乎都会被破坏。另外,罐头食品中的蛋白质往往会出现变性,使其消化吸收率大大降低,营养价值大幅"缩水"。此外,许多罐装水果含有高糖,人体会以液体的形式吸收高糖。因此,食用罐装水果会大大增加糖的吸收率,可能导致血糖急剧上升,并在进食后的短时间内增加胰腺负荷。

(3)腌制食品:食品在腌制过程中需要加大量食盐,这将导致腌制食品中的钠含量过高,导致经常食用腌制食品的人的肾脏负担增加,并增加患高血压的风险。此外,食品在腌制过程中会产生大量致癌物质,导致患鼻咽癌等恶性肿瘤的风险增加。由于高浓度的盐会严重损害胃肠黏膜,因此经常食用腌制食品的人胃肠道炎症和溃疡的发生率较高。

(4)加工肉类:这类食品中含有一定量的亚硝酸盐,因此可能有致癌的潜在风险。此外,由于添加了防腐剂、颜色增强剂和颜色防腐剂,食用加工肉类会增加肝脏的负担。火腿等加工肉类产品大多是高钠食品,大量食用会导致食盐摄入量过高,造成血压波动和肾功能损害。利兹大学营养流行病学组的一项研究发现,食用香肠、火腿和熏肉等加工过的肉类可能会增加患阿尔茨海默病的风险。

(5)脂肪肉和动物内脏食品:虽然这类食品中含有一定量的优质蛋白质、维生素和矿物质,但脂肪肉和动物内脏中含有的大量饱和脂肪酸和胆固醇已被确定为导致心脏病的两个重要饮食因素。长期大量食用动物内脏会显著增加患心血管疾病和结肠癌、乳腺癌等恶性肿瘤的风险。

(6)奶油产品:经常食用奶油产品会导致体重增加,甚至出现高血糖和高血脂,饭前吃奶油蛋糕还会降低食欲。高脂肪和高糖食品通常会影响胃肠排空,甚至导致胃-食管反流。例如,许多人空腹食用奶油产品后会出现反酸、胃灼热等症状。

(7)方便面:这类食品属于高盐、高脂、低维生素、低矿物质的食品。一方面,高盐含量会增加肾脏负荷;另一方面,方便面中含有一定量的人造脂肪(反式脂肪酸),可能对心血管系统产生相当大的负面影响。方便面中还含有防腐剂和香料,会对肝脏产生潜在的不良影响。

(8)烧烤食品:这类食品含有强致癌物质——三苯基四丙基吡咯烷酮。

(9)冷冻甜点:这类食品包括冰淇淋、冰淇淋等。这类食品中含有大量奶油和糖,会导致肥胖,并且低温也可能会刺激胃肠道。

(10)果脯和蜜饯食品:这类食品中含有亚硝酸盐,在人体内可与胺结合形成亚硝酸盐胺。另外,它们还含有香精和其他添加剂,可能会损害肝脏和其他器官。

2. 垃圾食品的危害

英国伦敦国王学院汤姆·斯佩克特(Tom Spector)教授的一项新研究发现,吃垃圾食品可能会杀死肠道细菌,从而增加患肥胖、糖尿病、癌症、心脏病、炎症性肠病的风险。肠道细菌在抵御潜在有害微生物、调节新陈代谢、合成维生素 A 和维生素 K 以及帮助身体吸收钙和铁等重要矿物质方面发挥着关键作用。菌群失衡会增加患结肠炎和炎症性肠病的可能性。还有证据表明,自闭症可能与肠道微生物群活性低下有关。目前,一些国家的医疗机构正试图通过向肠炎和相关感染患者注射健康人的肠道物质来恢复肠道细菌平衡,但其中也包括注射没有治疗价值的细菌。行业专家表示,如果研究团队的实验能够确定可以治疗肠炎的细菌类型,将有助于开发安全有效的肠炎治疗方法。

3. 为什么"垃圾食品"让人吃得停不下来?

当薯片在口腔中崩塌并溶解时,当柔软、芳香的果冻在口腔中释放其甜味时,被操纵的食物成分会触发大脑的"奖励系统",让人们吃更多的食物。当食物可口时,人们通常吃得更快、更多。因此,超加工食品销量巨大。

但是,避开超加工食品并不总是那么容易。对于大多数人来说,避免所有超加工食品是不切实际的。在全球范围内,我们需要对超加工食品进行更多的研究。事实上,我们并没有从科学的角度真正了解所有的超加工食品,所以新的研究正在关注超加工食品和未加工食品对人体的影响。

澳大利亚墨尔本大学食品和营养专家曾表示,许多澳大利亚人把超加工食品放在购物车里,是因为它们便宜、方便、美味,但他希望正在进行的研究能向政府和食品制造商传达一个信息,即我们需要改变。这不仅关系到人们如何选择食物,还关系到人们如何能够负担得起食物的消费。因此,与其淘汰超加工食品,不如让人们知道它们在我们的饮食中所占的比例,从而找到一种健康的平衡。

7.3.3 饮料:只是"看上去很美"

1. 果汁≠水果

水果中的主要成分是水,其含量高达 85%～90%;其次是糖、维生素、矿物质、纤维素和抗氧化物质等。在榨汁后,水果中的糖类物质几乎没有损失,而水溶性维生素会因为压榨过程中的物理性破坏和氧化而损失 30%～80%。我们在制作果汁的过程中一般会去皮弃渣,所以果汁中基本不含膳食纤维。另外,水果中还含有丰富的多酚,它虽然不是营养成分,但是具有抗氧化作用。神奇的是,完整水果中多酚与多酚氧化酶是"和睦相处"的,一旦水果被榨汁,细胞结构被破坏,多酚也就随即被多酚氧化酶氧化,失去氧化作用。

水果中的糖是与其他化学物质结合的糖,经过咀嚼和消化后被人体缓慢吸收和利用。人体对营养物质的吸收具有负反馈机制。当多吃水果时,人体对糖的吸收会变慢。但是水果被压榨成果汁后,食物的结构被破坏,原来的结合糖变成了游离糖。进入人体后,糖的吸收从高浓度渗透到低浓度,吸收速度非常快。因此,适量食用水果会降低患Ⅱ型糖尿病的风险,而饮用果汁会增加患Ⅱ型糖尿病的风险。

吃水果需要经过咀嚼和消化的过程,所以这就大大降低了胃的排空速度。因此,人们吃一个橙子就会有很强的饱腹感。但如果是喝橙汁,可能要喝两三杯,大概是4~6个橙子的量,这无形中就增加了整体摄入的热量,长此以往也会增加患肥胖的风险。所以,健康人群首先要选择的一定是新鲜的水果!偶尔喝一次果汁问题不大,但是不能用果汁代替日常的水果。

2. 碳酸饮料饮用需有度

碳酸饮料可以解热补水,尤其是在炎热的夏天,可乐、雪碧、芬达等冷冻碳酸饮料深受广大青少年的喜爱。但碳酸饮料不宜多喝,尤其是在青少年的成长期不宜喝太多。这是因为碳酸饮料的主要成分是糖、色素、甜味剂、酸味剂、香料和碳酸水,它们通常不含维生素、矿物质、蛋白质和脂肪等营养素。青少年经常饮用碳酸饮料不仅得不到生长发育所需的各种营养,还可能给健康带来各种危害。

第一,碳酸饮料会阻碍骨骼发育。大多数碳酸饮料都含有磷酸,将影响骨骼生长。如果经常喝碳酸饮料,骨骼健康就会受到威胁。大量摄入磷酸会阻碍钙的吸收和利用,导致体内钙磷比例失衡。缺钙对儿童身体的危害是巨大的,这意味着骨骼发育缓慢和骨骼缺损。研究显示,经常喝大量碳酸饮料的青少年发生骨折的可能性是普通青少年的3倍,而且他们将来患骨质疏松症的风险更高。

第二,碳酸饮料会影响消化功能。研究表明,碳酸饮料中含有足量的 CO_2 可以起到杀菌和抗菌的作用,还可以通过蒸发带走体内的热量,起到降温的作用。但喝太多碳酸饮料对肠胃不好,会影响消化,因为 CO_2 在抑制细菌的同时,对人体肠道中的有益细菌也会产生抑制作用,导致正常细菌的失衡,使消化功能受损。碳酸饮料会在胃肠道中释放出大量 CO_2,很容易引起腹胀,影响食欲,甚至引起胃肠功能障碍、消化不良、恶心、呕吐、中上腹痛、腹泻等。

第三,碳酸饮料会导致蛀牙。英国科学家发现,碳酸饮料是儿童蛀牙的主要原因。有报告发现,经常饮用碳酸饮料会在 12 岁时增加 59% 的蛀牙风险,在 14 岁时增加 220% 的蛀牙风险。每天喝 4 杯或 4 杯以上的碳酸饮料会分别增加 252% 和 513% 的蛀牙风险。在接受调查的 1000 名青少年中,76% 的 12 岁青少年喝碳酸饮料,而 14 岁青少年的这一比例为 92%。所有年龄组中,有 40% 的人每天喝 3 杯或 3 杯以上的碳酸饮料。研究人员称,碳酸饮料中的添加剂、增味剂和有机酸等化学物质是导致蛀牙的罪魁祸首。

第四,碳酸饮料还会导致肥胖。碳酸饮料的甜味是吸引儿童的重要原因,可乐一般含有 10.8％ 的糖。夏天很热,人体每天需要大约 2000 mL 的水。孩子们需要更多的水,因为他们出汗很多。如果用饮料代替正常的饮用水,饮料中过量的糖会被人体吸收和储存,长期饮用很容易导致肥胖。此外,过量的糖会给儿童脆弱的肾脏带来沉重负担,这也可能增加儿童和青少年患糖尿病的风险。

3. 无糖饮料并不完美

无糖饮料在追求健康体型的人中受到了高度欢迎,那些标有无糖和低糖的饮料已经占领了相当一部分市场。但是,无糖饮料是否像人们想象的那样完美呢?

无糖饮料是指不含蔗糖的饮料。一般来说,人们常用糖醇和低聚糖等不会增加血糖浓度的甜味剂来代替蔗糖,如苏打水和木糖醇饮料等可称为无糖饮料。这些零糖、零脂肪、零热量的饮料真的是减肥的"法宝"吗?所有甜味剂的作用都是诱使大脑对甜味信号做出反应,但大脑会发现它们实际上不是真正的糖,反而会增加对真糖的渴望,这可能对减肥有害。此外,当饮用无糖饮料作为水时,还有许多其他问题,例如长期饮用无糖碳酸饮料会使人体处于酸性环境,容易造成矿物质流失和牙齿损伤。此外,咖啡因也被添加到一些能量饮料中,这可能会对神经系统和心脏产生长期的不良影响。

7.3.4　让人"变笨"的反式脂肪酸

反式脂肪酸又被称为"氢化脂肪",是由不饱和植物油,主要是大豆油、花生油、玉米油等含 ω-6 脂肪酸(亚油酸)系列的液态脂肪经催化剂作用,变成一种固态的人造饱和油脂。玉米、大豆、花生等植物的油脂容易变质,是不能长时间存放的,这样使用起来就很不方便。于是,人们就想出了一个办法:把植物油加热,并通过兰尼镍或亚铬酸铜等金属催化剂使其变成一种可塑性更强、不易腐败的饱和脂肪。这样的脂肪被用到方便食品中不仅口味好,而且可以在温暖、潮湿的环境中存放几个月而不会变质。反式脂肪酸与饱和脂肪酸的作用相似,但它对人体的危害性比饱和脂肪酸更大。

有研究表明,反式脂肪酸对心血管系统、生殖系统的危害比饱和脂肪更严重,甚至会增加患乳腺癌的风险。反式脂肪酸不仅会增加人体的低密度脂蛋白含量,还会降低人体的高密度脂蛋白含量。更糟糕的是,反式脂肪酸可以取代细胞膜中的必需脂肪酸,干扰新陈代谢,影响某些激素所需的酶的产生,从而影响人类生理的许多方面。美国哈佛大学公共卫生学院的乔治·沙瓦卢(George Shavalu)博士及其同事发现,女性摄入的反式脂肪酸越多,患不孕的风险越大。沙瓦卢和他的团队分析了 18 555 名健康女性的数据,这些女性在 1991—1999 年间结婚,并试图怀孕。女性从反式脂肪酸而非糖类中摄取的热量每增加 2％,其不孕概率就会增加 73％。当反式脂肪酸取代 ω-6 不饱和脂肪酸(亚油酸)作为热量来源时,反式脂肪酸摄入每增加 2％,患不孕症的风险就会增加 79％。如果反式脂肪酸取代了单不饱和脂肪酸(油酸,如橄榄油),患不孕症的风险将增加一倍以上。

沙瓦卢表示,如果一名女性每天摄入 7535 kJ 热量,那么从反式脂肪酸中获得 2% 的热量相当于摄入 4 g 反式脂肪酸。每天摄入 4 g 反式脂肪酸并不难,但一点点反式脂肪酸就对生育能力产生很大影响。

很多人或许想不到使人"变傻"的幕后"黑手"或是反式脂肪酸。一项新研究发现,食用富含反式脂肪酸的食物会增加患阿尔茨海默病的风险。

从 2002 年开始,日本研究人员对 1628 名 60 岁及以上没有患阿尔茨海默病的日本社区居民进行了为期 10 年的随访研究,研究人员测量了参与者血清中的反式脂肪酸水平,并使用该模型评估了人群中全因性痴呆、阿尔茨海默病和血管性痴呆的风险比。研究人员发现,血清反式脂肪酸水平与全因性痴呆和阿尔茨海默病有关,但与血管性痴呆无关。在随访期间,共有 377 名参与者出现了一种特定类型的痴呆症,其中包括 247 名阿尔茨海默病患者和 102 名血管性痴呆患者。当研究人员在调整了阿尔茨海默病的传统风险因素后发现,较高的血清反式脂肪酸水平可能是患全因性痴呆和阿尔茨海默病的风险因素。

7.3.5 食品误区知多少

牛津大学一项针对近 5 万人的研究发现,纯素食者患脑卒中的概率比肉食者高出了 20%。这可能是由于血液中胆固醇、维生素 B_1、B_2 等营养素水平降低所致。在如今高脂、高油的餐饮环境下,素食被不少人认为是一种健康的饮食方式,但有的研究却否定了这种看法。生活中还有哪些看似健康却是噱头居多的饮食呢?

误区一:能量棒、运动性饮料可代替正常饮食。

除了谷物,在市面上五花八门的食物中,还有很多能量棒声称有代餐功能,也被很多人认为是有利于减肥的。此外,运动饮料也因其各种功能而受到许多人的赞扬。这些食物真的像宣传的那样神奇吗?它们能经常食用吗?判断食物好坏主要有两点:一是看它包含什么成分和内容;二是看它是否是天然的、多样的和营养均衡的。

能量棒能否取代正常饮食?对于减肥的人来说,它可以在短时间内食用。对于普通人来说,食用天然原料烹制的食物更合适。天然成分可以防止因咀嚼次数少和食物体积小而导致的蛀牙和胃部问题。运动性饮料主要用于高强度运动后需要消耗能量、电解质和汗水的情况,少量运动和日常生活不宜过量饮用。此外,许多饮料通过添加糖类替代品(如阿斯巴甜和乙酰磺胺)来迎合消费者的口味,虽然热量不高,但也不应该摄入太多。

能量棒主要分为谷物棒、蛋白质棒和运动能量棒。大多数谷物棒由燕麦制成,燕麦富含纤维,是碳水化合物的绝佳来源。一般来说,正规生产的谷物棒会添加额外的蛋白质和其他成分,并控制糖的含量,以实现更好的营养平衡,而不正规生产的谷物棒可能含有大量的糖、油和热量,但营养素很少。蛋白质棒含有 10～20 g 蛋白质,约占每日蛋白质摄入量的 20%,很受欢迎,因为它们像蛋白粉一样,可在锻炼前后为人体提供蛋白质,促进肌肉生长,而且比蛋白粉更容易携带。理论上,均衡饮食可以为身体不太健康的人提供足够的蛋白质。

需要强调的是,能量棒分为动态能量棒和耐力能量棒。动态能量棒通常在运动前食用,含有碳水化合物、某些蛋白质和脂肪,为身体提供全面的营养;耐力能量棒专为长跑和自行车等高冲击耐力运动设计,碳水化合物含量极高,几乎不含蛋白质或脂肪。因此,人们应该在不同类型的运动中使用正确的能量棒。

误区二:无脂肪食品、无糖可乐吃了不会发胖。

饮食不健康和久坐导致超重的人数增加,这使得部分人对无脂食品、无糖可乐更青睐,认为它们更有利于健康,吃了也不会发胖。但事实真的是这样吗?

脂肪是食物中必不可少的一部分,但有"好脂肪"也有"坏脂肪"。人们应减少饮食中饱和脂肪和反式脂肪的百分比,并用不饱和脂肪取代它们。对于肥胖、高血脂和糖尿病患者,可以通过摄入无脂食物控制总热量摄入。对其他人来说,只要摄入量不大,就可以选择全脂牛奶和鱼油等食物。例如,全脂牛奶含有有利于系统发育的磷脂(DHA),鱼油含有有利于心血管系统的 ω-3 脂肪酸,豆油含有 α-亚麻酸。

许多人都知道吃太多糖对健康有害。世界卫生组织建议成年人每天摄入的精制糖不超过 50 g,最好控制在 25 g 以内。因此,市场上有越来越多的无糖和低糖食品,但许多非糖甜味剂,如阿斯巴甜、甜蜜素和乙酰磺胺已被添加到这些食品的成分列表中。许多流行病学研究发现,食用甜味剂与体重增加有关。还有研究表明,甜味剂虽然不含糖,但会激活胰腺和小肠中的甜味受体,从而提高体内的胰岛素水平。而胰岛素水平升高,脂肪分解减少,合成增加,更易引起肥胖。

误区三:多粗少精,才更营养健康。

目前,随着人们健康意识的提高,粗粮成为人们的新宠。但粗粮适合所有人吗?

与精制谷物不同,全谷物包括小米、高粱、燕麦、玉米和一些豆类。粗粮和杂粮的主要营养元素是维生素、矿物质和膳食纤维,它们是碳水化合物的主要来源。根据食物摄入平衡和多样化的原则,碳水化合物的总摄入量应适当,而不是吃得越多越好。粗粮和杂粮的主要作用是保证消化系统正常运转,延长食物在胃中的停留时间,增加饱腹感,延缓餐后葡萄糖吸收率,维持肠道菌群正常,对于减肥、控制"三高"等人群都有一定的益处。但是,并不是每个人都适合吃粗粮,老年人、儿童的胃肠功能较弱,吃太多粗粮会增加胃肠道负担,导致胀气、便秘等症状。此外,粗粮的摄入也应根据个人体质来选择,例如体寒的人不宜食用绿豆、红豆等;阴虚体质和阳虚体质的人不宜长期食用薏仁。

吃粗粮的最佳方式是根据自身身体状况,与精米和面粉按比例搭配食用,这样可以保证消化功能的正常运行,保证健康。在不同的情况下,不同的人对饮食有不同的要求。如果需要控制血糖,则可以食用一些消化缓慢的豆类食品。如果血糖正常但消化不良,可以减少全谷物和豆类的比例,增加白米和白面粉的比例,并选择相对容易消化的品种,如胚芽米、小米等。

7.4　合理膳食

7.4.1　慢性病的严峻挑战

慢性病是一大类疾病,主要包括心脑血管疾病(高血压、冠心病、脑卒中等)、恶性肿瘤、糖尿病、慢性阻塞性肺疾病(慢性支气管炎、肺气肿等)、精神障碍和精神病。慢性病病程长,病因复杂,难以治愈。

根据卫生部发布的《中国慢性病报告》和《2010 年中国心血管病报告》,近年来,中国中青年的慢性病发病率逐年上升,排名前三的是心血管疾病、癌症和慢性呼吸道疾病。以心血管疾病为例,中国每年因心血管疾病过早死亡的人数达 127 万,相当于每天有3400 多人因心血管疾病过早死亡。目前,中国 80% 的人口死亡是慢性病所致,其中 40%是心血管疾病。以动脉硬化、脑卒中、心肌梗死为例,其形成一般是十几年、几十年的慢性过程,通常起源于童年,植根于青年,发展于中年,发病于老年。我国居民的慢性病患病年龄正在不断提前,根据 2018 年发布的中国第一本《健康管理蓝皮书》,约有 3 亿人患有慢性病,其中 50% 在 65 岁以下;慢性病死亡人数分别占城市和农村地区总死亡人数的85.3% 和 79.5%。

吸烟、酗酒、饮食不合理、缺乏锻炼这四种不良行为在生活中严重威胁着人类健康,导致慢性病高发。肥胖已成为一个急需解决的健康问题。超重和肥胖是许多慢性疾病(如高血压和糖尿病)的根本原因。在未来,肥胖很可能超过吸烟成为癌症的最大病因。癌症是一种病因复杂的慢性疾病,80% 以上的癌症是由外部环境因素和生活方式引起的,近 60% 的因素是可以避免的。慢性病不仅影响人们的工作能力和生活质量,而且还要花费极高的医疗费用,从而增加家庭和社会的负担。我们可以通过以下方式来预防慢性病:

(1)限制酒精和烟草:酒精和烟草可以刺激人体产生多巴胺,但过量会伤身。公共场所不能吸烟,控制二手烟可以保护大多数人的健康。

(2)保持运动:运动可以燃烧体内的脂肪,增加血液循环,改善新陈代谢,预防慢性病。每周 5～7 天至少进行 30 min 的中等强度活动,如快走或其他相当于走 4000 步的活动。

(3)合理饮食:合理的饮食要"喝好"和"吃好",合理搭配营养。主食要注意粗细搭配,多吃玉米、荞麦、土豆、燕麦和小米等粗粮,少吃大米、白面等细粮。此外,菜肴应合理搭配肉类和蔬菜,尽量减少盐的用量。总之,饮食应厚实细腻,不甜不咸,搭配合理。

(4)保持心理健康。保持心理健康是身体健康的关键。根据 2010 年对中国城市居民的调查,76% 的城市白领处于亚健康状态,60% 处于过度工作状态,只有 2.5% 是真正健康的。如今,许多中青年人正面临着高血压、高血脂和高血糖的危胁。过多的心理压力也会导致慢性病。我国中青年人口的健康问题已成为一个普遍存在的社会热点问题,他们中的相当一部分人一直处于精疲力竭、健康透支、身体素质不断削弱的状态,尤其是心理压力大、焦虑过度、情绪低落、情绪波动导致并加重了心血管疾病和慢性病的发病率。保持冷静的心态和愉快的心情可以抵御大多数内部和外部不利因素的干扰。

7.4.2 肥胖是健康的大敌

就肥胖的原因而言,一般分为两种,一种是单纯性肥胖,另一种是继发性肥胖。体重超过按身高计算的平均标准体重20%～29%的儿童属于轻度肥胖,超过30%～49%的儿童属于中度肥胖,超过50%的儿童属于重度肥胖。

脂肪的积累会挤压身体内部的空间,尤其是内脏器官中的脂肪积累对人体损害更大。如果肥胖尚未导致永久性器官损伤,那么可以通过调整均衡饮食和加强锻炼来恢复健康。如果长时间继续乱吃,脂肪、蛋白质等摄入过多,维生素、微量元素等摄入过少,营养就会失去平衡。因此,儿童和青少年的饮食结构不合理,尤其是脂肪能量比增加,摄入过多的能量,就会导致肥胖。肥胖会增加儿童患慢性病的风险,还会引起胃肠功能障碍、便秘、腹胀、脂肪肝等问题,导致氧交换不良综合征、夜间频繁嗜睡和打鼾。此外,儿童肥胖还会引起疲劳、虚弱、气短、发绀等症状,导致肥胖肺心综合征。肥胖儿童容易产生自卑感,不容易融入集体。肥胖后,儿童的食欲会受到控制,运动难以达标,形成恶性循环,减肥难度加大。专家表示,家庭遗传因素是儿童发胖的原因之一,父母的饮食习惯、生活规则也会影响儿童。此外,儿童肥胖还受到后天饮食习惯、生活方式等因素的影响,大量吃甜食和油炸食品、久坐、缺乏锻炼等因素都会导致肥胖。

2019年7月3日,《新闻周刊》报道称,人类在过去50年中正变得越来越胖。科学家们认为,这在很大程度上取决于环境,所谓的"肥胖环境"会增加人们的患病概率。

挪威科技大学公共卫生与护理系的专家说,肥胖的易感性可能会使一些人更容易肥胖,也可能使人更难做出健康的生活方式选择。对于那些在基因上易患肥胖症的人来说,今天的环境可能会让他们更难做出健康的生活方式选择。虽然我们不能改变基因,但我们可以改变环境。专家认为,改变人们的生活环境可能是抗击肥胖流行的重要组成部分。

为了找出为什么全球肥胖水平自1975年以来几乎翻了3倍,挪威科学家研究了118 959人的数据,这些人的年龄在13～80岁之间。研究人员发现,挪威的平均BMI从20世纪60年代到21世纪初大幅上升,1970年以后出生的人在年轻时的BMI比1970年以前出生的人高得多。在20世纪60年代,遗传风险最高的男性平均BMI比遗传风险最低的男性平均BMI高1.2倍。到21世纪初,这一差距已上升至2.09倍。

科学家认为,肥胖环境与个体的遗传特征相互作用,可以解释人群BMI为何上升。虽然肥胖流行的背后是饮食过多和运动不足,但全球化、工业化和其他社会、经济、文化和政治因素的复杂组合也可能是导致肥胖的潜在因素。从遗传上来看，易患肥胖症的人因为不健康的饮食习惯而导致体重增加。

7.4.3　科学饮食保健康

世界卫生组织第 113 届会议讨论了饮食、锻炼和生活方式，并提出了一项新的全球健康战略。新的健康战略将不健康饮食确定为许多疾病和非传染性疾病（包括一些癌症）的主要原因之一。在会议上，世界卫生组织给出了相关建议，包括限制饱和脂肪酸的摄入，用不饱和脂肪酸代替饱和脂肪酸，多吃蔬菜、水果、豆类、全谷物等，希望人们以健康的饮食对待生活。

1.《美国居民膳食指南（2020—2025）》的核心准则

（1）在生命的每个阶段遵循健康的饮食模式。①0～6 个月建议母乳喂养，另外建议 1 岁以下仍以母乳喂养为主，并且婴儿出生后应立即服用维生素 D 补充剂。②6～12 个月应增加营养丰富的补充食物的摄入。当婴儿可以食用补充食物时，应注意提供富含铁和锌的食物。③12 个月到成年期应遵循健康的饮食模式，以满足对营养的需求，维持健康的体重，降低慢性病患病风险。

（2）选择和享用高营养密度的食物和饮料，同时考虑个人的饮食偏好、文化传统和成本，选择健康的食品。

（3）注意营养密度高的食品和饮料。首先要确保人体的营养需求可通过食物摄入得到满足，尤其是高营养密度的食物和饮料。营养丰富的食物可提供维生素、矿物质和其他促进健康的成分，很少或根本不添加糖、饱和脂肪酸和氯化钠。

（4）减少食品和饮料中的糖、饱和脂肪酸和高氯化钠含量，限制酒精饮料。2 岁以下儿童的饮食中避免添加糖，2 岁及 2 岁以上的人从饱和脂肪中获得的能量应不超过每日总能量的 10%。氯化钠的摄入量方面，1～3 岁儿童每天的摄入量不超过 1200 mg；4～8 岁儿童每天的摄入量不超过 1500 mg；9～13 岁儿童每天的摄入量不超过 1800 mg；13 岁以上人群每天的摄入量不超过 2300 mg。另外，怀孕或可能怀孕的人以及未达到法定饮酒年龄的人不应饮酒。

2. 安全饮水

哈佛大学发表的一项研究显示，美国有 600 多万人饮用的水中含有过量的多氟烷基和全氟烷基物质。在过去 60 年中，全氟烷基化合物已被广泛用于工业和消费产品，包括食品包装、服装和平底锅。即使暴露在阳光下，这种物质也很难分解。利用美国环境保护局从 2013 年到 2015 年收集的全国数据，该研究团队得到了水中六种全氟烷基物质的浓度。在工业区、军事基地和废水处理厂附近流域，全氟辛烷基物质的含量最高。

事实上，自来水中含有化学物质很常见。这些东西是从哪里来的？其中一部分化学物质来自水污染，另一部分是人工添加剂。消毒自来水最常用的方法是用氯气。几乎所有的水系统都用氯气净化水,但长期小剂量间接摄入氯气会随着时间的推移增加某些疾病的患病概率。自来水中的其他化学物质也同样致命。就像杀虫剂和化肥一样,饮用水中的化学物质也会导致婴儿出生缺陷。而且,由于人类长期使用化学物质杀死细菌,一些寄生虫对它们产生了抵抗力。这些寄生虫会对人类消化系统产生严重影响。美国政府通过环境保护署和美国食品药品监督管理局对饮用水中有害化学物质的处理进行了监管。然而,许多设定的标准仍然未能将化学物质的含量降至零,这意味着自来水中仍然含有危险化学物质。为了减少接触自来水中的有害化学物质,许多人选择饮用瓶装水。尽管购买瓶装水的成本很高,但这似乎是安全的,然而事实并非如此:饮用瓶装水也是有害的,因为塑料瓶中也含有大量的化学物质,当水被倒入瓶中时,化学物质会被水吸收,也会进入人体,甚至有致癌的风险。因此,为了保证饮用水的安全,最好的办法是安装一套完整的净水系统,该系统可快速清洁水质。

3. 维持体内菌种平衡,为身体筑起免疫屏障

日本京都大学和其他研究小组的研究人员发表文章称,定期喂食双歧杆菌的老鼠比同龄鼠寿命更长。研究人员选取 20 只 10 个月大的老鼠,每周给它们喂食三次双歧杆菌"LKM512"。每只老鼠一次吃掉大约 2000 万个双歧杆菌,相当于 150 mL 酸奶。对照组老鼠只给予生理盐水。实验鼠的存活率约为 80%,而对照鼠的存活率仅为 30%,差异显著。此外,定期喂食双歧杆菌的老鼠毛发非常整齐,看起来很年轻。与几乎没有喂食双歧杆菌的小鼠相比,大约五分之一喂食生理盐水的小鼠出现了肿瘤或溃疡。研究人员认为,摄入双歧杆菌会增加小鼠肠道中多胺的含量,能有效抑制肠道衰老,并起到抗炎作用。

人体的大肠、小肠、胃和其他器官承载着大量微生物菌群,包括细菌、真菌甚至病毒。据报道,人体内的微生物数量大约是人体细胞的 10 倍。人体约有 2 万个基因,但携带有 200 万~2000 万个微生物基因,占人体基因总数的 99%。正常情况下,微生物与人体可以和平共处,并保持人体器官的微生态稳定。但是,如果这种平衡和相互制约被打破,那么人体将会出现很多问题,例如胃肠道不适,甚至生病。

目前,以益生菌为名的食品和保健品在市场上层出不穷。需要明确的是,一些益生菌确实可以改善新生儿的消化道功能和免疫力。近年来,研究人员也发现益生菌可以治疗心血管疾病、肥胖症、结/直肠癌,促进儿童发育等,但基本上仍处于基础研究阶段,很少有药物可以应用于临床实践。外源性补充益生菌是为了丰富肠道和胃或其他部位的微生物,因此服用时需要补充足够的剂量。另外,活性益生菌效果更好。例如,酸奶通常被冷藏以保证乳酸菌的存活,如果在室温下储存并冷冻,乳酸菌的数量会大大减少。

7.4.4 养成生活好习惯

1. 注意一天中的"魔鬼时刻"

早上从梦中醒来时,人体将进入一天中的第一个"魔鬼时刻"(早上6点到9点)。这时,心脏病、脑卒中、支气管炎、肺气肿、哮喘等疾病的发病率很高。例如,心肌缺血的发作高峰是早上7点到8点,心律失常最常见于早上6点到9点。另一个可怕的"魔鬼时刻"是傍晚,此时心脏病发作率也会再次上升。如果人在晚上7点左右喝酒,肝脏排出酒精所需的时间比一天中任何其他时间都要长,这使得肝脏更容易受到损害。

对某些患病人群来说,一天中最危险的时间是黎明。据研究,在黎明时分,人体体温、血压变低,血液流速变慢,肌肉松弛,容易发生缺血性中风。根据调查,60％的死亡发生在清晨。

2. 吸烟饮酒危害大

根据《自然》最近在网上发表的一项研究,癌症突变常发生在具有正常生理特征的食道细胞中。随着时间的推移,包括饮酒和吸烟在内的风险因素导致突变细胞的数量增加并积累。

食管鳞状细胞癌(ESCC)是亚洲最常见的食管癌类型,是一种非常疼痛的疾病,会有吞咽困难和突然暴瘦等症状。有研究表明,癌前克隆存在于生物正常组织中,但这些细胞与食管鳞状细胞癌的既定风险因素(如年龄、饮酒和吸烟)之间的关系尚不清楚。日本京都大学的研究小组检查了139例已诊断为或尚未诊断为食管鳞状细胞癌的患者的食管组织样本以调查细胞突变。研究小组报告称,许多样本中含有突变的克隆细胞,尤其是癌症相关基因 *NOTCH1*,这种细胞可能在婴儿期就存在。食管中突变细胞的数量随着年龄的增长而增加,在老年患者(至少70岁)中,突变细胞在食管上皮细胞中占很大比例。大量饮酒和吸烟似乎会加速突变细胞的积累,这表明吸烟、喝酒等因素对食管鳞状细胞癌的发病风险有更重要的影响。

人们不应忽视三手烟的影响,因为它会改变人类鼻上皮细胞的基因表达,从而对这些细胞造成损害。三手烟是指吸烟后留在人的衣服、头发、皮肤和环境中的烟草残留物,这些残留物可以保持数天甚至数月,并混入空气中,被不吸烟者被动吸入。如果一个人生活在有吸烟者的环境中,就很难完全避免接触三手烟。在现实生活中,这种被动吸烟比二手烟更常见。在一项研究中,研究小组发现,吸入三手烟仅3个小时后,非吸烟者鼻上皮细胞的基因表达就会发生显著变化。三手烟的有害残留物会改变细胞内与氧化应激相关的途径,破坏 DNA,有致癌危险。研究人员称,虽然短时间接触三手烟几乎不太可能致癌,但如果一个人长时间接触三手烟,可能会对其健康产生严重影响。此外,研究人员发现,短时间的三手烟暴露也会影响线粒体,如果不加以控制,会导致细胞死亡。

3. 夜晚少玩手机、电脑

隶属于世界卫生组织的国际癌症研究机构发表的报告显示,手机、无线设备、雷达、射频无线电和电视发射机产生的电磁场可能会增加人类患神经胶质瘤的风险,这是世界卫生组织首次将无线通信设备对健康有害的问题进行明确定位。目前,全球手机用户已达 50 亿。随着手机用户数量和频率的不断增加,人们越来越关注无线通信设备发射的射频电磁场的不良反应及其对人体健康的影响。

国际癌症研究机构一项长达十年的研究表明,每天使用手机超过 30 min 的人患胶质瘤的风险增加了 40%。该机构建议人们应采取适当的措施避免手机辐射,如使用免提电话或短信进行交流。因为青少年的耳朵和头骨比成年人更小、更薄,所以他们的大脑在使用手机时吸收的辐射要比成年人多出 50%。为了安全起见,青少年应该尽量少用手机。

芬兰职业健康研究所和芬兰辐射与核安全中心进行的一项研究发现,手机辐射降低了大脑区域的葡萄糖代谢。葡萄糖代谢的降低表明大脑局部神经元活动受到抑制,这是脑功能障碍的表现之一。芬兰研究人员将 13 名年轻的健康男性受试者置于 902.4 MHz 的脉冲调制移动电话通信中持续 33 min,然后对他们的大脑进行正电子发射断层扫描(PET)。结果表明,受手机辐射影响的受试者头部一侧大脑前颞叶的葡萄糖代谢率显著降低。研究人员解释说,葡萄糖是大脑活动的主要能量来源,大脑中葡萄糖代谢水平可能在一定程度上反映了大脑功能,葡萄糖代谢的降低表明脑内局部神经元的活动受到抑制。

教育部网站 2011 年 9 月 15 日发布的第六次全国多民族大型学生体质健康调查表明,近年来,学生视力不良和肥胖检出率持续上升,学生的形态发育水平和营养状况持续改善。据了解,这项研究是由国家体育部门、国家教育部门和国家卫生部门联合组织的,涉及 31 个省、自治区、直辖市,27 个国家级学校,995 所学校,348 495 人。检测项目包括体型、生理功能、身体素质和健康状况四个方面的 24 项指标。调查结果显示,各区学生视力不良率较高,小学生、中学生、中学生和大学生的比例分别为 40.89%、67.33%、79.20% 和 84.72%。值得注意的是,低年龄组的视力低下率显著增加。据国家卫生健康委员会统计,截至 2018 年 6 月,中国近视人口已超过 4.5 亿,居世界首位。因此,控制使用电脑和手机的时间对青少年的健康尤为重要。

4. 多多运动益处大

现有研究的综合结果表明,坚持锻炼的好处主要包括:

(1)增加肺活量。肺是人体非常重要的器官,肺不健康的人身体不会健康。肺活量大意味着肺功能全面,所以我们可以通过锻炼增加肺活量,改善心肺功能。

(2)有助于睡眠。现在人们工作压力大,失眠的人越来越多。研究表明,每周锻炼四次,每次锻炼 30 min,可以减少压力,提高睡眠质量。

(3)控制体重,保持身材。运动的过程就是消耗卡路里和减少脂肪的过程。运动可以增加新陈代谢,避免热量囤积,促进减肥,养成热爱运动的好习惯,还能使身体更加匀称,让人变得阳光开朗,积极向上。

(4)延缓衰老,延长寿命。在逐渐衰老的过程中,锻炼可以使身体的各个系统衰退得更慢,延长寿命。每天锻炼 30 min 以上可以增加肌肉质量。中年后,持续锻炼可以使身体衰老得更加缓慢。

(5)改善大脑功能和智力发育。体育运动可以增强人的体质,促进大脑发育,改善大脑功能,有助于智力发育。在运动过程中,人们可以通过记住运动的动作和要领来增强记忆力,使头脑更加清醒。

(6)保护视力。眼睛是身体最易疲劳的部位,尤其是青少年,长时间用眼会导致近视。如果能长时间坚持锻炼,就可以有效避免长时间盯着书造成的伤害,放松眼睛。

(7)预防肩部和颈部疼痛。长期以来,办公桌、颈椎病、肩周炎、腰椎病困扰着很多人,而运动可以活动人体关节,促进血液循环,缓解肩部疼痛,放松肌肉,使人体远离亚健康状态。

(8)释放焦虑。锻炼可以释放多巴胺,让人快乐,缓解工作压力,减少抑郁等对健康有害的情绪。当人感到不快乐时,锻炼可以帮助其摆脱内心的不良情绪,缓解焦虑。

7.5　本章小结

民以食为天,食以安为先。食品是生命活动最重要的物质基础之一。食品安全问题是关系到公众健康和国计民生的重大问题,因此食品安全尤为重要。我们要贯彻落实食品安全的要求,推动食品安全高水平治理,切实保障群众"舌尖上的安全"。此外,超加工食品正不断出现在人们的生活中,成为餐桌上的主角。我们必须认识到垃圾食品等超加工食品对人体的危害,走出常见的食品误区,合理膳食,远离疾病,保持健康。

参考文献

[1]王静,孙宝国.食品添加剂与食品安全[J].科学通报,2013,58(26):2619-2625.

[2]何冬云,石岭,李永丽.食品生产与加工的安全影响因素与保障措施[J].现代食品,2020(15):146-148.

[3]赵同刚.食品添加剂的作用与安全性控制[J].中国食品添加剂,2010(3):46-50.

[4]吴润琴.当天熟蔬菜与隔夜熟蔬菜中亚硝酸盐检测结果分析[J].职业与健康.2007,23(7):519.

[5]吕嘉乐,刘芳华,吴琪俊,等.超加工食品摄入与成人超重和肥胖关系研究进展[J].

中国公共卫生,2021,37(11):1691-1694.

[6]曹慧,严双琴,谢亮亮,等.脂肪重积聚提前与5岁儿童肥胖和代谢各指标关联的队列研究[J].公共卫生与预防医学,2020,31(7):38-43.

[7]杨雪松,杨静,许洁.环境内分泌干扰物与代谢综合征关系研究进展[J].实用预防医学,2016,23(2):247-249.

[8]邹志飞,林海丹,易蓉,等.我国食品添加剂法规标准现状与应用体会[J].中国食品卫生杂志,2012,24(4):375-382.

[9]杨新泉,田红玉,陈兆波,等.食品添加剂研究现状及发展趋势[J].生物技术进展,2011,1(5):305-311.

[10]尤新.食品安全和食品添加剂发展动向[J].粮食加工,2010,35(2):9-14.

[11]詹承豫.中国食品安全监管体制改革的演进逻辑及待解难题[J].南京社会科学,2019(10):75-82.

[12]周洁红,武宗励,李凯.食品质量安全监管的成就与展望[J].农业技术经济,2018(2):4-14.

第八章 微生物、疾病与健康
——微观世界的博弈

微生物是自然界最大的生物家族,与人类的起源存在密切的联系,从某种意义上也可以说它们是人类的祖先。在地球的演化过程中,无论是动物、植物还是人类,一直都生活在一个被微生物包绕的世界里。本章就跟大家聊聊这个看不见的世界——微生物的世界!

8.1 微生物——地球上最古老的原住民

8.1.1 神奇的微生物

微生物是所有肉眼看不见或看不清的生物的总称,它们是小而简单的低等生物,其特点可概括为体积小、相对表面积大、吸收多、转化快、生长旺盛、繁殖快、适应性强、变异频率高、分布广、种类多。大多数微生物是单细胞的,少数是多细胞的,甚至有些没有细胞结构。微生物虽少,但在我们的生活中却无处不在。作为地球上最古老的生物之一,微生物发挥着重要的作用。

从无人居住的极地地区到恶劣的沙漠气候,自然界中广泛分布的微生物具有很强的生存能力。微生物作为生态系统的分解者,不仅可以分解死去的动植物,还可以为地球上的植物提供90%的二氧化碳和氮营养,从而保证生态系统中的能量流动和物质循环转化。此外,微生物在环境保护方面也发挥着巨大的作用。微生物肥料、微生物杀虫剂或农用抗生素可以替代各种化肥或农药,大大减少环境污染。

微生物和人类的关系比我们想象的更为密切,人们日常生活中常见的饮料和食物都离不开微生物的作用。同时,许多微生物可以用来生产抗生素、维生素和其他药物,帮助人类抗击疾病。现在,更多的微生物宝藏正在被发现。微生物细胞具有强大的生化转化能力和快速自我复制能力,在解决人类面临的各种危机中发挥着独特的作用。微生物甚至可以从废水中的有机物中提取营养物质和能量,并生成新的能源物质。

并不是所有的微生物都对人类有益,有些微生物会使工业设备腐蚀、食品和原材料腐败,但我们仍然需要正确对待微生物在维持人类健康中的作用,从而减少微生物对人类的危害,使微生物为人类服务。微生物对人类最重要的影响之一是传播传染病。世界卫生组织曾称,传染病的发病率和死亡率在所有疾病中居首位。微生物引起的疾病的历史,也是人类与微生物不断斗争的历史。人类在疾病的预防和治疗方面取得了巨大的进步,但新出现和再次出现的微生物感染仍在不断发生,故大量病毒性疾病一直缺乏有效的治疗药物。大量广谱抗生素的滥用导致许多菌株发生了变异,病毒耐药性增强,给人类健康造成了更大的威胁。一些病毒片段可以通过重组而突变,最典型的例子是流感病毒。在每一次大流行中,流感病毒都会从以前引起感染的毒株中发生变异,这种快速变异对疫苗设计和预防造成了极大障碍。另外,耐药结核杆菌的出现也使得已经得到控制的结核病感染在世界范围内肆虐。

微生物可以引起食物、布料、皮革等发霉和腐烂,但它们也有有益的一面。弗莱明首先从抑制其他细菌生长的青霉中发现了青霉素,这在医学领域中是一个划时代的发现。后来,科学家又从放线菌等代谢产物中筛选出了大量抗生素。第二次世界大战期间,抗生素的使用挽救了无数人的生命。一些微生物被广泛应用于工业发酵、乙醇生产、食品和各种酶制剂等;另一些微生物可以降解塑料、处理废水和废气等,具有巨大的可再生资源应用潜力,被称为"环保微生物";还有一些微生物可以在极端环境中生存,比如普通生命无法生存的高温、低温、高盐、高碱和高辐射等环境。虽然我们已经发现了很多微生物,但由于培养和其他技术的限制,我们实际上只发现了自然界中存在的一小部分微生物。而有益微生物之间的相互作用机制也相当神秘。例如,健康人的肠道中含有大量细菌,称为"正常菌群",其中含有多达数百种细菌。在肠道环境中,这些细菌是相互依赖和共生的。食物、有毒物质甚至药物的分解和吸收都需要这些细菌的参与。当菌群失调时,会导致腹泻。

随着医学研究进入分子水平,人们越来越熟悉基因和遗传物质等技术术语。人们认识到,正是遗传信息决定了生物体的生命特征,包括其外部形态和生命活动,而生物体的基因组是这些遗传信息的载体。因此,阐明生物体基因组所携带的遗传信息将有助于揭示生命的起源和奥秘。从分子水平研究微生物病原体的变异、毒力和致病性是传统微生物学的一场革命。

以人类基因组计划为代表的生物基因组研究已成为全生命科学研究的热门领域,微生物基因组研究是生物基因研究的一个重要分支。世界权威杂志《科学》曾将微生物基因组研究列为世界重大科学进步之一。通过基因组研究揭示微生物的遗传机制,人们发现了重要的功能基因,并在此基础上研发疫苗和新型抗病毒药物,这将有效控制新/老传染病的流行,促进医疗卫生事业快速发展。微生物基因组的分子水平研究为探索微生物个体与种群之间的相互作用提供了新的线索和思路。为了充分开发微生物资源(尤其是细菌),美国于1994年启动了微生物基因组研究项目(MGP)。通过对完整基因组信息的研究,人们可开发和利用微生物的重要功能基因,这不仅可以加深对微生物致病机制、重要代谢和调控机制的理解,还可以研发一系列与我们生活密切相关的基因工程产品,包括接种疫苗、治疗新药、诊断试剂和工农业生产中使用的各种酶制剂。通过基因工程方法的转化，人们可促进新菌株的建设和传统菌株的转化，全面推进微生物产业时代的到来。

8.1.2　微生物大家庭

微生物主要分为三类，第一类是非细胞微生物，即最小的微生物，以纳米为测量单位，普通显微镜无法发现，须使用电子显微镜观察；第二类是原核微生物，如细菌、支原体、衣原体等；第三是真核细胞微生物，以真菌（念珠菌、酵母等）为代表。

病毒的结构相对简单，其结构示意图如图 8-1 所示。病毒的核心遗传物质 DNA 或 RNA 由"衬衫（衣壳）"和"外套（信封）"覆盖。有些病毒也可以不用"外套"，如裸病毒。当然，每种病毒都可能穿上不同的"外套"，人们可以根据"外套"识别病毒。根据病毒的不同形式，可将其分为球形病毒、杆状病毒、冠状病毒等。目前，全世界已发现 4000 多种病毒，大多数病毒直径为 20～200 nm，较大的病毒直径为 300～450 nm，较小的病毒直径仅为 18～22 nm。

图 8-1　病毒的结构示意图

除了病毒，我们还需要了解细菌的结构。细菌也可以根据不同的形式分为球菌、杆菌和螺旋菌。我们所熟悉的细菌，如金黄色葡萄球菌、幽门螺杆菌、大肠杆菌、霍乱弧菌等比病毒大得多，通常以微米为单位。与病毒相比，细菌的结构（见图 8-2）更加完整，包含细胞壁、细胞膜、细胞质、遗传物质等。为什么细菌没有细胞核？因为细菌的没有核膜、核仁等，其遗传物质只能称为准核、核质。细菌也有一些特殊的结构，如孢子、菌毛、鞭毛等，这些特殊的结构可增加入侵力、致病性、抵抗力等。在日常生活中，我们经常接触到有关细菌的知识，比如牛奶的巴氏消毒法。巴氏消毒的原理是在低温下杀死牛奶和其他液体中的常见致病菌，而不使蛋白质变性。

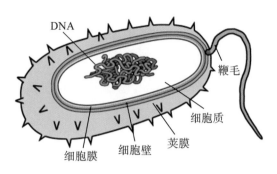

图 8-2　细菌的结构示意图

微生物界的另一个主要类别是真菌。真菌独立于动物、植物和其他真核生物，形成自己的王国。目前，人们已发现超过 12 万种真菌，包括霉菌、酵母菌和各种蘑菇等。真菌的细胞含有几丁质，可以通过无性繁殖和有性繁殖产生孢子。

真菌和细菌之间有着天壤之别。首先，细菌和真菌的大小有很大的不同。我们都知道，除了病毒，地球上所有的生物都是由细胞构成的，真菌和细菌也不例外。然而，细菌的细胞非常小，通常在十分之几微米到几微米之间。微米有多小？人类头发的直径约 100 μm，可见细菌是多么地小！所以细菌需要显微镜才能看到。真菌细胞要细菌大得多，通常是细菌的 5～10 倍。其次，真菌除了细胞体积大之外，还可以呈现各种形式，最常见的是许多真菌细胞结合在一起形成一条叫作"菌丝体"的长丝。大多数真菌可以形成菌丝体，而细菌很少相互结合形成丝状结构。此外，真菌可以结合许多菌丝体形成更大的结构。我们所看到的蘑菇实际上是由大量菌丝体结合在一起所组成的，这是细菌无法做到的。真菌和细菌在最基本的细胞结构上也有很大不同。在显微镜下观察真菌，你会发现它有完整的细胞核。细胞核是细胞中非常重要的部分。不仅真菌，所有种类的动植物（包括人类）都有细胞核，但细菌没有。

大多数动物可以自由活动，可通过食用其他植物和动物来生存和繁殖。但是真菌不能移动，那么它们是如何生存的呢？真菌的菌丝在其生存和繁殖过程中发挥了重要作用。真菌的菌丝体非常纤细，可以很容易地从外界吸收营养，就像植物的根一样。然而，真菌没有叶绿体，无法依靠自己合成营养物质，只能吸收现有的物质，因此它们只能在营养物质更丰富的地方生长。

真菌的菌丝体也能起到繁殖的作用。通过细胞分裂，菌丝可以继续生长新的细胞，菌丝体破碎后即可达到繁殖的目的。但更常见的情况是，真菌会产生一种名为"孢子"的细胞进行繁殖。孢子是如何产生的？事实上，它也是菌丝体细胞的产物。有时，菌丝末端会扩张或分枝，然后再额外分裂几次，使小细胞形成孢子；有时，不同的菌丝体相互融合，融合的菌丝体细胞分裂产生孢子。

8.2 微生物与疾病

8.2.1 看不见的健康杀手——病毒

人体所患的很多疾病都与病毒感染人体密切相关。传染性疾病影响了人类发展,至今它仍与我们同在。以下是人类发展史上对人类影响较大,甚至改变了世界发展格局的病毒类型和感染事件。

(1)冠状病毒:冠状病毒是一类已知会导致疾病的病毒,从普通感冒到严重的肺部感染,如中东呼吸综合征(MERS)和严重急性呼吸综合征(SARS)。冠状病毒感染的症状取决于病毒和患者的健康状况,但常见症状包括呼吸道感染、发烧、咳嗽、呼吸短促和呼吸困难。严重时,冠状病毒感染可导致肺炎、严重急性呼吸综合征、肾衰竭甚至死亡。

冠状病毒在历史上曾多次侵袭人类。其中,MARS 是 2012 年在沙特阿拉伯首次发现的一种病毒性呼吸道疾病。根据世卫组织的调查,虽然这种疾病起源于蝙蝠,但它在中东的主要宿主很可能是单峰骆驼。MERS 感染者患有严重的呼吸系统疾病,症状包括发烧、咳嗽和呼吸急促。截至 2020 年,全球已有 2494 例报告病例,大部分在沙特阿拉伯。世界卫生组织表示,大约 34% 的 MARS 感染者会死亡。

新型冠状病毒(2019-nCoV)是一种冠状病毒,以前在人类中未曾发现。新型冠状病毒大流行改变了人们的生活方式,甚至改变了世界的发展模式。

(2)流感病毒:常见的流感病毒有甲、乙、丙、丁四型,临床上以甲型和乙型流感病毒较为常见。流感病毒可引起人类、家禽、猪、马、蝙蝠等动物的感染和发病,是人类流感、禽流感、猪流感、马流感等人畜疾病的病原体。这些疾病的典型临床症状是急性高热、全身疼痛、明显疲劳和呼吸系统症状。流感病毒主要通过空气中的飞沫、易感者与受感染者之间的接触或与受污染物体的接触传播,一般秋冬季节是其高发期。人类流感主要由甲型和乙型流感病毒引起。甲型流感病毒通常会发生抗原突变,可进一步分为 H1N1、H3N2、H5N1 和 H7N9 等亚型(其中 H 和 N 分别代表流感病毒的两种表面糖蛋白)。流感病毒对外界的抵抗力不强。通常,动物流感病毒不会感染人类,人类流感病毒也不会感染动物,但是猪除外。猪可以同时感染人类流感病毒和禽流感病毒,但它们大多还是感染猪流感病毒。一些动物流感病毒在适应人类后会导致人类流感大流行。

一百年前,第一次世界大战结束时,由甲型 H1N1 流感病毒引起的"西班牙流感"大流行,遍及美洲、欧洲、亚洲,全世界有 5 亿多人感染,约 5000 万至 1 亿人死亡,是人类历史上最严重的流行病之一。自从"西班牙流感"大流行暴发以来,人们一直在努力寻找导致此次流感的病原体,一种名为"流感嗜血杆菌"的细菌曾被认为是引起这次流感的原因。直到 1930 年,美国洛克菲勒医学研究所的理查德·肖普(Richard Shope)才从猪身上分离出一种猪流感病毒,正是这种病毒引起了此次疫情。

(3)艾滋病:人类免疫缺陷病毒(Human Immunodeficiency Virus,HIV)是一种导致人类免疫系统缺陷的逆转录病毒。HIV会攻击并逐渐破坏人类免疫系统,使宿主在感染时不受保护。感染HIV的人通常死于继发感染或癌症,而艾滋病是人类免疫缺陷病毒感染的最后阶段。截至2018年年底,全世界约有3790万人感染HIV,其中2570万人生活在非洲。据世界卫生组织统计,2018年全球约有77万人死于艾滋病,其中4.9万人在美洲。1981年首次记录了艾滋病毒对某些免疫系统细胞的毁灭性影响。通过破坏部分免疫系统,HIV使患者容易受到各种机会性感染。

(4)天花病毒:天花是由天花病毒引起的一种强传染性疾病,也是在世界范围内被人类消灭的第一种传染病。天花病毒繁殖迅速,可通过空气传播,且传播速度惊人。受感染者在感染后一周内最具传染性,因为他们的唾液中含有大量的天花病毒。

天花、黑死病和霍乱等瘟疫在人类历史上造成了大量的死亡。有记载的最早的天花暴发发生在古埃及,在死于公元前1156年的埃及法老拉美西斯五世的木乃伊中发现了疑似天花疹的痕迹。15世纪末,欧洲人来到美洲时,那里居住着2000万~3000万土著居民。大约100年后,土著人口减少不到100万,原因是欧洲殖民者带来了天花等病毒。17世纪70年代,英国医生爱德华·詹纳(Edward Jenner)发现了牛痘患者不会得天花;19世纪20年代,英国发明了天花疫苗,至此,人类终于能够抵抗天花。虽然有了天花疫苗,但感染者的死亡率仍然高达三分之一。后来,天花在发达国家逐渐得到控制,但仍在非洲农村流行。

(5)埃博拉病毒:埃博拉病毒病虽然罕见,但它的传播速度非常快,感染后会出现发热、肌肉疼痛、头痛、虚弱、腹泻、呕吐和腹痛等症状。一些感染埃博拉病毒的人在疾病的后期也会出现鼻和口出血,这种情况被称为出血综合征。埃博拉通过体液在人与人之间传播,健康人可以通过触摸被感染者的血液或分泌物,或触摸含有这些液体的表面而感染。

埃博拉是刚果民主共和国(前扎伊尔)北部一条河流的名字。1976年,一种未知病毒在这里出现,导致埃博拉河沿岸55个村庄的居民发生感染,造成数百人死亡,甚至出现了家庭聚集性死亡,因此该病毒被称为"埃博拉病毒"。1979年,埃博拉病毒再次袭击苏丹,导致大量苏丹人因感染而死亡。两次疫情暴发后,埃博拉病毒神秘消失了15年。2014年,西非暴发埃博拉疫情。据美国疾病控制和预防中心统计,2016年埃博拉疫情结束时,约有28 652例疑似和确诊病例,11 325例死亡病例。埃博拉病毒只在个别国家和地区间歇性流行,在时间和空间上有一定的局限性。

(6)登革热病毒:登革热是由蚊子传播登革热病毒引起的一种急性虫媒传染病。登革热病毒感染可导致潜伏感染、登革热、登革热出血热。登革热的典型临床表现为突然发病、高烧、头痛、肌肉和关节剧烈疼痛、皮疹、出血倾向、淋巴结病、白细胞计数下降和部分患者血小板减少。该病主要分布在热带和亚热带地区,广东、香港、澳门等地是中国的登革热疫区。由于该病由伊蚊传播,因此其流行有一定的季节性,一般在每年的5月至

11 月传播,高峰期在 7 月至 9 月。

(7)汉坦病毒:汉坦病毒可引起汉坦病毒肺综合征和汉坦病毒肾综合征出血热。前者主要在美国流行,阿根廷、巴西、巴拉圭、玻利维亚和德国也有病例。汉坦病毒通过啮齿动物,尤其是小鼠传播给人类。如果人们直接接触这些动物的身体分泌物,或吸入气溶胶、分泌物颗粒,就会感染汉坦病毒。1993 年,在美国西南部,一种神秘的疾病夺去了几名年轻人的生命,后经调查发现,"元凶"为汉坦病毒。在最初感染该病毒的 24 名患者中,有一半死于汉坦病毒肺综合征的严重呼吸道感染。在亚洲、欧洲和中南美洲的一些地区,汉坦病毒还引起了另一种严重疾病——汉坦病毒肾综合征出血热。该病的初始症状与汉坦病毒肺综合征相似,包括发热、呕吐和头晕,但汉坦病毒肾综合征出血热还可导致出血和肾功能衰竭。

(8)寨卡病毒:寨卡病毒于 1947 年在非洲首次被发现,是一种由伊蚊传播的黄病毒。虽然寨卡病毒引起的疾病对大多数人来说并不危险,但它可能会给胎儿和新生儿造成严重并发症。根据相关机构发布的数据,只有五分之一的感染者患病。患者可能会出现发热、皮疹、关节疼痛和结膜炎,但这些症状通常较轻,仅持续几天。然而,据泛美卫生组织称,孕妇感染后可能会导致胎儿出现严重的出生缺陷,如小头畸形,而且该病毒也可能导致孕妇流产。

(9)麻疹病毒:麻疹病毒是麻疹的病原体,属于副黏病毒科麻疹病毒。麻疹是儿童常见的急性传染病,其传染性很强,会出现丘疹、发热和呼吸道症状等病症。自 20 世纪 60 年代初中国应用减毒活疫苗以来,儿童发病率显著下降。但它仍然是导致发展中国家儿童死亡的主要原因之一。天花消灭后,世界卫生组织已将麻疹列为待消灭的传染病之一。亚急性硬化性全脑炎(SSPE)与麻疹病毒有关。

(10)疯牛病病毒:疯牛病病毒是一种朊病毒,是一种不含核酸的传染病病原体。它以两种形式存在于细胞中,分别为细胞型和异常型。细胞型是在正常细胞中发现的,没有传染性;异常型为细胞型的同分异构体,具有传染性。

如果人类食用带有疯牛病病毒的牛肉,就有可能会感染变异型克-雅氏病(疯牛病又称为"克-雅氏病")。1996 年至 2011 年 3 月,英国和其他几个国家报告了约 225 例变异型克-雅氏病。在所有报告的病例中,约 5% 是通过受污染的手术设备或某些器官移植而意外感染的。

感染变异型克-雅氏病的人往往比感染克-雅氏病的人年轻。根据世界卫生组织的数据,变异型克-雅氏病患者的中位年龄为 28 岁,而克-雅氏病患者的中位年龄为 68 岁。患有变异型克-雅氏病的人通常表现出精神异常,包括抑郁、冷漠或焦虑。

(11)狂犬病病毒:狂犬病病毒呈子弹状,核衣壳呈螺旋对称,表面有一个"胶囊",含有单链 RNA。狂犬病是由狂犬病病毒引起的人畜共患传染病。早在 1932 年发现病毒之前,法国科学家路易德·巴斯德(Louis Pasteur)就发明了狂犬病疫苗。狂犬病病毒主要通过受损的皮肤和黏膜感染。绝大多数狂犬病是由受感染的猫或狗咬伤或抓伤引起的。被动物咬伤或抓伤后,伤者需立即接受治疗,并及时接种符合世卫组织标准的有效的狂犬病疫苗,以防止狂犬病病毒进入中枢神经系统并导致死亡。

据世界卫生组织称,在非洲和亚洲,每年有数万人死于狂犬病。狂犬病的最初症状很难在人类身上发现,因为它类似于流感。但据疾病控制和预防中心称,随着病情的发展,患者可能会出现困惑、异常行为、幻觉和失眠。到目前为止,只有不到 10 人在狂犬病症状出现后幸存下来。

(12)诺如病毒:诺如病毒属于人类杯状病毒科,是一组形态相似、抗原性略有不同的病毒颗粒。诺如病毒在世界各地普遍存在,主要发生在成人和学龄儿童中,在寒冷季节发病率较高。在美国,每年有 60%～90% 的非细菌性腹泻暴发由诺如病毒引起。血清抗体水平调查显示,诺如病毒感染在我国人群中也很常见,5 岁以下的腹泻患儿中,诺如病毒的检出率约为 15%。

诺如病毒具有高度的遗传变异性,在同一时期和同一社区内可能会出现不同基因毒株的流行。诺如病毒抗体没有明显的保护作用,尤其是没有长期的免疫保护作用,容易引起反复感染。诺如病毒腹泻是一种无疫苗和特定药物预防和治疗的自限性疾病。预防诺如病毒的关键是加强个人卫生、食品卫生和饮用水卫生,养成健康的生活习惯,如勤洗手、不喝生水、生熟分开、避免交叉污染等。

8.2.2　警惕有害细菌

细菌的危害是什么? 在医学上,金黄色葡萄球菌等可引起食物中毒,鼠疫耶尔森菌、霍乱弧菌、鼠伤寒沙门氏菌、痢疾、结核分枝杆菌、密螺旋体等可引起各种相关传染病的流行。在人类历史上,由细菌引起的传染病夺去了无数人的生命。随着人们对病原菌的逐渐了解,许多传染病都得到了控制。另外,少数细菌还可引起家禽、牲畜和农作物的传染病流行,使农业生产遭受巨大损失。以下是一些对人体有严重影响的细菌:

(1)鼠疫耶尔森菌:鼠疫是一种主要由鼠疫耶尔森菌通过鼠蚤传播的恶性传染病,是一种在野生啮齿动物中广泛流行的自然流行病。鼠疫的临床表现为高热、淋巴结肿痛、出血倾向及肺部炎症。鼠疫具有高度传染性,如果不治疗,死亡率为 30%～60%。鼠疫是一种国际检疫传染病,在中国是一种依法管理的传染病。

1347—1353 年,被称为“黑死病”的瘟疫席卷欧洲,造成约 2500 万欧洲人死亡,对欧洲文明的发展产生了重大影响。许多学者将“黑死病”暴发视为影响欧洲社会转型和发展的重要事件。“黑死病”结束后,欧洲文明走上了一条不同的发展道路,原本看似非常艰难的社会转型突然变得顺利。因此,它不仅促进了科学技术的发展,而且打破了种种束缚,对文艺复兴、宗教改革乃至启蒙运动都产生了重要影响,改变了欧洲文明的发展方向。

(2)霍乱弧菌:霍乱弧菌是一种革兰氏阴性细菌,具有短的逗号状体、单一鞭毛、菌毛和部分荚膜。霍乱弧菌是人类霍乱的病原体,是一种古老而普遍的严重传染病。霍乱在世界上引起了许多次流行,主要表现为严重呕吐、腹泻、失水和高死亡率。霍乱是一种国际隔离传染病,人们通过食用或饮用含有霍乱弧菌的物质而感染霍乱。由于霍乱症状需要半天到五天才能出现,因此人们可能会在不知不觉中通过大便传播霍乱弧菌。世界卫生组织称,由于卫生条件的改善,在过去 100 年里,工业化国家的霍乱病例已非常罕见,但在全球范围内,霍乱每年仍会夺走 21 000～143 000 人的生命。在 19 世纪,霍乱从印度开始传播,导致六次全球大流行,各大洲有数百万人死亡。根据《传染病杂志》2018 年的一份报告,海地在 2010 年的毁灭性地震后暴发霍乱,导致 81 万多人患病,近 9000 人死亡。

(3)伤寒沙门氏菌:沙门氏菌是一种常见的食源性致病菌。1885 年,一位名叫萨蒙的男子在一例猪霍乱病例体内发现了这种细菌。当食物被感染者或沙门氏菌携带者的粪便污染时,就会引起食物中毒。据统计,在世界各类细菌性食物中毒中,沙门氏菌引起的食物中毒往往排在首位。全球每年有 1 亿多人感染沙门氏菌,其中大多数人在短期内自行康复,但每仍有约 155 000 人因感染沙门氏菌而死亡。沙门氏菌会引起轻度呕吐、腹泻、胃肠炎、严重败血症和伤寒。在中国,70%～80%的细菌性食物中毒是由沙门氏菌引起的,抵抗力低的老年人、婴儿和年轻人尤其容易感染沙门氏菌。

沙门氏菌寄生在人和动物的肠道内,通过肠黏膜上皮细胞进入毛细血管和淋巴管,受血液和淋巴循环的驱使感染全身。肠黏膜上皮细胞是人体的第一道免疫屏障,沙门氏菌可能会从这里排出体外。因此,我们应调节肠道菌群,平衡的肠道微生态将保护肠黏膜免受损伤。在我国,沙门氏菌引起的食物中毒超 90%是由畜产品引起。但在许多西方国家,由于饮食习惯等原因,植物性食品引起的沙门氏菌感染与畜产品一样严重,所以也不要放松对植物的防范。受沙门氏菌污染的食品通常没有明显的感官变化,但已不可食用。预防和减少沙门氏菌感染引起食物中毒的有效手段是用高温(100 ℃以上)杀死沙门氏菌。

(4)结核分枝杆菌:肺结核是一种古老的传染病,其致病的“罪魁祸首”是结核分枝杆菌。人体的大多数组织和器官都可能受到结核分枝杆菌的侵犯,其中肺部最常见。结核分枝杆菌主要是通过感染者咳嗽、打喷嚏或吐痰时飞沫传播给他人。

结核分枝杆菌对乙醇敏感,在 70%的乙醇中 2 min 内被杀死;对热和湿度敏感,在液体中 62～63 ℃加热 15 min 或煮沸几分钟即被杀死;对紫外线敏感,阳光直射时可被杀死。然而,结核分枝杆菌可在干燥的痰中存活 6～8 个月,在 0 ℃以下存活 4～5 年,黏附在空气粉尘上的结核分枝杆菌可在 8～10 天内保持传染性。这也意味着,结核分枝杆菌可通过空气进行大范围传播,人们暴露在有结核分枝杆菌的空气中就有感染结核分枝杆菌的可能性。

感染结核分枝杆菌后,是否发病取决于人体免疫力的强弱。养成良好的作息习惯、均衡饮食、作息结合、保证充足的睡眠、保持愉快的心情和增强免疫力是预防肺结核的关键因素。此外,注意室内卫生,经常开窗通风,降低空气中结核分枝杆菌的浓度,也是预防结核病的重要方法。

(5)炭疽杆菌:炭疽杆菌属需氧杆菌属,可引起羊、牛、马等动物和人类患炭疽病。炭疽杆菌的自然宿主包括食草野生动物(大象、鹿、羚羊等)和家畜(牛、羊、马、驴、骆驼等)。炭疽孢子以气溶胶的形式扩散,可以同时污染大面积的空气、水和食物。根据感染途径的不同,炭疽可分为皮肤型、肠道型和肺型,皮肤型炭疽通过皮肤损伤感染,肠道型炭疽通过肠黏膜损伤感染,肺型炭疽是由吸入炭疽孢子引起的。炭疽病的潜伏期通常为 12 h 至 12 天,平均为 2~5 天。这三种类型的炭疽病都可能致命,但如果及早治疗,80% 的皮肤炭疽可以恢复正常。

(6)麻风分枝杆菌:1873 年,挪威医学家汉森在麻风患者的皮肤组织中发现了麻风病的病原体——麻风分枝杆菌。麻风分枝杆菌在形态和染色上与结核分枝杆菌相似。麻风病也被称为"汉森病",即以发现这种细菌的挪威医学家的名字命名。麻风病会影响皮肤、周围神经、上呼吸道和眼睛。据世卫组织称,如果不进行治疗,麻风病可能会导致肌肉无力、畸形和永久性神经损伤。

麻风病需通过隔离来防止疾病的传播。当感染者咳嗽或打喷嚏时,病菌会通过飞沫传播,但麻风病的传染性不高。直接接触麻风患者通常不会导致感染,因为健康人的免疫系统通常能够抵御该病细菌的感染。然而,儿童患麻风病的风险高于成人。1954 年,世界卫生组织将 1 月的最后一个星期日定为"世界麻风病日"。每年的这一天,许多国家都举行各种形式的活动,动员社会力量帮助麻风病患者克服生活和工作中的困难。

8.2.3　身边的有害真菌

在生活中,有许多真菌是有害的,下面列举几种常见的有害真菌:

(1)黄曲霉:黄曲霉是一种常见的腐生真菌,多见于霉变谷物、谷物制品等有机物。黄曲霉的菌落生长快,结构疏松,表面呈灰绿色,背面为无色或微棕色。黄曲霉毒素主要是黄曲霉和寄生曲霉菌的代谢物,黄曲霉毒素污染的发生和程度随地理和季节因素以及作物生长、收获、贮藏条件的变化而变化,粮油作物在收获后、贮藏期和加工后,都可能会受到产毒菌株的污染。有时,早在收获前,作物就被产毒菌株污染了。

1960 年,英格兰南部和东部有数十万只火鸡被发霉的花生粉毒死。尸检显示这些火鸡的肝脏出血坏死,肾脏肿大。病理检查显示肝实质细胞变性,胆管上皮细胞增生。研究发现,火鸡饲料中的花生粉含有一种荧光物质,正是这种物质导致火鸡死亡。最后,人们确认该物质是黄曲霉的代谢物,因此被称为"黄曲霉毒素"。2004 年,肯尼亚有 125 人在食用了被黄曲霉毒素污染的玉米后死亡。2020 年 10 月 5 日,在黑龙江省冀东县的一次家庭聚餐中,9 人因食用被黄曲霉毒素污染的酸汤而中毒身亡。

1993 年,世界卫生组织癌症研究机构将黄曲霉毒素列为一级致癌物。在黄曲霉毒素衍生物中,黄曲霉毒素 B_1 的毒性和致癌性最强,在食品中污染最广泛,对食品安全的影响最大。长期接触低剂量黄曲霉毒素会导致癌症,主要是肝癌。黄曲霉毒素进入人体后,细胞色素 P450 催化其产生相应的活性衍生物,在这些衍生物中,有些被酶降解和解毒,有些与细胞蛋白质和脂质结合,导致细胞死亡,表现为急性毒性,其急性毒性是氰化钾的 10 倍,是砷的 68 倍。

如何预防黄曲霉中毒呢?主要可做到以下几点:①丢弃发霉的谷物。由于黄曲霉毒素在整批食品中的污染分布不均匀,因此烹调前要选出并丢掉霉变、多毛的花生、豆类,不要用水洗掉或取出发霉的部分,因为黄曲霉毒素只需要极微量就会引起中毒,肉眼看不见也不一定代表没有毒素。②吐出苦果。尽量不要用嘴嚼苦涩的坚果,食用前要去皮,尽量减少黄曲霉的污染。③保持筷子和砧板干燥。尽量在排水处清洗筷子和砧板。尽可能保持筷子盒干燥,并保持筷子倒置。定期清洁筷子盒,砧板尽可能生熟分开,使用后及时清洗,不留食物残渣。④尽量不要囤积食物。避免黄曲霉毒素中毒的最有效方法是切断来源,防止食物发霉。如果食品包装不干净或损坏,不要购买。坚果尽量买小包装的,购买后最好存放在低温、通风、干燥的地方(温度最好低于 20 ℃,相对湿度低于 80%),避免阳光直射。

(2)引起脚气的真菌:脚气是由脚部致病性真菌感染引起的,这类真菌是最常见的浅表真菌病原体之一。脚气的主要病原菌是红色毛癣菌。另外,絮状表皮癣菌、石膏样毛癣菌和玫瑰癣菌等也可能会引起脚气。人的脚底和脚趾之间没有皮脂腺,缺乏抑制丝状真菌的脂肪酸,生理防御功能差。但是,这些部位的皮肤汗腺非常丰富,出汗较多,再加上空气循环不良,局部潮湿温暖,有利于丝状真菌的生长。此外,足底皮肤角质层较厚,角质层中的角蛋白是真菌的丰富养料,有利于真菌的生长。脚气的临床表现为脚趾间出现水疱、脱皮、糜烂,或皮肤增厚、粗糙、开裂,并可蔓延至足部和边缘,还伴有局部化脓、红肿、疼痛、腹股沟淋巴结肿大,甚至形成腿部丹毒和蜂窝织炎等继发感染。

虽然脚气不是一种致命的疾病,但它可能非常令人不安。那该怎么预防脚气呢?第一,注意清洁,保持皮肤干燥,保持双脚清洁,勤换鞋袜。洗脚盆和脚巾应分开使用,以避免感染。第二,平时应多穿运动鞋、旅游鞋等透气鞋,以免出汗过多滋生细菌。趾缝有伤时,可以用干净的纱布或棉球夹在中间,或者选择分开的脚趾袜,以保持伤口清洁。第三,不要吃容易引起出汗的食物,如辣椒、大葱、生蒜等。

8.3 揭开新冠病毒的真面目

在 8.2 节,我们简单地介绍了冠状病毒。在本节中,我们将重点介绍席卷全球的新型冠状病毒(2019-nCoV)。

8.3.1 回溯新型冠状病毒(2019-nCoV)疫情

2019 年 12 月,湖北部分医院发现了一些不明原因的肺炎病例,这些病例被证实为新型冠状病毒感染引起的急性呼吸道感染。2020 年 2 月 11 日,新型冠状世界卫生组织在瑞士日内瓦宣布,新冠冠状病毒肺炎被命名为"COVID-19"。2020 年 3 月 11 日,新型冠状病毒肺炎在全球范围内暴发。人类与新型冠状病毒的斗争将是世界历史发展的分水岭,将对国际政治经济格局产生广泛而深远的影响。

新型冠状病毒感染主要有以下症状:

(1)新型冠状病毒感染后人体早期的症状和一般病毒感染引起的感冒症状有相似之处,主要表现为疲倦、乏力、肌肉酸痛,也有少数病人会表现为胃肠道的反应,比如腹痛和腹泻。

(2)随着病情的发展,病人会出现发烧的症状。另外还会出现呼吸道相关症状,包括咳嗽、喉咙疼痛等。

(3)随着症状的加重,病人会出现呼吸困难、胸闷、气短,甚至会出现呼吸窘迫等严重症状。经影像学的检查发现感染者的肺部有磨玻璃一样的肺间质改变。

8.3.2 爱变异的新冠病毒

阿尔法病毒远不是唯一的新型冠状病毒变异株。根据发表在《病毒学报》上的一项新研究,新型冠状病毒大流行从 2019 年底开始演变为 800 多种不同的亚型或分支。此前,世界卫生组织于 2021 年 5 月 31 日宣布,在英国、印度和其他国家首次发现的新型冠状病毒变异的名称被改为希腊字母,包括 α、β、γ 和 δ,它们属于变异的关注株,表明它们已在世界范围内引起了大量病例和广泛的病例。

世界卫生组织总干事谭德塞于 2021 年 7 月 12 日发出警告,称已扩散至 104 个国家的新冠变异病毒德尔塔最初在印度被发现,但现在至少已在 85 个国家被发现,是迄今为止传播速度最快、适应性最强的新冠病毒毒株,将很快成为全球最主要的流行毒株,全球新冠疫情再度面临严峻态势。世界卫生组织、各国研究机构、疫苗生产企业等都在密切关注新冠病毒变异情况,也在开展相关研究,这将为后续疫苗的研发及应用提供预警和科学分析依据。

8.4　艾滋病离我们并不远

8.4.1　认识艾滋病

人类免疫缺陷病毒(HIV)是一种 RNA 病毒,进入人体后会攻击人体免疫细胞(CD4$^+$ T 淋巴细胞)。HIV 属于逆转录病毒,其遗传物质是 RNA,遗传物质包裹在蛋白质衣壳中。

艾滋病全称是"获得性免疫缺陷综合征"。由于人体免疫缺陷病毒感染,免疫细胞死亡,且数值低于一定值,人体失去免疫力而患艾滋病。艾滋病会使人体易患各种疾病,并可发生恶性肿瘤,死亡率较高。HIV 在人体内的平均潜伏期为 8～9 年。在潜伏期内,人们可以在没有任何症状的情况下生活和工作多年。

自从 1981 年美国首次发现艾滋病以来,艾滋病在全世界范围内迅速蔓延,几乎没有一个国家可以幸免。截至 1999 年,全球累计艾滋病病毒感染者和艾滋病患者总计 4990 多万。其中,成年人有 4510 万,成年人中女性有 2100 万,15 岁以下的儿童有 480 万。到 2000 年年底,全球艾滋病病毒感染者和患者已超过 5790 万人,其中已死亡的艾滋病患者达 2080 人。据推测,非洲是艾滋病的发源地,艾滋病不仅严重影响了非洲的经济发展,也严重影响了非洲人口和人口寿命的增长。有资料介绍,非洲撒哈拉以南地区有艾滋病孤儿 1100 万,其中南非就有 500 万。艾滋病使南非人口从先前预计的 6100 万降至 4900 万,人均寿命降至 33 岁。到 2018 年年底,全世界约 3790 万人感染了 HIV,其中有 2570 万人生活在非洲。根据世界卫生组织的数据,2018 年全球约有 77 万人死于艾滋病,其中 4.9 万人在美洲。

在中国,我们也要十分警惕艾滋病在大中专学生中的传播。在近几年的病例报告中,15～24 岁之间的青年学生每年约有 3000 例发病。

8.4.2　艾滋病的传播途径

艾滋病的传播方式主要有三种:第一种传播方式是性传播,占全球艾滋病传播方式总数的 70%。在未采取保护措施的情况下,艾滋病毒可通过性交在男女之间传播,性伴侣越多,感染的风险越大。第二种传播方式是血液传播。共用注射器,输入受 HIV 污染的血液和血液制品,移植受 HIV 污染的组织、器官等都会导致 HIV 感染。第三种传播方式是母婴传播。感染 HIV 的女性在怀孕、分娩时,可通过血液、阴道分泌物感染胎儿,母乳喂养也可使婴儿通过母乳感染。在没有母婴药物阻断等医疗干预的情况下,受感染母亲将病毒传播给胎儿的概率为 25%～35%。但是,握手,共用浴缸、游泳池、饮水器具和厕所不会传染 HIV。

HIV 进入人体后,首先与 $CD4^+$ T 细胞的蛋白质相结合,从而入侵淋巴系统。艾滋病病毒在淋巴细胞中逆转录生成 DNA,该逆转录病毒的基因(DNA)会与人的 DNA 整合在一起,进行自我复制。艾滋病病毒也会感染巨噬细胞。一旦感染了艾滋病病毒,它将抑制并破坏 $CD4^+$ T 细胞和巨噬细胞所特有的免疫功能。由于免疫功能降低,机体很容易被其他病毒感染。HIV 的最大威胁是病毒本身的构造不稳定,极易发生突变。也就是说,HIV 生成的蛋白质的结构会不断地变化,这给疫苗研制工作带来了极大的困难。

8.4.3 艾滋病的预防与阻断

自从 1985 年中国发现第一例艾滋病以来,病例数量一直在增加。根据中国疾控中心、联合国艾滋病规划署和世界卫生组织的评估,截至 2019 年,中国报告了 85 万例感染病例和 26.2 万例死亡病例。截至 2016 年年底,中国总人口中 HIV 感染率为 0.06%。值得注意的是,2016 年,中国 94.7% 的新发现感染者和患者为性传播,其中异性传播占 67.1%,同性传播占 27.6%。在中国,新感染该病毒的男性是女性的 3.7 倍。

艾滋病预防的困难在于它无法治愈和控制。目前,世界上还没有开发出可完全治愈艾滋病的药物,也没有预防性疫苗,在目前的医疗水平下,患者或感染者必须终生服药。因此,预防艾滋病的宣传教育尤为重要,预防是最好的"疫苗",尤其是要避免高危性行为。

高危性行为是指容易引起 HIV 感染的行为,包括:①通过性渠道进行的高危性行为,包括无保护性交、多个性伴侣等。②通过血液渠道的高危性行为,包括静脉注射毒品,共用注射器或其他可以刺穿皮肤的器具,使用未经测试的血液或血液制品。③通过母婴途径的高危性行为,包括感染者怀孕分娩、哺乳等。

预防艾滋病的方法有:

(1)坚持廉洁自重,避免高危性行为。

(2)不要吸毒或与他人共用注射器。

(3)不擅自输血或使用血液制品。

(4)不借用或分享个人物品,如牙刷、剃须刀等。

(5)在性生活中使用避孕套是预防性病和艾滋病的最有效措施之一。

(6)避免直接接触艾滋病患者的血液、精液等,切断传播途径。

HIV 阻断剂是用于高危性行为后阻断 HIV 传播的药物,其作用是切断 HIV 的复制过程,防止病毒从受感染的细胞中传播给更多的细胞。以性传播为例:病毒首先侵入黏膜部位,穿过黏膜屏障,进入人体组织、细胞和淋巴,在淋巴细胞中繁殖,最后进入血液。阻断的原理是在病毒到达血液之前杀死病毒,以达到阻断的目的。阻断药物的成功率非常高。据统计,中国每年有 700~1000 名医生和警察服用阻断药,因为他们会在工作中意外接触到艾滋病患者或感染者的血液。但是，在接触后应尽早服用阻滞剂，从而确保在病毒进入血液之前起作用，这是药物和病毒之间的竞争。最佳阻断时间为 2 h，成功率达 99% 以上。之后，成功率会逐渐降低，但 72 h 内仍有很高的成功率。

8.5　微生物与人体健康

8.5.1　离不开的有益菌——肠道菌群

1. 肠道菌群概述

肠道菌群是人类肠道内微生物群的总称，是近年来微生物学、医学和遗传学领域最具吸引力的研究热点之一。近年来的研究逐渐揭示了肠道菌群的组成、数量、如何进入人体、如何帮助消化、如何影响肠道发育，以及肠道菌群失衡如何影响整体健康等方面的问题。然而，肠道菌群如此庞大，与人体的相互作用如此复杂，仍然存在许多尚未解决的问题。

细胞是人体的基本组成单位。成人体内的细胞数量为 40 万亿~60 万亿。肠道菌群中有多少细菌？大约有 100 万亿个。虽然单个细菌的结构简单，其基因组比人类少得多，但它有更多的多样性。肠道菌群中包含 500~1000 种不同的细菌，其基因数量是人类的 100 多倍。最后，肠道菌群与人类健康密切相关，可以影响我们生活的方方面面。

2. 肠道菌群的分类

肠道菌群组成复杂，细菌种类繁多，大致可分为以下三类：

第一类是共生菌群，主要包括类杆菌、梭菌、双歧杆菌和乳酸杆菌，双歧杆菌、乳酸杆菌都属于益生菌。许多益生元或益生菌用于补充或刺激双歧杆菌的生长。益生菌占肠道菌群的 99% 以上，能形成良好的伙伴关系，帮助人体消化各种食物，保护我们的肠道。

第二类是条件致病菌，主要是肠球菌、肠杆菌等。虽然这类细菌数量不多，但它们是肠道中的一个不稳定因素。当肠道健康时，共生菌群没有危害；但当共生菌群被破坏时，这类细菌会导致多种肠道疾病。

第三类是致病菌，如沙门氏菌和致病性大肠杆菌。这类细菌是健康破坏者，它们不属于肠道菌群，但一旦被摄入，可能会引起腹泻和食物中毒等问题。

3. 肠道菌群的作用

肠道菌群，或者说共生微生物群不会在肠道内无所作为，它们对人体十分重要，主要表现在以下方面：

第一，帮助进食。人是所有生物中最复杂的，会吃肉、蔬菜、谷物等。但吃是一回事，消化是另一回事。人体的主要消化器官是肠道，但面对如此多的食物，即使肠道有三头六臂，也无法处理如此繁重的工作。所以在人类进化的过程中，肠道雇佣了"帮手"——

共生菌群,肠道为它们提供了一个自然的厌氧环境。共生菌群尤其擅长分解复杂的纤维和多糖,并将它们获得的葡萄糖、维生素、脂肪和微量营养素以"租金"的形式供给肠道。

第二,保护健康。一方面,大量细菌黏附在肠壁上,为肠道提供了一个天然的保护层,使其免受有害物质的侵蚀。另一方面,共生细菌与肠道免疫系统相互作用,刺激其发育,加强肠道对抗致病微生物的能力。此外,共生菌群还有助于消灭病原菌。由于共生菌群和致病菌都生活在肠道内,致病菌的入侵直接占据了共生菌群的"领地"。面对这种情况,占优势的共生菌群自然会在第一时间内通过"菌数"优势抑制致病菌,从而保护"自己的家园"和人体健康。

第三,调节生理。肠道菌群为了改善它们的"栖息地",也就是人体的肠道,会分解短链脂肪酸来滋养肠壁细胞,促进肠壁细胞的生长和替换,并刺激肠壁分泌更多的消化酶。另外,肠道菌群还能调节肠壁的生长,使受损的肠膜更快愈合。此外,肠道菌群会产生类胡萝卜素,可降低发生动脉硬化和脑卒中的风险。它们还可以通过与淋巴系统"协商"来减少对食物的过敏反应。此外,新的研究表明,肠道菌群会根据人体对食物的喜爱程度来调节人的身体和精神状态。

4. 保护肠道菌群

肠道菌群不仅仅是一个细菌群落,许多科学家认为它们甚至可能是人体中需要护理的一个"器官"。美国华盛顿大学的杰弗里·戈多(Jeffery Gordon)教授指出,肥胖、糖尿病和其他高发病率与肠道菌群失调密切相关。保护肠道菌群应做到以下几点:

第一,平衡饮食。多吃蔬菜、谷物等富含纤维的食物不仅能"喂养"肠道菌群,还能为身体提供多种维生素和微量元素;长期食用高热量、高脂肪食物不仅不利于肠道菌群的生长,还增加了罹患"三高"疾病的风险。

第二,有规律地工作、休息和饮食。肠道菌群在与人体的长期"磨合"中也形成了自己固定的"生物钟"和"饮食习惯"。许多年轻人生活不规律,经常熬夜,长期下来,肠道菌群必然紊乱,引起多种疾病。

第三,适量食用补品。食用富含益生菌的发酵食品,如酸奶和豆制品,相当于食用益生菌,可在一定程度上加强肠道共生菌群。

第四,不要滥用抗生素。长期使用和滥用抗生素,尤其是广谱抗生素,会大量杀死共生菌和病原菌,对肠道菌群构成严重影响,破坏肠道菌群平衡。

8.5.2 撑起健康保护伞——疫苗

疫苗是指病原微生物(如细菌、立克次体、病毒等)及其代谢产物,通过人工减毒、灭活或利用转基因方法制成的用于预防传染病的自动免疫制剂。疫苗保留了刺激动物免疫系统的病原体的特性,当动物身体接触这种非伤害性病原体时,免疫系统会产生某些保护性物质,如免疫激素、活性生理物质、特殊抗体等。当动物再次接触这种病原体时,它的免疫系统遵循其原始记忆,制造更多的保护性物质,以防止病原体伤害自身。

疫苗通常分为两类:预防性疫苗和治疗性疫苗。预防性疫苗主要用于预防疾病,接种者主要为健康人或新生儿。治疗性疫苗主要用于治疗疾病,接种者主要为患者。根据传统和习惯,疫苗又可分为减毒活疫苗、杀灭活疫苗、抗毒素、亚单位疫苗(含多肽疫苗)、载体疫苗、核酸疫苗等。

疫苗的发现是人类医疗史上的一座里程碑。因为从某种意义上说,人类发展的历史就是人类与疾病和自然灾害不断做斗争的历史。控制传染病的主要手段是预防,接种疫苗被认为是最有效的预防措施。事实证明也是如此:在牛痘疫苗出现后,威胁人类数百年的天花病毒被彻底消灭,迎来了人类用疫苗抗击病毒的第一次胜利,也更加确定了疫苗对控制和消除传染病的作用。

8.5.3 谨慎使用抗生素

抗生素是指微生物(包括细菌、真菌、放线菌)或高等动植物在生命过程中产生的,具有抗病原体或其他活性的一类次生代谢产物,能干扰其他活细胞发育。临床上常见的抗生素包括微生物培养物和化学合成或半合成化合物的提取物。抗生素和其他抗菌剂的作用机制主要是杀死"细菌有但人(或其他动植物)没有"的机制,该机制主要有四种,分别为抑制细菌细胞壁的合成、增强细菌细胞膜的通透性、干扰细菌蛋白质的合成以及抑制细菌核酸的复制和转录。

根据调查,我国住院患者抗生素的使用率高达80%,其中广谱抗生素和两种以上抗生素联合使用占58%(国际上这一数字仅为30%)。长期使用或不合理使用抗生素会导致许多不良反应。抗生素耐药性的上升是一场全球健康危机,其风险水平在全世界范围内正日益增加。2015年11月16~22日是第一个"世界抗生素宣传周"。

抗生素的发现和应用是人类医疗史上的一场伟大革命。然而,随着抗生素在临床实践中的广泛使用,人体耐药性很快出现,这不仅造成了抗生素的使用危机,而且随着"超耐药细菌"的出现,再次对人类健康造成了严重威胁。医学研究人员表示,全球每年约有50%的抗生素被滥用。正是因为滥用药物,使细菌迅速进化出对抗抗生素的能力,各种"超级细菌"不断出现。

细菌对抗生素的耐药性主要有五种机制:①抗生素被分解或失活,即细菌产生一种或多种水解酶或失活酶,将抗生素水解或修饰,使其失去生物活性。②抗生素的靶标发生改变,即由于细菌的突变或细菌产生的某些酶的修饰,导致抗生素靶标(如核酸或核蛋白)的结构发生改变,使抗生素不能发挥作用。③细胞特性发生变化,即细胞膜的通透性发生变化或阻止抗生素进入细胞的其他特性发生变化。④细菌药物泵将进入细胞的抗生素泵出细胞,即细菌产生主动转运模式,将进入细胞的药物泵出细胞。⑤代谢途径发生改变,如磺酰胺类药物与对氨基苯酸(PABA)竞争二氢叶酸合酶的活性中心,产生抑菌作用。例如,金黄色葡萄球菌在多次接触磺胺类药物后,PABA 产量增加到原敏感细菌的 20～100 倍,PABA 会与磺胺类药物竞争二氢甲酸合成酶,减弱磺胺类药物的作用。

过度使用抗生素导致的 DNA 污染是产生"超级细菌"的另一个主要原因。细菌中耐药基因的种类和数量不断增长,以至于人们无法解释生物体中的随机突变。细菌不仅可以在同一物种内交换基因,还可以在不同物种之间交换基因,甚至可以从死亡物种分散的 DNA 中提取基因。最终,耐药基因在细菌中迅速传播,进一步导致"超级细菌"的产生。

抗生素也可以在杀死病原菌的同时对人体造成损害。药物进入胃后,经肠道吸收进入血液,进入人体的每个细胞,只有到达局部区域的药物才能对病原体产生杀菌效果,其他药物则没有杀菌效果,而是以代谢物的形式通过肝、肾排出体外,并对肝、肾等器官产生一定的损害,如氯霉素、链霉素、四环素、红霉素等药物必须在肝脏内代谢。此外,许多抗生素如青霉素、链霉素等可引起过敏反应,如过敏性休克。另外,抗生素的滥用也可能导致菌群失衡,延误疾病的治疗。由于抗生素的影响,正常菌群中各种细菌的种类和数量会发生变化。

8.6　本章小结

微生物与人类的起源存在密切的关联,微生物可分为有益微生物和有害微生物。本章从地球上最古老的原住民——微生物入手,介绍了微生物的概念、分类、特点。人体所患的很多疾病都与微生物入侵人体密切相关。本章着重介绍了新冠病毒、艾滋病病毒的相关内容,帮助人们了解这些病毒,预防病毒感染,保护自身健康。本章的最后介绍了人体离不开的许许多多的有益菌,如肠道菌群。益生菌在维系人体生命活动正常运行中发挥着重要作用。滥用抗生素会导致细菌产生抗药性,并对人体产生伤害,因此要谨慎使用抗生素。

参考文献

[1]段爱旭,赵富玺,刘润花,等.大学生艾滋病知识、态度、高危行为调查及健康干预需求评估[J].现代预防医学,2011,38(6):1050-1054.

[2]段云峰,金锋.肠道微生物与皮肤疾病——肠-脑-皮轴研究进展[J].科学通报,2017,62(5):360-371

[3]郭晗,张捷,杨硕,等.肠道微生物与人类疾病关系的研究进展[J].检验医学,2017,32(12):1165-1172.

[4]靳会丽,高雪梅,张文睿,等.人体微生物与人类健康及生理机制[J].生理科学进展,2019,50(5):353-357.

[5]罗佳,金锋.肠道菌群影响宿主行为的研究进展[J].科学通报,2014,59(22):2169-2190.

[6]王冉,包红霞.肠道菌群代谢产物与宿主疾病[J].中国现代应用药学,2020,37(23):2936-2944.

[7]吴泽昂,王晓丽,王海霞.论共生系统:肠道菌群和人类健康[J].河南大学学报(自然科学版),2019,49(1):36-47.

[8]于岚,邢志凯,米双利,等.中药对肠道菌群的调节作用[J].中国中药杂志,2019,44(1):34-39.

[9]赵烨,马颖,陈任,等.我国艾滋病防治政策分析[J].中国卫生事业管理,2015,32(2):114-117,159.

[10]仲召鹏,胡小松,郑浩,等.膳食脂肪、肠道微生物与宿主健康的研究进展[J].生物工程学报,2021,37(11):3836-3852.

[11]周丽,徐派的,张红星.肠道菌群与常见功能性胃肠病相关性的研究进展[J].华中科技大学学报(医学版),2020,49(6):756-760.

[12]周欣,付志飞,谢燕,等.中药多糖对肠道菌群作用的研究进展[J].中成药,2019,41(3):623-627.

[13]周燕燕,彭青,刘冉,等.152例艾滋病合并结核病患者服药依从性及其影响因素分析[J].实用预防医学,2019,26(4):389-392,467.

第九章　碧水蓝天，千秋大业

9.1　碧水蓝天保卫战

气候正在变化,环境正在恶化,其影响已危及人类生存。幸好,环境保护已经成为全世界人类的共识。在改善全球生态环境方面,中国一直起着不可或缺的作用。下面用一组数字来展示中国对环保做过的贡献:

(1)防沙治沙:从"沙进人退"到"绿进沙退",中国用半个多世纪的时间,率先在全国范围内实现了土地退化"零增长"。"十三五"期间,全国累计完成防沙治沙面积1097.8万公顷。其中,位于陕西省和内蒙古自治区交界处的我国的四大沙化地之一的毛乌素沙地得到了有效的治理,而黄河年输沙量也因此减少了整整 4×10^8 t。沙漠变绿洲,这是中国人用信念、勤劳和智慧完成的壮举。

(2)湿地保护:湿地、森林和海洋并称为"全球三大生态系统"。由于湿地具有水生环境和陆生环境的双重特性,使其成为全球价值最高的生态系统。湿地的增长与消亡,都会对全球气候变化产生重要的影响。早在2004年,中国就已经成为了全球湿地保护的典范。"十三五"期间,全国新增湿地面积20.26万公顷。

(3)新能源利用:中国已经成为新能源利用的第一大国。近20年来,中国累积节能量占世界的58%,可再生能源装机容量占世界的24%。2020年,中国可再生能源发电量达 2.2×10^{12} kW・h。

(4)白色污染:中国塑料品回收率约为30%,高于不少发达国家。自2008年开始,我国主要商品零售场所塑料袋使用量年均减少 2×10^5 t。

(5)植树造林:自全民义务植树开展以来,我国森林覆盖率已经由20世纪80年代初的12%提高到2021年的23.04%,森林蓄积量提高到 1.756×10^{10} m³,人工林面积居全球第一。

(6)自然保护区:中国是世界上野生动物种类最为丰富的国家之一。截至2019年,我国已经建立了2750个自然保护区,面积约占陆域国土面积的15%。

(7)退耕还林:近20年来,中国共退耕还林还草 3.4×10^5 km²,成林面积占全球同期增绿面积的 4% 以上，对于扭转全球森林资源现状、改善全球气候变化起到了积极的作用。

（8）碳排放：自"十一五"规划提出节能减排目标以来，从 2009—2019 年，中国碳排放量削减了 35%。为应对全球气候变化，中国在"十四五"规划中提出了碳达峰和碳中和的目标承诺。

（9）野生动物保护：自 1992 年签署《生物多样性公约》以来，中国是少数几个编制实施地方生物多样性保护行动计划的国家之一。在建设自然保护区的同时，中国已为 300 多种珍稀濒危野生动物建立了稳定的人工繁育种群。

上面这些数字的背后是所有中国人共同的努力。在国家的大力倡导下，我们积极探索以生态优先、绿色发展为导向的高质量发展新路径，用实际行动描绘出生态文明的美好图景。

我国传统文化的基础就是人与自然存在内在联系的世界观，我们渴求的也是人与自然和谐共处。在过去很长一段时间，工业化进程创造了前所未有的物质财富，却也产生了难以弥补的生态创伤。如何让人类在这个美丽星球上诗意地栖居？如何推进顺应自然、保护生态的绿色发展？中国给出了答案。

党的十八大以来，以习近平同志为核心的党中央深刻回答了为什么建设生态文明、建设什么样的生态文明、怎样建设生态文明的重大理论和实践问题，形成了习近平生态文明思想，为新时代推进生态文明建设提供了重要遵循。今天，中国生态环境保护发生了历史性、转折性、全局性变化，生态文明理念日益深入人心，中国人民共同致力于建设生态文明、建设美丽中国。

为深入践行习近平生态文明思想，落实全国生态环境保护大会精神，2020 年 11 月，生态环境部命名并表彰了第四批 87 个国家生态文明建设示范区和 35 个"绿水青山就是金山银山"实践创新基地。2020 年，峡山生态经济开发区被生态环境部命名为"绿水青山就是金山银山"实践创新基地。峡山水库作为潍坊市的主要水源地和"蓝黄"两区的战略水源地，既有发展绿色有机产品得天独厚的优势，又有不可动摇的生态红线。2018 年 6 月，山东省政府将峡山水库升级为胶东地区调蓄战略水源地，开始承担起向潍坊、青岛、烟台、威海等地的 400 万人供水的任务。

建区以来，峡山有关部门始终坚持"生态立区、产业引领、创新驱动、民生优先"的发展理念，大力保护生态环境，发展生态经济，改善民本民生，趟出了一条独具峡山特色的绿色发展之路。通过放大环境优势，筑牢生态之基，峡山水库水质常年保持在地表水Ⅲ类标准以上，空气质量连续多年稳居潍坊市前列，负氧离子浓度达到 3000 个/cm^3，是世界卫生组织"空气清新"标准的两倍以上。峡山努力做好转化文章，加快动能转换，秉持绿色基因，坚定不移走绿色生态发展之路，初步建立起以金融、科技为支撑，以有机农业、文化旅游教育、生命健康与养老、绿色工业为主导的"4+2"现代产业体系，把生态优势转化为品牌优势、经济优势；强化引擎驱动，助力绿色发展，以金融、科技为引擎，以加快新旧动能转换为抓手，持续释放发展动力和活力。峡山先后荣获国家可持续发展实验区、国家有机产品认证示范区、国家出口食品农产品质量安全示范区、国家生态原产地产品保护示范区、国家水利风景区、国家湿地公园等"国字号"招牌。

2020年,龙胜各族自治县被生态环境部命名为"绿水青山就是金山银山"实践创新基地。龙胜是中南地区最早成立的民族自治县,是国家级重点生态功能区,其森林覆盖率达80.48%。龙胜有花坪国家级自然保护区、温泉国家森林公园、建新自治区级自然保护区,还有"南方呼伦贝尔草原"之称的南山天然牧场,境内"龙脊梯田"还被联合国粮农组织评为"全球重要农业文化遗产地"。龙胜的红色文化底蕴深厚,保留有红军岩、红军楼、审敌堂等红色文化遗址。龙胜先后获得了"全国休闲农业与乡村旅游示范县""广西壮族自治区生态县""广西特色旅游名县"等称号,作为"桂林名片",频繁亮相中央电视台等重要媒体平台。

依靠得天独厚的自然优势和多民族文化底蕴,龙胜各族自治县在坚定保护好绿水青山的同时,积极把生态优势转化为经济优势,把生态资本转化为发展资本,确立了"生态立县、绿色崛起"的发展理念和"生态·旅游·扶贫"的发展思路。龙胜以有机特色农业为重点,建设了具有特色的"有机产业大园区",走出了"两茶一果+特色养殖"和"一品两带三区"的特色农业发展思路;积极推广"公司+合作社+能人+农户"发展模式,有力促进了农业增产、农民增收;确定了"全县大景区,全域大旅游"以及"全域一区一线"的规划思路和"以山养山、以山养人"的发展模式,涌现出了龙脊梯田(农业+旅游综合开发)、民族古寨、富硒纯净水产业、风电产业等一大批"两山"转化典型案例。

这些生动的案例都体现了我国环境保护工作的主旨:人与自然和谐共生。

9.2　创新是大美中国的不竭动力

"碧水蓝天,大美中国"不是等来的,是要撸起袖子加油干,是敢为人先向前闯出来的。

当今社会已进入百年未有之大变局、瞬息万变的时代,促进这一巨变的动力是科技创新带来的日新月异。新兴产业领跑新经济,促进和带动了新科技、新文化的发展;高科技研发的激烈竞争达到白热化程度,而这是决定国家兴旺、富裕、持久发展的关键所在。大力发展实体经济是科技创新、国力增强、拉长产业链的基础、载体和重要保证,必须得到全社会的支持和法律保障

党中央、国务院多次发文,要求整合创新资源,把专利列为考察内容,强调集中人财物力重点攻关。中国科技开发院经过30多年的努力,成功探索了"科技成果转化"模式——以"创客空间+预孵化器+孵化器+加速器+产业园"全链条科技创业孵化为载体,营造科技成果转化和产业孵化生态,构建了"创业孵化+创业投资+资产经营"三大业务板块,实现创业孵化的公益性和企业发展的效益性双赢。中国科技开发院围绕着科技成果转化、科技企业孵化和科技产业培育三个环节,逐渐形成了相对成熟的发展模式,并推广

至全国27个城市，建立起以粤港澳、长三角、环渤海、华中为重点的全国性科技孵化网络体系。

据介绍，中国科技开发院建立了完整的"选苗、育苗、移苗"孵化体系。从入孵的项目质量开始，中国科技开发院就成立了专家团队，依据产业方向进行严格把关；在育苗过程中，中国科技开发院对其进行全面赋能；在企业成长壮大过程中，中国科技开发院利用全国孵化器的资源，帮助企业选择合适的发展着力点。目前，中国科技开发院已探索出"一园一院一基金一平台"的模式，并进行了孵化体系的全国复制。

创新是中国发展的不竭动力，而人才是创新发展的第一资源。中国有着4200多万人组成的工程科技人才队伍，这是中国开创未来最宝贵的财富。要想实现中华民族的伟大复兴，就需要越来越多的人才。我们要完善人才发展机制，支持和鼓励科技人员创新，尤其是给优秀青年人才提供施展的舞台，让科技人才成为振兴发展的中坚力量，实现中华民族的伟大复兴。

9.3 实现共同富裕

实现共同富裕是社会主义的本质要求，是历代中国共产党人孜孜不倦追求的目标。1949年以前，广大劳动人民在极少数剥削者的统治下，过着穷困潦倒的生活。1949年以后，社会主义基本制度得以确立，特别是以公有制为基础的社会主义基本经济制度的确立，为实现人民的共同富裕奠定了重要的基础。而在此期间，党的文件和宣传报道中开始出现"共同富裕"这一提法，这意味着中国共产党开始探索如何实现这一崇高目标，追求共同富裕由理想转为了实践。

在党中央的领导下，在"绿水青山就是金山银山"这一宗旨的指引下，我们的天更蓝了，水更清了，山更绿了，植被得到了保护，森林面积不断扩大，国家公园、旅游景区越来越美，自然环境更适合人居。今天的中国人民更加接近美好的明天，一个人人享受自由美好生活的时代正在走向我们。

9.4 碧水蓝天法治保障

保护环境必须要上升到法律层面，要用最严格的法律制度保护生态环境，加快建立有效约束开发行为和促进绿色发展、循环发展、低碳发展的生态文明法律制度，强化生产者保护环境的法律责任，大幅度提高其违法成本。

目前，我国现行的环境保护方面的法律主要有《中华人民共和国环境保护法》《中华人民共和国水污染防治法》《中华人民共和国大气污染防治法》《中华人民共和国环境噪声污染防治法》《中华人民共和国放射性污染防治法》《中华人民共和国环境影响评价法》

《中华人民共和国清洁生产促进法》等。我国现行主要的环境保护法规、规章主要有《建设项目环境保护管理条例》《危险废物经营许可证管理办法》《医疗废物管理条例》《中华人民共和国自然保护区条例》等。

(1)《中华人民共和国环境保护法》(2014年修订)有如下规定：

第三十二条　国家加强对大气、水、土壤等的保护，建立和完善相应的调查、监测、评估和修复制度。

第四十二条　排放污染物的企业事业单位和其他生产经营者，应当采取措施，防治在生产建设或者其他活动中产生的废气、废水、废渣、医疗废物、粉尘、恶臭气体、放射性物质以及噪声、振动、光辐射、电磁辐射等对环境的污染和危害。

排放污染物的企业事业单位，应当建立环境保护责任制度，明确单位负责人和相关人员的责任。

重点排污单位应当按照国家有关规定和监测规范安装使用监测设备，保证监测设备正常运行，保存原始监测记录。

严禁通过暗管、渗井、渗坑、灌注或者篡改、伪造监测数据，或者不正常运行防治污染设施等逃避监管的方式违法排放污染物。

第四十九条　各级人民政府及其农业等有关部门和机构应当指导农业生产经营者科学种植和养殖，科学合理施用农药、化肥等农业投入品，科学处置农用薄膜、农作物秸秆等农业废弃物，防止农业面源污染。

禁止将不符合农用标准和环境保护标准的固体废物、废水施入农田。施用农药、化肥等农业投入品及进行灌溉，应当采取措施，防止重金属和其他有毒有害物质污染环境。

畜禽养殖场、养殖小区、定点屠宰企业等的选址、建设和管理应当符合有关法律法规规定。从事畜禽养殖和屠宰的单位和个人应当采取措施，对畜禽粪便、尸体和污水等废弃物进行科学处置，防止污染环境。

县级人民政府负责组织农村生活废弃物的处置工作。

第五十条　各级人民政府应当在财政预算中安排资金，支持农村饮用水水源地保护、生活污水和其他废弃物处理、畜禽养殖和屠宰污染防治、土壤污染防治和农村工矿污染治理等环境保护工作。

(2)《中华人民共和国水污染防治法》(2017年修正)有如下规定：

第五条　省、市、县、乡建立河长制，分级分段组织领导本行政区域内江河、湖泊的水资源保护、水域岸线管理、水污染防治、水环境治理等工作。

第十九条　新建、改建、扩建直接或者间接向水体排放污染物的建设项目和其他水上设施，应当依法进行环境影响评价。

建设单位在江河、湖泊新建、改建、扩建排污口的，应当取得水行政主管部门或者流域管理机构同意；涉及通航、渔业水域的，环境保护主管部门在审批环境影响评价文件时，应当征求交通、渔业主管部门的意见。

建设项目的水污染防治设施，应当与主体工程同时设计、同时施工、同时投入使用。

水污染防治设施应当符合经批准或者备案的环境影响评价文件的要求。

第二十二条 向水体排放污染物的企业事业单位和其他生产经营者，应当按照法律、行政法规和国务院环境保护主管部门的规定设置排污口；在江河、湖泊设置排污口的，还应当遵守国务院水行政主管部门的规定。

第三十八条 禁止在江河、湖泊、运河、渠道、水库最高水位线以下的滩地和岸坡堆放、存贮固体废弃物和其他污染物。

第八十五条 有下列行为之一的，由县级以上地方人民政府环境保护主管部门责令停止违法行为，限期采取治理措施，消除污染，处以罚款；逾期不采取治理措施的，环境保护主管部门可以指定有治理能力的单位代为治理，所需费用由违法者承担：

（一）向水体排放油类、酸液、碱液的；

（二）向水体排放剧毒废液，或者将含有汞、镉、砷、铬、铅、氰化物、黄磷等的可溶性剧毒废渣向水体排放、倾倒或者直接埋入地下的；

（三）在水体清洗装贮过油类、有毒污染物的车辆或者容器的；

（四）向水体排放、倾倒工业废渣、城镇垃圾或者其他废弃物，或者在江河、湖泊、运河、渠道、水库最高水位线以下的滩地、岸坡堆放、存贮固体废弃物或者其他污染物的；

（五）向水体排放、倾倒放射性固体废物或者含有高放射性、中放射性物质的废水的；

（六）违反国家有关规定或者标准，向水体排放含低放射性物质的废水、热废水或者含病原体的污水的；

（七）未采取防渗漏等措施，或者未建设地下水水质监测井进行监测的；

（八）加油站等的地下油罐未使用双层罐或者采取建造防渗池等其他有效措施，或者未进行防渗漏监测的；

（九）未按照规定采取防护性措施，或者利用无防渗漏措施的沟渠、坑塘等输送或者存贮含有毒污染物的废水、含病原体的污水或者其他废弃物的。

有前款第三项、第四项、第六项、第七项、第八项行为之一的，处二万元以上二十万元以下的罚款。有前款第一项、第二项、第五项、第九项行为之一的，处十万元以上一百万元以下的罚款；情节严重的，报经有批准权的人民政府批准，责令停业、关闭。

（3）《中华人民共和国大气污染防治法》（2018年修正）有如下规定：

第一百零八条 违反本法规定，有下列行为之一的，由县级以上人民政府生态环境主管部门责令改正，处二万元以上二十万元以下的罚款；拒不改正的，责令停产整治：

（一）产生含挥发性有机物废气的生产和服务活动，未在密闭空间或者设备中进行，未按照规定安装、使用污染防治设施，或者未采取减少废气排放措施的；

（二）工业涂装企业未使用低挥发性有机物含量涂料或者未建立、保存台账的；

（三）石油、化工以及其他生产和使用有机溶剂的企业，未采取措施对管道、设备进行日常维护、维修，减少物料泄漏或者对泄漏的物料未及时收集处理的；

（四）储油储气库、加油加气站和油罐车、气罐车等，未按照国家有关规定安装并正常使用油气回收装置的；

（五）钢铁、建材、有色金属、石油、化工、制药、矿产开采等企业，未采取集中收集处理、密闭、围挡、遮盖、清扫、洒水等措施，控制、减少粉尘和气态污染物排放的；

（六）工业生产、垃圾填埋或者其他活动中产生的可燃性气体未回收利用，不具备回收利用条件未进行防治污染处理，或者可燃性气体回收利用装置不能正常作业，未及时修复或者更新的。

(4)《中华人民共和国自然保护区条例》（2017年修订）的规定：

第十四条 自然保护区的范围和界线由批准建立自然保护区的人民政府确定，并标明区界，予以公告。

确定自然保护区的范围和界线，应当兼顾保护对象的完整性和适度性，以及当地经济建设和居民生产、生活的需要。

第二十五条 在自然保护区内的单位、居民和经批准进入自然保护区的人员，必须遵守自然保护区的各项管理制度，接受自然保护区管理机构的管理。

第二十六条 禁止在自然保护区内进行砍伐、放牧、狩猎、捕捞、采药、开垦、烧荒、开矿、采石、挖沙等活动；但是，法律、行政法规另有规定的除外。

第二十七条 禁止任何人进入自然保护区的核心区。因科学研究的需要，必须进入核心区从事科学研究观测、调查活动的，应当事先向自然保护区管理机构提交申请和活动计划，并经自然保护区管理机构批准；其中，进入国家级自然保护区核心区的，应当经省、自治区、直辖市人民政府有关自然保护区行政主管部门批准。

自然保护区核心区内原有居民确有必要迁出的，由自然保护区所在地的地方人民政府予以妥善安置。

(5)《医疗废物管理条例》（2011年修订）有如下规定：

第四十六条 医疗卫生机构、医疗废物集中处置单位违反本条例规定，有下列情形之一的，由县级以上地方人民政府卫生行政主管部门或者环境保护行政主管部门按照各自的职责责令限期改正，给予警告，可以并处5000元以下的罚款；逾期不改正的，处5000元以上3万元以下的罚款：

（一）贮存设施或者设备不符合环境保护、卫生要求的；

（二）未将医疗废物按照类别分置于专用包装物或者容器的；

（三）未使用符合标准的专用车辆运送医疗废物或者使用运送医疗废物的车辆运送其他物品的；

（四）未安装污染物排放在线监控装置或者监控装置未经常处于正常运行状态的。

第四十七条 医疗卫生机构、医疗废物集中处置单位有下列情形之一的，由县级以上地方人民政府卫生行政主管部门或者环境保护行政主管部门按照各自的职责责令限期改正，给予警告，并处5000元以上1万元以下的罚款；逾期不改正的，处1万元以上3万元以下的罚款；造成传染病传播或者环境污染事故的，由原发证部门暂扣或者吊销执业许可证件或者经营许可证件；构成犯罪的，依法追究刑事责任：

（一）在运送过程中丢弃医疗废物，在非贮存地点倾倒、堆放医疗废物或者将医疗废物混入其他废物和生活垃圾的；

（二）未执行危险废物转移联单管理制度的；

（三）将医疗废物交给未取得经营许可证的单位或者个人收集、运送、贮存、处置的；

（四）对医疗废物的处置不符合国家规定的环境保护、卫生标准、规范的；

（五）未按照本条例的规定对污水、传染病病人或者疑似传染病病人的排泄物，进行严格消毒，或者未达到国家规定的排放标准，排入污水处理系统的；

（六）对收治的传染病病人或者疑似传染病病人产生的生活垃圾，未按照医疗废物进行管理和处置的。

第四十八条 医疗卫生机构违反本条例规定，将未达到国家规定标准的污水、传染病病人或者疑似传染病病人的排泄物排入城市排水管网的，由县级以上地方人民政府建设行政主管部门责令限期改正，给予警告，并处5000元以上1万元以下的罚款；逾期不改正的，处1万元以上3万元以下的罚款；造成传染病传播或者环境污染事故的，由原发证部门暂扣或者吊销执业许可证件；构成犯罪的，依法追究刑事责任。

了解那么多后，大家不禁也会好奇：目前破坏环境资源保护罪的构成要件主要有哪些？

（1）非法捕捞水产品罪是指违反保护水产资源法规，在禁渔区、禁渔期或者使用禁用的工具、方法捕捞水产品，情节严重的行为。非法捕捞水产品罪的客体是水产品责任形式是故意，这里的水产品是指自然野生的水产品，不包括人工养殖的水产品。

（2）擅自进口固体废物罪侵犯的客体是国家对固体废物污染环境的防治制度。擅自进口固体废物罪在客观方面表现为未获得国务院有关主管部门许可，擅自进口固体废物用作原料，造成重大环境污染事故，致使公私财产遭受重大损失或者严重人体健康的行为。

（3）非法处置进口的固体废物罪的犯罪对象是境外的各种固体废物。非法处置进口的废弃物罪在客观方面表现为违反国家规定，将境外的固体废物进境倾倒、堆放、处置的行为。

生态保护需要法制，也需要法规。2020年，生态环境部公布了第四批国家生态文明建设示范市县名单，全国共有87个市县入选。从云南楚雄到江苏宜兴，从黑龙江漠河到广西东兴，越来越多的地方登上生态文明建设"光荣榜"，共同描绘出一幅青山常在、绿水长流、空气常新的美丽中国画卷，彰显了"十三五"时期我国生态文明建设的巨大成就。

环境就是民生，青山就是美丽，蓝天就是幸福。从生态环境损害赔偿到中央生态环境保护督察，从生态保护红线监管到生态文明建设目标评价考核，从大气污染防治法修订到民法典体现绿色发展理念，中国正在构建起最严格的生态文明制度体系。在全面建设社会主义现代化国家新征程上，我们将持续加强总体谋划、搞好顶层设计，以刚性约束倒逼习惯养成，提升生态环境治理效能，让绿色成为发展底色。人不负青山，青山定不负人，天更蓝、山更绿、水更清的景象在我们的发展与保护下定会再现。

9.5　本章小结

我们要以科学的政策做指引,以法律护航做保证。保护生态环境必须依靠制度、依靠法治。我们要坚持"绿水青山就是金山银山"的理念,坚定不移走生态优先、绿色发展之路;要继续打好污染防治攻坚战,加强大气、水、土壤污染综合治理,持续改善城乡环境;要强化源头治理,推动资源高效利用,加大重点行业、重要领域绿色化改造力度,发展清洁生产,加快实现绿色低碳发展;要统筹山水林田湖草沙系统治理,实施好生态保护修复工程,加大生态系统保护力度,提升生态系统的稳定性和可持续性。

人心齐,泰山移。建设美丽中国,创造天蓝地绿水净的美好家园,要靠大家的齐心协力才能实现。大鹏之动,非一羽之轻也;骐骥之速,非一足之力也。唯有形成合力,我们才能完成建设生态文明、建设美丽中国的战略任务,给子孙留下天蓝、地绿、水净的美好家园,开创社会主义生态文明新时代,赢得中华民族永续发展的美好未来。

参考文献

[1]谷树忠,胡咏君,周洪.生态文明建设的科学内涵与基本路径[J].资源科学,2013,35(1):2-13.

[2]黄勤,曾元,江琴.中国推进生态文明建设的研究进展[J].中国人口·资源与环境,2015,25(2):111-120.

[3]王灿发.论生态文明建设法律保障体系的构建[J].中国法学,2014(3):34-53.

[4]王晓广.生态文明视域下的美丽中国建设[J].北京师范大学学报(社会科学版),2013(2):19-25.

[5]赵其国,黄国勤,马艳芹.中国生态环境状况与生态文明建设[J].生态学报,2016,36(19):6328-6335.